世界博物馆最新发展译丛(第二辑)　　　主编◎宋娴

当代策展
与博物馆教育

［德］卡门·莫尔施　［德］安盖利·萨赫斯
［瑞士］托马斯·西贝尔　　　　　　　◎编
　　余智雯◎译　王思怡◎审校

复旦大学出版社

上海科技传播智库系列成果

关于编者

卡门·莫尔施(Carmen Mörsch)，瑞士苏黎世艺术大学艺术教育学院教授兼院长，研究方向为艺术教育作为一种霸权主义批评实践的历史和现状。

安盖利·萨赫斯（Angeli Sachs），瑞士苏黎世艺术大学艺术教育硕士课程和策展研究专业主任、教授，瑞士苏黎世设计博物馆策展人。

托马斯·西贝尔（Thomas Sieber），瑞士苏黎世艺术大学教授，在艺术与艺术教育本科/硕士专业、策展研究专业课程中教授博物馆、展览和教育的历史与理论。

关于本书

在过去的三十年里,"新博物馆学"理论对博物馆世界产生了广泛的影响。从新博物学的核心观点来看,博物馆从来都不是中立的,来自观众和社区的声音向博物馆权威发起挑战,打破了博物馆内部"策展"与"教育"的固化层级。"策展"与"教育"不再被视为一种服务,而是成为博物馆作为文化生产者的自主实践,博物馆开始成为基于参与的知识交流平台和连接历史与未来的纽带。

在此背景下,苏黎世艺术大学美术教育硕士专业举办了"当代策展与博物馆教育"国际研讨会,讨论当策展和教育被理解为一个整体概念时,博物馆工作中所遇到的实际问题。本书收录了研讨会中的部分文章,案例涉及瑞士、德国、荷兰、葡萄牙、奥地利、瑞典、英国、加拿大、南非、智利、厄瓜多尔等国家的艺术、建筑、设计、民族志、历史等各类博物馆,期望"策展与博物馆教育"能成为一种启发式的命题,为相关学科的内部讨论和社会发展的实践提供支持。

目　　录

序言 / 1

第一部分　作为展览拓展的策展与博物馆教育 / 1

导论 / 3
向外延伸：如何提升建筑的社会文化价值？/ 7
作为整体概念的策展与教育——苏黎世设计博物馆的"出海吗？
　塑料垃圾计划"展览 / 23
与观众的对话——"非洲建筑"展及其互动展示 / 39
拼图：作为策展实践的教育 / 50
迈向人、地、物新关系的策展工作——以里斯本设计与时尚
　博物馆的文化内在关系价值提升行动为例 / 66

第二部分　作为博物馆拓展的策展与博物馆教育

导论 / 81
身份与歧义——霍恩埃姆斯与物品传播的经验 / 85
作为参与创造者的城市历史博物馆 / 99
展示移民——介于可见与不可见之间的展示形式 / 113

何以可及？——博物馆是文化教育者还是知识的庇护所 / 134
参与式的城市博物馆 / 153
位于第六区博物馆核心的教育 / 167

第三部分　作为社会干预的策展与博物馆教育

导论 / 185
（未）实现的接触地带——"他者"观众作为展览空间的
　介入者 / 189
在后表征性博物馆之中 / 208
"与"的解析 / 225
谁的美术馆？——"#白板"项目和"天才青年联盟" / 248

第四部分　作为去殖民化工具的策展与博物馆教育

导论 / 265
威帕拉——身份与冲突 / 268
卡涅特马普切博物馆的去殖民化 / 284
基多历史中心的博物馆教育、社区协调与城市权利 / 299
"真不错，但是我不在乎！"——教育与策展实践中的批判
　博物馆教学法 / 311
观众还是社区？——合作博物馆学与民族志博物馆中教育与
　拓展项目的角色 / 329

参考文献 / 344
作者和编者 / 391

序　言

本书收录了由苏黎世艺术大学（Zurich University of the Arts）美术教育硕士专业①举办的"当代策展与博物馆教育"（Contemporary Curating and Museum Education）国际论坛中的文章。对策展和教育的综合理解，是该硕士专业在教学、研究和博物馆实践中的主题。课程的核心是批判性地面对当代策展与博物馆的语境。课程的培养目标是推动策展和艺术教育相结合的反思性实践。我们在教学、研究以及策展和教育工作的实践中都朝着这一目标努力。通过这些综合性的方法，以期构建一套基于大量经验语境和知识传统的理论体系。

自从博物馆工作职业化以来，策展与教育就站在了一个层级关系上，策展在先，而教育努力地扩大前者的辐射面。这种固化的层级并非毫无争议，特别是在过去的 20 年里，这一层级已经开始发生改变：策展和教育的边界正在相互渗透。其中一个原因是博物馆开始通过各种方式反思自身在知识社会中所起的作用。根据这个观点，观众往往也是潜在的"产消合一者"，来自网络学习社区的不同声音向专家的权威性发起挑战。博物馆除了高度关注自身藏品外，还应该面向社会和观众，将自己打造为知识交流的平台，并成为基于参与的连接历史与未来的纽带。

---

① 自 2016—2017 年秋季学期起，该硕士专业更名为"艺术教育与策展研究"。

此外，博物馆学提出的核心观点，有助于理解博物馆作为一个历史性的组织，如何强有力地影响社会结构：博物馆从来都不是中立的，它总是通过自身的活动进行自我社会定位。因此，博物馆有责任以一种自觉且合理的方式来完成这种定位，并在定位的过程中得出切实可行的结论。

　　相应的，在博物馆和美术馆教育中知识和实践的表现形式也变得越来越重要。自20世纪90年代以来，展览和博物馆领域的教育学习不再仅仅被视为一种服务，而是在知识传播、文化教育、艺术表现，有时甚至是行动主义的交汇中，开始认识和实现其作为文化生产者自主实践的潜力。从这个角度来看，教育及其衍生工作演变成了一种批判性的实践，可以反思、延伸甚至改变展览和博物馆本身。

　　目前，博物馆运作模式和理想功能的显著改变几乎仍然停留在概念阶段。而在现实机构中，整合了不同观点、不同领域知识的参与式展览、空间和活动的拓展正在发生：从针对展览和教育实践的主题性建议，到集体策展的模式。在很长一段时间内，这些发展并没有被局限在欧美地区。如今，特别是在南半球，我们看见了一些突破性地融合策展、教育和社区工作的组合出现，这是它们尝试摆脱博物馆和美术馆"欧洲中心主义"传统的实践之一。

　　正是在这一背景下，几年前，我们组织了"当代策展与博物馆教育"研讨会，会上国际专家发表报告，并讨论了当前策展与教育工作中的实际问题。我们首先计划采用大型研讨会的形式（主要针对特定类型的博物馆），将这些思考的火花汇聚在一起。我们的目的是提供一个精准的视角，并通过案例将针对"宏观概念"的解释付诸实践，同时聚焦教学和研究中一个至关重要的问题：当策展和教育被理解为一个整体概念时，博物馆的工作将如何变化？

会议以"策展中的教育转向"议题开场，学者们围绕变革中的实践形式，就环环相扣的策展和教育工作提出了一些重要思考。在此基础上，会议讨论了不同类型的博物馆，例如艺术、建筑、设计、民族志、历史和文化类博物馆，某种程度上，它们在收藏、策展和教育方面有着不同的背景、受众、目标与实践。对不同类型博物馆的分析，有助于参会者们反思我们应如何看待或处理博物馆的共性与特性，并制定战略与分析需求，同时探讨哪些挑战适用于所有博物馆，从而一起应对它们。

我们邀请的演讲者包括策展和博物馆教育领域理论和实践方面的代表，他们在融合策展与教育的理念下，以这样或那样的方式设计和开展他们的工作。会议的目的正是通过将策展和博物馆教育联系在一起，基于共同的利益进行讨论。我们希望对具体问题展开最精确的讨论，而这只有在基本利益一致的情况下才能实现。然而与会议不同的是，本书是我们经过对会议的评估、论文的研读和随后的讨论，根据主题重点来编排的。这种结构与其说是主题化的，不如说是程序化的。这也说明了这样一个事实，即在本书收录的论文中，博物馆作为一个由策展和教育组成的综合实践机构，其变革的潜力与不同的展览形式、运作模式和功能有关。在这一背景下，我们将论文分为四个部分：作为展览拓展的策展与博物馆教育、作为博物馆拓展的策展与博物馆教育、作为社会干预的策展与博物馆教育，以及作为去殖民化工具的策展与博物馆教育。每部分均撰有导论。我们希望这些分类带有一定的启发性，无论是在相关学科的内部讨论还是在社会发展中，都能为当代策展和教育实践的语境提供支持。从这个意义上说，本书一方面面向专业读者，另一方面，在国际上频现关于策展和博物馆教育课程的背景下，致力于为"正在进行时"的研讨提供入门知识和材料。

本书由苏黎世艺术大学艺术教育与策展研究课程的负责人与两位教师策划。我们邀请了部分研讨会和会议的汇报人根据本书的主题，将发言整理成文稿。在此为他们提供演讲稿和文章表示感谢。特别感谢苏黎世艺术大学艺术教育学院副院长、硕士课程教师诺拉·兰德卡莫（Nora Landkammer），推动了此次卓有成效的合作。诺拉策划并主持了会议关于民族志博物馆的部分，并审核了本书"作为去殖民化工具的策展与博物馆教育"部分的编辑工作。我们还要向整个学院致谢，感谢卡门·莫尔施（Carmen Mörsch）的带领，同时她也是我们在研究与教学交叉领域中的紧密合作伙伴，为本课题的讨论和构建做出了重要贡献。同时衷心感谢艺术教育硕士专业的研究助理汉娜·霍斯特（Hannah Horst），她为组织和举办这次会议以及本书的出版提供了重要帮助。最后，我们要感谢苏黎世艺术大学对我们工作与本项目的支持。通过对现状的进一步分析和探究，我们希望关于策展和教育交汇的讨论和视野的开拓可以从这里开始。

编　者

卡门·莫尔施

安盖利·萨赫斯

托马斯·西贝尔

第一部分
作为展览拓展的策展与博物馆教育

导 论

安盖利·萨赫斯

"博物馆空间就像一个封闭的、用于展出物品的结构。它将结构的内部和外部分割开来，并在内部赋予其价值。"① 这句话出自罗斯维塔·穆塔芬塔勒（Roswitha Muttenthaler）和雷吉娜·沃尼施（Regina Wonisch）的著作《展示的姿态》（Gesten des Zeigens）的开篇。虽然他们的研究是关于"展览中性别和种族的表述"的，但他们发展出的用于分析展览的理论方法可以移植到其他语境。在展览中，博物馆陈列的内容会被"赋予价值"，并不存在中立的"展示姿态"。正如萨宾·奥夫（Sabine Offe）所言，展览就是"策展人的意图、展品的内涵和观众的猜想"② 结合在一起的地方。由此产生了一个"关系网络"，它决定了展览内容的"接受度"。

根据米克·巴尔（Mieke Bal）、穆塔芬塔勒和沃尼施的论述，"展览是一种演说行为"③，这并非没有道理。巴尔在其理论性著作中超越了博物馆的传统定义，而关注对博物馆概念的隐喻

---

① R. Muttenthaler & R. Wonisch, Gesten des Zeigens, p.9.（译者注：原书西文脚注采用简略形式，为尊重原书，除明显有误之处外，格式均与原书保持一致。完整出版信息请见参考文献。）
② S. Offe, Ausstellungen, Einstellungen, Entstellungen, p.62.
③ 参见 R. Muttenthaler & R. Wonisch, Gesten des Zeigens, pp.38-40。

性运用,她将"展示的立场或姿态"称为"一种特定形式的话语行为"。

她还研究了"展示姿态中存在的歧义。当你指向某物、看似是在说'看'的时候,通常暗示着'事情就是这样'。'看'涉及的是展示对象的可见性,而'事情就是这样'则关乎知情人士的权威,即知识的权威。展示姿态将这两个方面联系起来。"①

批判博物馆学的洞见引发了博物馆向政治舞台转型的需求,在这个舞台上,冲突变得可见、相互关联并且贯穿始终。在实践中,博物馆的任务开始更多地渗透到外部世界,不再假设公众的消费需求是可以精确测量且可充分满足的,而是在对话的基础上,向受到博物馆内容激发的潜在观众进行展示,通过博物馆的自我转型,使共同创造的过程成为可能。

如果本章以拓展展览为目标,那么这意味着此处的策展概念将与"展示的姿态"渐行渐远,而是将展览作为一种中介空间来激活。与博物馆的其他拓展形式不同,这一变化发生在展览空间内部,与展示的方式有关。正如贝亚特·哈什莱(Beat Hächler)在《走向博物馆的社会透视法》(*Ansätze zu einer sozialen Szenografie im Museum*)中所解释的:"只有当内容概念、空间设计和社会实践/观众行为②同时发生,空间才会出现。"就与公众的关系而言,这意味着观众不会被局限于接受者的角色,从而使这种整合了策展与教育、对话、互动、参与、反思的理解成为可能。

---

① M. Bal, Double Exposures, p. 2.
② B. Hächler, Gegenwartsräume, p. 139.

该领域的先驱之一是荷兰建筑研究所（Nederlands Architectuurinstituut，简称NAI）。它将自身从一个专注于研究建筑理论的研究所，改造成为一个面向所有人的"建筑博物馆"。NAI前馆长［现任新城研究中心与埃因霍温荷兰新研究院项目（New Town Institute and for Eindhoven in the Het Nieuwe Instituut）负责人］琳达·弗拉森路德（Linda Vlassenrood）负责了这项以观众为导向、具有高社会参与度的项目，她在文章中描述了"延伸"专业知识的挑战及其可行性。

苏黎世设计博物馆（Museum für Gestaltung）长期以来以其极具创新性的展览实践而闻名，但其主要内容依旧是知识的输出。这种情况在2012年发生了变化——展览"出海吗？塑料垃圾计划"（Out to Sea? The Plastic Garbage Project）由博物馆策展人克里斯蒂安·布兰德勒（Christian Brändle）和策展人兼艺术教育与策展研究硕士课程负责人安盖利·萨赫斯（Angeli Sachs）策划，弗朗西斯卡·穆尔巴赫（Franziska Mühlbacher）负责综合教学空间。在他们的文章中，弗朗西斯卡·穆尔巴赫（现任教育主管）与萨赫斯描述了在这个项目中，策展和教育实践之间是如何发展出一种新型合作模式的，以及它们是如何改变苏黎世设计博物馆的教育和推广实践的。

安德烈斯·勒皮克（Andres Lepik）是慕尼黑工业大学建筑博物馆（Architekturmuseum at the TU in Munich in the Pinakothek der Moderne）现代艺术策展人，曾任纽约现代艺术博物馆（MoMA Museum of Modern Art）建筑策展人，他曾深度参与了一系列社会参与式的建筑展览。如果说这些展览的展示设计从一开始就秉持着一套"不同"的建筑表现理念，那么2013/

2014年慕尼黑的"非洲建筑：与社区共建"（AFRITECTURE：Building with the Community）则寻求与参观者进行真正的对话。根据安德烈斯·勒皮克的观点，"参与"在许多展出的建筑项目中都起着重要作用，这引发了"将'参与'转化为展览的一部分，从而激发参观者对展览主题的直接参与"的想法。

莱比锡当代艺术博物馆（Galerie für Zeitgenössische Kunst Leipzig）策展人和艺术教育工作者茱莉娅·舍费尔（Julia Schäfer）在《作为策展实践的教育》（Education as Curatorial Praxis）中介绍了她的策展理论，其中教育和策展从一开始就被视为一体。她在莱比锡当代艺术博物馆新馆的实验性展览项目的开发中，使用了拼图的意象作为出发点。拼图展（PUZZLE，2010/2011）是当时她对策展进行重新思考与另类实践的最全面尝试。为此，他们邀请了48位伙伴共同参与策展。

对于现代设计博物馆（MUDE - Museo do Design e da Moda）策展人兼里斯本高级技术研究院（Instituto Superior Técnico in Lissabon）建筑学教授芭芭拉·库蒂尼奥（Barbara Coutinho）而言，重新思考展览及其主题、策展话语、展览设计和美学，对于实现一种反身性、交互性的参与形式具有重要意义。她认为"展览是一种开放的话语"，展览必须促进一种全新的、全方位感知的和多样化的阅读形式，而不是呈现封闭的信息。这种策展方法要求每个观众都发挥积极作用，并鼓励公众创造自己的意义，从而赋予他们更大的自主权。

向外延伸：如何提升建筑的
社会文化价值？

琳达·弗拉森路德

"我不想让孩子们只是搭一个模型，然后带着'建筑是一件简单的事情'的想法回家。这里的专业人员已经被束之高阁。"上述场景发生在 2011 年 6 月荷兰建筑研究所（NAI）重新开放之时，其得到的显然不是只有赞美。很多同事对新的项目表达了坚定的批评。将 NAI 改造为"建筑博物馆"，翻新其大厅，并重新调整展览计划，这首先是出于希望加强建筑的社会意义的目的。因此，吸引公众的兴趣是必要的，而专业建筑师不再是关注的焦点。如今，建筑师与儿童以及那些很少关注建筑或是第一次有意识地关注建筑的民众们共享着全新的 NAI。考虑到机构的原始情况，以及荷兰文化政策中即将到来的大幅预算缩减，这种重点的转移引起了复杂的情绪，触发了不同的反应。人们恼怒的口气是真实的，与此同时，它也展现出一个只关注自身的专业社群的态度。尽管在过去的几个世纪里，荷兰的每一寸土地都是由建筑师、城市规划师和景观设计师们设计的，但是很大一部分人并不清楚这一点。建筑和城市规划被认为是抽象的事物，而且因为太难理解而不被关注。即使我们的日常生活环境在各个尺度上都是由建筑和城市设计定义的，公众也无法或不愿反思其社会影响。特别是在经济衰退时期，荷兰社会对建筑附加值的预期低得可怜。建筑师们发现自己正前所未有地被社会边缘化。他们很少沟通，或者只与内部人士沟通，而且过去几十年里的标志性建筑几乎没有表达过为公众服务的意图。建筑甚至不是媒体讨论的话题，除非是为了寻找这个国家最丑陋的建筑。简而言之，如果建筑想要增进文化、政治和经济上的影响力，就必须"解锁"——最广义上的"解锁"，即以明智且吸引人的方式面向非专业的公众。因此，NAI不再试图为每个人提供一切，而是根据不同的需求和期望做出选择。本文将讨论NAI重新定位的主题。

"浓厚"的建筑氛围

人们很自然地会问：一个成立于1988年、1993年开放鹿特丹新馆的机构能有什么新鲜之处？这个机构在2011年再次成为讨论的话题，因为从2013年1月1日起，它将被并入荷兰建筑、设计与电子文化新研究院（Het Nieuwe Instituut）。NAI（建筑）、荷兰设计与时尚研究院（Premsela，时尚和设计）和数字平台（Virtueel Platform，电子文化）的融合首先是荷兰政府大幅削减预算的结果，然而这也与将建筑和设计作为创意产业的一部分进行大力营销有关。

雄心勃勃的20世纪八九十年代，奠定了举世闻名的建筑风潮的基础，与之相比，如今，热情正在褪去。1991年，荷兰教育、文化和科学部联合建筑、规划和环境部发表了第一份建筑学意见书——《建筑空间》（*Ruimte voor architectuur*），以刺激1991—1996年间的建筑氛围。这份文件为一系列建筑学机构的基础设施建设铺平了道路。荷兰建筑基金（Netherlands Architecture Fund）和贝尔拉格学院（Berlage Institute）的建筑学硕士专业相继成立。尽管 NAI 早在 1988 年就已经成立，但是直到独属于它的建筑落成开放，它才代表了建筑政策的公众转向。同时，随着 NAI 的兴起，众多建筑中心应运而生，加强了地方层面的建筑学话语。所有这些措施都为新一代建筑师、城市规划师、景观设计师和历史学家扫清了道路。通过设计、展览和出版，他们进行了长时间的自我反思、研究和理论生产。20 世纪 90 年代的经济繁荣给予了建筑师在建筑领域及每一个项目上拓展的自由。不仅如此，许多引人注目的工程也得以落地实施。90 年代中期，West 8、威尼·马斯建筑事务所（MVRDV）、大都会建筑事务所（OMA）和荷兰建筑（NL Architects）等机构在应对极其复杂的流程和任务时，提出了富有挑战性和前瞻性的设计理念，并以此获得了国际社会的认可。

这一时期被视为荷兰建筑的全盛时期——政策制定者们尤其这样认为。这种理念的特点是主要强调建筑师的市场地位。鉴于当前的经济困难，标志性建筑作品被视为一种具有国际市场价值的产品，对其的评价很少具有批判性，也很少是针对某一特定建筑的。建筑的社会和文化嵌入性在该主题的讨论中很少被提及，这也导致了资金支持体系的减少。

建筑博物馆

NAI 的活动——不过最重要的还是它全面完整的收藏体系，使其成为世界上最大的建筑机构之一。事实上，这些藏品比研究所本身的历史更为悠久，甚至比1988年合并组成NAI的三所文化机构——荷兰建筑文献中心（Nederlands Documentatiecentrum voor de Bouwkunst，简称NDB）、建筑博物馆基金会（Stichting Architectuurmuseum，简称SAM）和住房基金会（Stichting Wonen）还要古老。早在19世纪末，NAI就已经在收藏著名建筑师的建筑图纸。该收藏包括约五百份档案，记录了荷兰建筑师、城市规划师、专业组织和学位课程的作品。备受推崇的人物如伯拉吉（H. P. Berlage）、库贝斯（P. J. H. Cuypers）、杜多克（W. M. Dudok）、奥德（J. J. P. Oud）、里特维德（G. T. Rietveld）和范杜斯伯格（T. van Doesburg）的作品NAI都有收藏，而且不仅仅是竞标作品，整个事务所的档案都被留给NAI，包括模型、草图、日记和信件，都在其收藏之中。这使得对于建筑师个人和事务所的深入研究成为可能。在新获得的藏品中，有博世（T. Bosch）和范斯海恩德尔（M. van Schijndel）的档案，以及大都会建筑事务所和威尼·马斯建筑事务所的早期作品。这些档案也可在新研究所的公共图书馆中查询、调阅。该图书馆还拥有超过3.5万本关于建筑和相关学科的书籍，以及广泛的国内外建筑学期刊。

除了管理职能的重组和藏品的可及性之外，1998年的合并激发了更深一层的挑战：组织展览、阅读与辩论，并且在多名来自不同领域的研究所所长的带领下，开展了广泛的国际项目和教学计划。在1993—2013年间，NAI由一个只被国际专业人士所知的机构，转型为一个举办广泛意义上的全球性建筑展览且享有盛誉的机构。

作为"解放者"的艺术博物馆

纵观全球博物馆领域,建筑类博物馆的历史并不悠久。从20世纪早期开始的数十年来,建筑是在艺术博物馆主导的物理空间和语境下被展出的。因此,在试图向公众介绍建筑史的过程中,采用与艺术史同样的惯例也就不足为奇了。一种方式是通过单个展览系统性地呈现某位建筑师的重要作品,另一种方式则是模型的展示,即展示在视觉上令人印象深刻的艺术品,如放在基座上的模型、草图、竞标设计稿和照片。[1]

然而,这两种方式对于展示建筑的环境来说都过于迂回。在世界范围内,我们身边的大部分建筑都是没有明星建筑师参与设计的日常建筑,而展览中的展品本身只是那些在博物馆围墙外的建筑的衍生物。绘画和模型缺乏空间、尺度和时间的生命力。尽管如此,这种展示方式仍然占据了主导地位。

街道

虽然 NAI 从来没有否定过这一"传统"的展示和遴选形式,但自 2007 年以来,它一直在探寻如何以更直接的方式与观众进行对话。NAI 希望通过这种方式接近人们生活的真实环境,并

---

[1] 1932 年纽约现代艺术博物馆的展览"现代建筑:一场国际性展览"(Modern Architecture: An International Exhibition)被认为是西方最早的建筑展览之一。策展人菲利普·约翰逊(Philip Johnson)和亨利-罗素·希区柯克(Henry-Russell Hitchcock)通过放在基座上的模型和大量有代表性的照片展示了选定的建筑物。

以一种愉快的方式激发观众的参与。一所建筑博物馆,特别是一场建筑展览,如何在社会、政治和经济领域定位自己,使其提出的问题或论点能够引起公众(即同样对建筑环境的塑造负有责任的公众)的共鸣?这里所指的公众非常多样化,包括设计师、项目开发商、公务人员、房地产开发商、建筑商,也包括居民和用户。

尽管在过去的几十年里,建筑展览作为一种媒介,在内容和空间设计上都进行了大量实验,但这并没有自然而然地与公众或更多的目标受众建立起更紧密的联系。这方面的尝试包括1964—1973年间在范阿贝博物馆(Van Abbe Museum)举办的先锋建筑展览。策展人及建筑师珍·李尔宁(Jean Leerin)将展览作为一种提高民众对社会变革意识的方式。在短短几年的实践中,他将重点从静态的专题展览转为动态装置,以提供观众更强的空间体验,这也要求观众给出更积极的反馈,从而基于主题的考虑,选择他们的设计。

展览的其中一个系列仍将建筑师阿道夫·路斯(Adolf Loos,1965)、汉斯·夏隆(Hans Scharoun,1968)和安东尼·高迪(Antoni Gaudí,1971)的作品置于古典风格的中心位置,而关于弗拉基米尔·塔特林(Vladimir Tatlin,1969)、埃尔·利西茨基(El Lissitzky,1965/1966)和特奥·范杜斯伯格(Theo van Doesburg,1968/1969)的展览则开始尝试重建等比例模型,以提供观众空间上的体验感。由范登布鲁克(Van den Broek en Bakema)公司举办的关于埃因霍温城市规划(Cityplan Eindhoven,1969)的展览也很重要。它不仅在视平线上展示了一个巨大的模型(1∶20),还要求参观者提交备选方案,在随后的一场公共活动中进行讨论。

这样，观众得以摆脱被动的角色。尝试在展览"街道：社区的形式"（De Straat. Vorm van samenleven，1972）中达到了高潮。这场展览的主题和构思与当时的氛围完美契合。与其他国家将后现代主义作为一种新的建筑趋势不同，荷兰的讨论仍然集中在民主进程、社会参与和以人为中心的设计上。

展览由一个跨学科的策展小组策划，将目光聚焦于一个愈发复杂的社会中街道的使用和设计。由于观察到街道的社会用途正在减少，该小组设法将街道重新推上政治和文化的舞台。为了鼓励观众给出积极的反馈，展览采用了日常生活经验的方式，目的是打破只有专业人士才能理解的艺术展览风格。最后，展览由数百张照片组成，这些照片被挂在建筑工地的栅栏以及街道的公共设施如长椅、警戒线和交通标志上，还放置有一些代表自然的盆栽植物。展览还同步播放声音、电影和视频。

媒体和公众的反应大都是负面的。人们认为该展览概念模糊，而传递的信息量又过于庞大。一位参观者的反馈如下："也许博物馆界觉得一场像这样的社会主题展览是一个巨大的进步，这也许很时髦，但事实上它与社会参与几乎毫无关系。"[1]

策展与教育的结合

也许我们应该认真地对待这些批评，由于从一开始便相信参与是可行的、也是必要的，NAI的策展部门便沿着自己的实验

---

[1] 见戴安娜·弗兰森（Diana Franssen）的演讲"街道：社区形式"（The Street: Forms of Community），2006年4月19日，范阿贝博物馆。请参阅报告"¿Museum in Motion? Conference Proceedings: Boekpresentatie"，http://libraryblog.vanabbe.nl/category/livingarchive/museum-in-¿motion-conference-proceedings。

和学习之路行进,以弥合博物馆和观众之间的鸿沟。2008—2010年的几次公共活动和展览都使人们不再是单纯地参观,而是以不同的方式邀请参观者发挥积极作用,做出自己的贡献。观众被视为生产者,而不是消费者。其目的是鼓励一种好奇的态度,鼓励观众从不同的角度来观察他们所处的环境,并发现更多的价值。这些年来,教育部门一直采用这种唤起自觉的方法,将儿童、青少年和成年人引入建筑领域,随后,相似的做法也被引入其他的项目中。

除此之外,该系列活动还在不同项目(如展览、阅读和教育)中寻求推广特定的主题并实现整合。因此,教育项目和阅读、讨论不再是与展览有关的第二手内容和辅助产品,而是可以直接推动公众争取自身权利。

一个更美丽的鹿特丹!

在2007—2008年度,我组织了一场教学设计比赛,这对我个人明确公共活动项目的边界起到了至关重要的作用。在五个月的时间里,鹿特丹"问题社区"中的五所中学约六十名学生就"建筑如何改善他们的社区"这一问题进行了讨论。关于问题社区的讨论在各大媒体中不绝于耳,但学生们对他们所居住的地方也有同样的感受吗?他们的街道是否有所不同?如果是,那么是哪里不同?通过这一倡议,NAI希望鼓励年轻人反思建筑的作用。在比赛期间,学生们可以相互或者与建筑师和社区管理者讨论自身社区的话题:他们最喜欢社区环境的哪一点?最不喜欢哪一点?建筑在其中扮演了什么角色?学生们受邀提出他们对于建筑环境的愿景，并呈现一套寻求变革的开拓性设想。

学生们参加了一个关于他们所在社区的建筑速成班，并在一位建筑师和一位社区管理者的陪同下，调查了他们学校的周边环境。一周后，一位建筑师来到学校，和学生们分享他是如何工作的，学生们可以向他提问。在接下来的工作坊中，学生们学到了呈现规划的最佳方式，并制作了他们的第一个模型。有了这些准备，学生们有三个月的时间来开发他们的设计。该项目只在问题社区中进行，学生们从未到过 NAI 的大楼，只在官方展示中见到过照片。学生们的创意和创造力十分惊人，当他们展示自己的设计时，激动和自豪溢于言表。

实验阶段

为了从广义上围绕建筑建立一个更具当代性、批判性和动态性的项目，并增强更广泛的公众意识，我们进一步深化了"一个更美丽的鹿特丹！"（Rotterdam Mooier Dan!）项目。"塑造我们的国家"（Maak ons land, 2008/2009）是这些实验中最大胆的一个。[1] 在六个

---

[1] 2008 年，在威尼斯举行的第十一届国际建筑双年展上，展出了三件荷兰艺术家的作品："正在发生"（Happening）、"我的公共空间"（My Public Space）和"建筑凤凰"（Archiphoenix）。"正在发生"是建筑师维尔·阿雷茨（Wiel Arets）的作品，在晚上可以用作音乐会、戏剧表演、讨论会、晚餐会和演出的舞台。"我的公共空间"是八个设在鹿特丹市周围的售货亭。这些售货亭与八个被选中的城市相关，用以回答下列问题：我们的公共空间究竟有多大的公共性？"建筑凤凰"的概念灵感来自 2008 年 5 月 13 日的大火，这场大火摧毁了代尔夫特理工大学（Delft University of Technology）的建筑功能。"建筑凤凰"起着一个国际性讨论平台的作用。在开幕的一周内，NAI 便邀请了整个国际建筑学界的专家，通过一系列的阅读、圆桌讨论、访谈、研讨会等方式来思考建筑业中的热点问题。

月的时间里,不仅专业人士,广大公众也参与了一场关于他们周遭环境设计的讨论,反思以下问题:荷兰的未来会是什么样子?荷兰的空间设计能否再次成为一项充满激情的宏大任务?在所有的冲突中,我们还能够抓住一系列的机会吗?荷兰人对交通、生活、工作、休闲、绿地和水资源所需的空间实际上比荷兰的国土面积还要大,除此之外,我们还受到气候变化和世界经济的影响。不仅是政府,市场参与者、设计师和大众也被要求提出创新的解决方案和吸引人的想法。此次活动基于这样一个信念:创新和变革不仅是专家的事,而且事关所有能提出好想法的人。此外,潜在的合作伙伴还探索了最具创新性计划的可行性。

在整个活动的概念中还有一个十分重要的主题,即人际关系。它被视为一种使普通大众和专业人员发生对话的手段,目的是向观众展示问题产生的原因及其解决方案。因此,展览作为一个工作区,可供参观者(无论是个人还是团体、外行人还是专业人士)发起对话,呈现他们对荷兰空间设计的看法。名为"制作"(The Making Of)的辩论游戏是这一过程中最重要的环节之一。专业人士、非专业人士和学生需要在五个小时内提出一个实现某个特定空间设计目标的方案。在提出方案后,每个团队都必须回应来自其他团队的质疑和辩论。我们每月会组织来自不同学科的专家进行社交晚宴,每月在著名的日报《电讯》(*De Telegraaf*)上刊登招募合作者的文章,每周邀请民间社会团体参加游戏或是组织会议,所有一切保证了来自各方的源源不断的意见与建议,以改善荷兰的空间设计。

收获

在上述案例中，吸引公众积极参与的尝试常常趋于极端而适得其反。事实上，大多数的观众在参观时并不觉得有必要提出自己的想法，而是期望看到他们习惯于看到的东西：一场设计精美的、展出令人惊叹的模型与图纸的展览。对于观众来说，这一实验太超前了，专业人士也经常有同样的感受，参与吓跑了观众。同时服务所有目标受众的美好愿望意味着公共传播关系的混乱，并且使得普通观众和专业人员都产生反感。就内容而言，试图解读本地观众的参与显然是一个错误，无论是在街道或是社区层面，还是像"一个更美丽的鹿特丹！"的抽象的国家层面，因为具体的案例、精准的渠道以及公众都是缺失的。

那么，是什么发挥了作用呢？在此之前，从未有如此多来自不同部门的部长们参与 NAI 的活动，也从未有如此多的不同组织与 NAI 合作，让我们看到荷兰对更好的空间设计的需求。与更广泛的公众进行实质性交流的想法得到了这些组织的大力支持。因此，他们开始期待随后的"参与性社会"：一个越来越多地让企业、研究机构以及市民分担其责任的政府。社交晚宴、辩论比赛、圆桌讨论等，所有这些活动都很成功，将多样的公众以不同寻常的方式聚集在一起，许多来自不同领域、从未参观过 NAI 的专家们对类似量身定制的方案留下了深刻的印象。

如今的新荷兰建筑研究所

经过多年的实验和访客数量的下降之后，NAI 正面临着一个困境：一家学术机构如何在国内和国际上展示其专业性的同时，实现其作为博物馆的功能与责任？我们收获的最重要的教训之一，就是 NAI 不可能取悦每个人。每项活动都需要针对一个非常明确的目标受众，话题、气氛、语气和选择的图像以及空间和图形设计也需要相应调整。一次性满足所有人的所有需求的方案是不存在的。这也意味着我们必须承认，尽管建筑可以吸引广泛的公众，但这一市场很快就会达到饱和。因此，我们重新定义了目标受众：专业人士、文化消费者、教师和游客。

2010 年 5 月，NAI 暂时关闭，以实施计划已久的门厅改造工程。这次翻新已经被提上议程十年了。起初，它是为了将教育项目放在建筑中更加显著的位置，以便吸纳更多的人群。然而由于我刚才描述的诸多教训，NAI 在 2011 年经历了一个紧张的重新定位时期，包括制订了全新的营销和传播政策，并且改造了建筑，其目的是从多方面扩大 NAI。从字面意义上说，通过开辟一个更便于到达的大厅区域，更宽敞的咖啡馆、露台、书店，以及新建延伸区域，公众可以获得更大的免费公共空间。同时，在隐喻的意义上，通过在已经颇为充足的设施基础上增加新的展览，如"全员出动"（*DoeDek*）和"荷兰小镇"（*Stad van Nederland*）让更多的观众接触到建筑。

全员出动

为了让刚接触建筑领域的人（尤其是亲子家庭和教师）对这个话题感到兴奋，我们在建筑中心的突出位置设置了一个新的区域。"全员出动"被设计成一处非正式的展览，任何人都可以免费参与到动手体验中来。参观者可以建造任意尺寸的现实或虚拟物件。展览提供建筑积木，观众可以快速堆建起高楼大厦，还有四张互动桌提供乐高积木和搭建虚拟建筑地基的空间。

荷兰小镇

常设展览"荷兰小镇"关注的是人们普遍存在的对于城市的爱恨情仇。展览在氛围灯光和唱片声音的衬托下，只展出了模型和空间装置，目的是让观众通过建筑来体验建筑。NAI的建筑模型发挥着戏剧中演员的作用，既代表了城市的积极方面，也反映了其消极方面。参观者可以通过头戴式耳机听到六个角色在谈论着展出的项目。这些对话清楚地表明，我们所处的建筑环境存在着多元特征是事实，而争论的主题不仅限于我们最熟悉的问题：建筑的外形是否美观？

流行性

尽管"全员出动"和"荷兰小镇"迎合了建筑"初学者"的品味，但很明显，通过建筑展览获得更多的目标受众的可能性是极其有限的。因此,最成功的实验之一是一款建筑 APP（应用程序）也就不足为奇了。2010 年,NAI 在鹿特丹发布了 APP"城市增强现实"（Urban Augmented Reality,简称 UAR）。随着用户在城市中漫步,UAR 为其提供文本、图像、3D 模型、档案材料和影片等看不到的信息——曾经矗立在这座城市里的建筑、未实现的建筑模型和规划、建设中的建筑及城市未来的样子。在现代科技的帮助下,该应用程序以一种十分合乎逻辑的方式,将馆藏的珍贵史料与现实联系起来。当然,尽管在展览中我们可能会尝试各种展示形式,但这样的形式在博物馆内是几乎不可能实现的。

多年来,博物馆界见证了一场激烈的辩论——关于引入互动展览、超级大展或沉浸式体验所产生的展览流行化的影响。艺术博物馆是一个市场化的地方吗？参观美术馆应当是一场需要花费精力的探索之旅吗？这种讨论往往忽略了一个事实,即游乐园提供的休闲时光和博物馆提供的激发观众积极对话的体验之间的区别。一切试图拉近艺术或建筑与观众距离的尝试,都因为被视为对商业或庸俗的屈服而退却。但对于建筑的信念会被一场可及的展览、一个应用程序或是一个可玩的建筑模型所破坏吗？当然不会。建筑可以借鉴新闻学的经验,在试图表达主题的复杂性时,通过常规和通用的语言,准确地提供本真的叙事。因此,建筑值得被广泛地讨论,而不仅仅是专业人员的事。公共机构的责任是将各个年龄段、具有不同兴趣的人们都纳入讨论过程中,同时确保项目能因地制宜、睿智且完整地执行出来。

图1 "展览塑造我们的国家"(Exhibition Shape Our Country),国家规划研讨会(2008年10月—2009年5月)。每个月关注一个特定的主题(移民、住房、就业、休闲、绿化、水资源)以及相应的设想

图2 博物馆中心"全员出动",专为想用超大建筑积木或简单乐高积木来搭建建筑的成年人、年轻人和儿童设计

图3 常设展览"荷兰小镇"内部,"感受城市"(Feel the City)区(2011年7月—2013年7月)

图4 五所鹿特丹的中学参加"一个更美丽的鹿特丹!"设计大赛,重新设计他们的社区(2007年8月—2008年3月)

作为整体概念的策展与教育
——苏黎世设计博物馆的"出海吗?塑料垃圾计划"展览

弗朗西斯卡·穆尔巴赫 安盖利·萨赫斯

设计博物馆面临着一个特殊的挑战:在展览中,它们不得不反复地面对日常社会生活中常见的现象或物品。在这种情况下,需要解决的根本问题是:讲述者是谁?该向谁讲述?如何讲述?讲述什么?为什么观众会对出现在博物馆的日常物品感兴趣?还是说他们正是因此而产生兴趣?博物馆和观众是否可以开展一种对话,不再是单向的知识传输,而是促进交流,让参观者的反馈、经验、知识和尝试成为展览中的一部分?

论坛、档案室和实验室

苏黎世设计博物馆(Museum für Gestaltung Zürich,1875/1933①)隶属于欧洲应用美术博物馆集团。该集团是继南肯辛顿博物馆——今维多利亚和阿尔伯特博物馆(Victoria and Albert Museum,1852/1857)之后成立的,就像奥地利应用美术/当代

---

① 前者指成立年份,后者指搬迁至新博物馆大楼的年份。下同。

艺术博物馆（Österreichisches Museum für angewandte Kunst/Gegenwartskunst，MAK，1863/1871）与设计工业博物馆（Museum für Kunst und Gewerbe Hamburg，1866/1877）等一样。1851年，伦敦举办第一届世界博览会后，以"展示'在工艺中运用艺术'的典范"为目的，成立了维多利亚和阿尔伯特博物馆。① 其立馆使命是"创建典范性的收藏，推动（民族）工艺美术的质量达到最高水准，并提高其市场竞争力"。因此，博物馆经常与相关职业教育机构合作以达成这一使命。现如今，许多应用艺术博物馆重新将焦点放在立馆理念上，重新审视藏品，将其作为解决当代和未来设计问题的"动态档案"。

苏黎世设计博物馆起源于1875年成立的工艺美术博物馆（Kunstgewerbemuseum）。1878年，工艺美术学校（Kunstgewerbeschule）成立。20世纪20年代，由于一项纲领性的决定，工艺美术博物馆与学校［即今天的苏黎世艺术大学（Zürcher Hochschule der Künste，ZHdK）］搬迁至同一栋楼内，但并没有抹去个体的独立性。就美学和功能而言，这座由斯蒂格与埃格德（Steger & Egender）事务所设计的建筑建于1933年，位于苏黎世的奥斯特朗思特拉斯（Ausstellungsstrasse）。一直到2014年，它同时容纳着学校和博物馆，是瑞士现代主义"新建筑"（Neues Bauen）风格最著名的作品之一。2014年，博物馆的藏品以及学校搬至苏黎世西部——托尼校区（Toni Campus）。在那里，他们拥有了开放式存储空间（Schaudepot）——这是学校和博物馆主张了近十年的结果，其出发点是促进博物馆、研究和教学

---

① O. Hartung, Kleine deutsche Museumsgeschichte, p. 38.

间的交流这一基本理念。待位于奥斯特朗思特拉斯的建筑改建完成后，博物馆将在两个地点同时进行展出。

苏黎世设计博物馆是瑞士首屈一指的设计和视觉传达机构，涵盖设计、工艺美术、时装、纺织品和珠宝，以及平面设计和海报设计、摄影、电影和建筑等广泛主题。"通过展览、藏品和出版物，博物馆同时也成了一个论坛、档案室和实验室。"① "出海吗？塑料垃圾计划"（Endstation Meer? Das Plastikmüll - Projekt)② 就是实现这种方法的典型案例。对于苏黎世设计博物馆来说，该项目至今仍有着重要的意义。它为博物馆带来了自我观念、展览的执行方式以及理解与观众的关系方面的诸多变化。这也是我从策展和教育两个角度来撰写本文的原因。但首先，我想谈谈这个展览项目的动机。

根据公认的定义，博物馆的核心任务是收藏、保存、研究、展览和教育。其中也包括博物馆的社会责任。国际博物馆协会（ICOM）在其道德准则中这样描述：

> 博物馆为欣赏、理解和管理自然和文化遗产创造先决条件。……社区与博物馆之间的互动以及其对遗产的推广是博物馆教育作用中不可或缺的一部分。③

根据上述基本概念，设计展览倾向于展示设计的过程或是特

---

① Museum für Gestaltung Zürich, Ausstellen Sammeln Forschen Publizieren Vermitteln. 更多关于机构的历史沿革及建筑信息请参阅 C. Lichtenstein, Hochschule für Gestaltung und Kunst Zürich.
② 该展览于 2012 年在苏黎世设计博物馆位于奥斯特朗思特拉斯 60 号的大厅中展出。
③ ICOM-International Council of Museums, Code of Ethics for Museums, p. 8.

别成功的设计案例。然而，在博物馆背景下，从物质性或非物质性的层面挑选展品，不一定总是需要符合某个特定概念的优秀设计典范或是最完美的设计案例。因此，苏黎世设计博物馆的使命声明称：

> 表达与设计相关的各种文化和价值的现象，揭示其中的关联，激发相关的辩论。通过理论和实践与过去和现在进行批判性的互动，目的是在更广泛的公众中描绘、讨论和增强设计的意义及其潜在的影响。①

关乎设计的计划

"出海吗？塑料垃圾计划"（2012年）是由苏黎世设计博物馆馆长克里斯蒂安·布兰德勒发起，安盖利·萨赫斯共同策划的。弗兰西斯卡·穆尔巴赫（Franziska Mühlbacher）负责教育部分，弗朗索瓦丝·克拉蒂格（Françoise Krattinger）担任研究助理。这次展览将重点转向设计的最终阶段，即物品使用的终结。自20世纪初以来，塑料前所未有地改变了我们的"设计世界"。然而，大规模生产和过度消费导致了大量的浪费。海洋慢慢演变成一碗巨大的"塑料汤"，对环境造成了人类目前难以掌握的致命后果。该项目是世界上首个处理这一生态问题的综合性展览②，它由四个章节组成：展览的核心是一个大型塑料漂浮物装

---

① Museum für Gestaltung Zürich, Ausstellen Sammeln Forschen Publizieren Vermitteln, p. 2.
② 由于展览将进行国际巡回展出，因此我们通常使用现在时予以表述。有关展览及其各大站点的更多信息，请访问以下网站：http://www.plasticgarbageproject.org。

置（Plastic Flotsam Installation），象征着生态灾难。"海洋中的塑料垃圾"（Plastic Garbage in the Sea）章节概述了垃圾问题的背景及其对海洋、动物和人类的致命影响。"日常生活中的塑料"（Plastic in Everyday Life）章节介绍了最常见的塑料，并进一步探讨了诸如消费、健康风险、微塑料、材料循环和生物塑料等主题，以及不同的解决方法——包括减少、转换或重复使用，并鼓励观众采取实际的环保行动。第四章节是"教育"（Education），它是整个展览不可或缺的组成部分。

在知识转化、展品获取和教育方面，这个项目的关键原则之一是与国际倡议和致力于这一问题的利益相关方合作。展览中展出的漂浮物是在夏威夷、北海叙尔特岛和波罗的海费马恩岛的海滩清理时收集的。部分策展团队成员亲身参与了北海和波罗的海的海滩清理工作。在最初的阶段，这个巨大的岛状装置就构成了展览的核心，描绘出对许多人来说仍属抽象的现状。走进苏黎世设计博物馆的展览空间，大多数参观者在面对堆积如山的垃圾时，都会印象深刻并受到情感上的震撼。装置后面的镜子照出观众的身影，使他们也成为装置的一部分。

虽然苏黎世设计博物馆的展览是开放式的入口设计，但大多数参观者还是选择从"海洋中的塑料垃圾"开始参观。该章节传达了有关海洋中塑料垃圾回流的基本信息：塑料物品一旦落入水中会发生什么变化？这会对动物世界产生什么影响？以及日益紧迫的微塑料问题。展览设计师阿兰·拉帕波特（Alain Rappaport）用欧式货盘为展览设计了大小不同的盒子。对于单个主题来说，它们可以组合成类似岛屿或木筏的样子，并在巡回展览时用作运输箱。在展览期间，图纸、照片和信息图表等都张贴在这些盒子上。观众既可以从中央装置堆积的垃圾中获得信息,也可以通过艺术作品来理解,例如克里斯·乔丹(Chris Jordan)拍摄的令人印象深刻的信天翁因塑料垃圾死去的照片;理查德和朱迪思·朗(Richard and Judith Lang)的装置"美人鱼的眼泪"(The Mermaid's Tears),观众可以从中体验到辨别沙砾与塑料碎片有多困难;还有盖亚·科多尼(Gaia Codoni)的定格动画,该动画以一种易于理解的方式描绘了塑料进入食物链所造成的复杂问题。策展人希望通过这些作品,打破博物馆在展览上刻板说教的形象,直观地向观众传递具有启发性的信息。此外,在"海洋中的塑料垃圾"章节中还有来自苏黎世艺术大学的学生在科学可视化高级课程中完成的作品。学生们进行了以塑料制品为对象的实物研究,这些研究将在数百年后讲述关于人类文化的故事。

展示什么?如何沟通?

通常来说,一个有关塑料垃圾及其对环境影响的展览会到此结束。然而,作为一个设计博物馆,对我们来说,描绘塑料垃圾是如何产生的也十分重要。这就是为什么展览接下来的章节标题为"日常生活中的塑料"。它的目的是唤醒观众作为长期的塑料消费者在日常行为中的意识。我们花了很多时间思考我们应该描述哪些问题,以及我们应该如何与观众沟通,即我们应该如何叙述和表达。一方面,我们想创造一个中立的叙述,而另一方面,展览本身和我们的教育导览及讨论都带有明确的指向性:提高观众意识,鼓励采取环保行为。

首先要认识到的是,虽然我们是策展人,但我们和观众一样面对着塑料垃圾的问题。因此,我们没有采取无所不知的叙述者立场,并且对"被授权的演讲者"① 的角色保持质疑,依靠自身学习(因为我们一开始并不是这个领域的专家)开展对话和讨论。策展的过程是从一个自我实验开始的,团队成员收集了他们在一段时间内产生的塑料垃圾,并将其整合到一个装置中。展览中的"垃圾水族馆"装置由此诞生,这也为策展人从个人角度与观众进行对话提供了良好的机会,使观众认识到塑料已经渗透到了我们日常生活中惊人的深度。为了实现这个目的,我们编纂了一本可以取阅的《塑料的科学》(Science of Plastics)手册。我们通过塑料袋、食品包装和外卖盒来描述另一个重要问题:快速消费。这里的关键点是产品的短暂使用寿命和包装降解所需的长达数百年的时间上的对比。其他问题还包括可疑的添加剂(如增塑剂或双酚 A)以及微塑料颗粒的利用问题(如羊毛织物或去角质产品中的微塑料颗粒)。接下来我们介绍了一些整体性的方法:将塑料作为一种新的原材料,塑料回收策略以及从设计者、生产者到消费者的循环思路。最后,我们讨论了生物塑料的优缺点。

"海洋中的塑料垃圾"遵循一种相当科学的、客观化的表现形式,并通过一些引发情感共鸣和互动的元素丰富了这些表现形式。与此同时,在"日常生活中的塑料"中,策展人与观众的观点、经验和专业知识发生了更大的碰撞,无论是在思考导致塑料

---

① 这里我们指的是伊娃·斯特姆(Eva Sturm)关于美术馆语言学领域的观点,尤其是她的"授权的演讲者"和"未经授权的演讲者"的概念(befugte und unbefugte Sprecher)。这些概念也可以应用于设计博物馆及其话语体系。参见 E. Sturm, Im Engpass der Worte, pp. 37-44。

垃圾的问题方面，还是在思考处理这些垃圾的方法方面，策展人和观众都共同参与其中。

整合的教育活动空间

借由这场展览，苏黎世设计博物馆得以在策展与教育之间发展出一种新的合作形式。① 博物馆希望通过环境问题接触到更广的观众面，这是博物馆对教育新领域的探索。② 教育战略文件往往将观众定义为不受"年龄、性别或社会经济背景"的限制，而展览中很大一部分展品没有经济、艺术或设计史上的价值，也并非博物馆藏品（博物馆也无意去收藏它们）的事实同样有利于教育项目的概念化。这给策展人带来了更大的挑战，展出的大多是被废弃的日常用品（也就是说，如果展览的关注点不在设计方面，那么应该呈现哪些方面呢？），我们教育工作的范围由此扩大。这些因素是寻求展品、艺术地位③与教育活动中产生的新发现和新线索共存的先决条件。

教育工作的目的是为展览观众创造一个活跃的空间，并接纳实验性的教育尝试。这里的"互动空间"（Action Space）包含物

---

① 直到2012年底，苏黎世设计博物馆教育领域的地位还没有得到巩固。这一概念由弗朗西斯卡·穆尔巴赫提出，他后来受雇于苏黎世艺术大学艺术教育学院（IAE）。
② 展览是与德罗索斯基金会（Drosos Foundation）合作开发的，德罗索斯基金会资助了国际巡展和苏黎世的整个教育项目，包括持续到展览结束后一个月的策展人教育工作。该基金会为展览的免费开放提供支持，因此在吸引观众方面也发挥了重要作用。关于博物馆在观众概念中的作用，参见 E. Sturm, Im Engpass der Worte, p. 36。
③ 在共鸣空间中，工作坊参与者的艺术立场与贡献都被并排展示了出来，并没有对它们进行任何区分。

理空间和交互空间,它允许各种方式和态度与展览空间产生相互张力。作为一个物理空间,教育区域占据了整个展览面积的1/3。在展示设计上,它被几座墙体分割开来,不过,通向展览区域的动线仍是流畅的,以便将教育空间融入展览展示中。教育因此被赋予了一种特殊的可见性。作为展览空间的一部分,教育空间及其教育活动有可能使展览在更广泛的公众中获得更好的评价。然而,将教育的典型特征融入展览是具有挑战性的。① 如果教育没有被转化为可见的形式,让观众可以直接通过现场人员获得解释,那么它们该以何种形式出现,才能让观众看到呢?正如苏珊娜·库多弗(Susanne Kudorfer)在谈到卢塞恩艺术博物馆(Art Museum Lucerne)② 用于艺术教育的综合项目室时所写的那样,在综合教育领域发生的不仅是实际的教育活动,而且是"一种(特定的)艺术教育的想象"。

互动空间旨在拓宽探讨相关社会问题时行动和交流的可能性。在这些空间里,教育活动让观众能够进入一个积极的角色,并借此公开谈论他们感兴趣的展品,以及这些展品为不同的观众提供了怎样的可能性。

资料室、互动空间和共鸣空间

融入展览的教育区域由三个部分组成。配备有书籍和电脑的资料室,为观众提供了深入探讨主题的可能性。除了展览官网提

---

① 参见 A. Schröpfer, Integrierte Vermittlungsräume in Ausstellungen, p. 25。
② 参见 S. Kudorfer, Projektraum Kunstvermittlung, p. 53。

供的背景资料外，还可以找到相关法律、倡议和组织的信息。资料室内还提供了一个供团队讨论用的会议室。展览期间，综合影院会在固定时间循环播放各类短片和纪录片。

互动空间是一个具有工作坊氛围的设计室，配有桌子和长凳，有一面涂有黑板漆的墙壁和可以动手制作的材料盒，用于小组研讨会。不过，这个空间很灵活，可以适应各种用途（例如用于演讲、电影、戏剧或作为设计工作室、讨论室）。

共鸣空间展示了不同受众之间互动的痕迹。这一概念可以用共鸣的物理原理来描述：由于相同或相似波长上的刺激，引起的混响或放大效果的（反应）作用。在展览的背景下，塑料污染的问题以及与观众的互动成为推动力。共鸣空间对不同利益相关者的互动做出不同的反应，并将其流程展示出来：空间里的演示元素可以灵活布置，例如磁铁墙、壁架和特殊的组件，促进各类产出。教育团队的任务是改变共鸣空间的展示方式。[1]

空间与教育形式的互动

通过观察许多不同的教育形式，我们可以确定在教育区域中发生了什么，以及它们如何与空间的使用方式相互作用。由于正式的教育计划伴随着展览的开幕就正式启动了，因此我们面临着开幕时在共鸣空间展示什么的问题。首先，我们通过安

---

[1] 内部教育团队由教育策展人、一名研究助理以及来自苏黎世艺术大学艺术教育策展与博物馆教育硕士专业的三名实习生组成。此外，该团队还有三名工作人员参与，协助短期项目（学校工作坊、假期计划与合作）和导览工作。

装展示架（如空画框），来彰显这一展区的理念与最初的"空白"——可以说这部分地解决了上述问题。此外，我们还寻找合作伙伴，为展览提供最初的作品。我们与苏黎世大学项目 (Universikum program)① 中的四个学期课程进行合作。该项目创作出来的作品表达了学生们与塑料和环境问题的日常联系，敦促他们反思自己的生活环境。例如，两个 11 岁的孩子用摄影作品记录了他们在家中可以找到的所有塑料产品，并询问观众他们最容易放弃使用其中的哪些物品。这个问题通过小便利贴来回答，很快人们就发现，几乎每个人都离不开手机和牙刷。这件作品成为互动的标尺：便利贴越多，则说明参与度越高。同时，这件作品还展示了带有参与性元素的作品是如何促进共鸣空间中的互动的。

教育区域重点呈现了塑料的材料性。开幕期间，我们在共鸣空间中展示了大学项目中一个由 6 岁孩子开发的宠物机器人。研究日记中概述了孩子为解决结构问题而采用的实际策略。作品的材料性及其形式和功能特性是设计教学中的关键要素。设计及其教学不仅包含作品本身，而且关涉结构和过程的设计，以及它们对社会文化因素的吸收和发展。对于教育形式的概念，我们既受批判性设计教育②的引导，也受艺术创意策略的影响。互动空间的材料盒中包含了使用过的塑料瓶盖、利乐包装和塑料包装，这些都是发动公众收集的。收集到的材料作为展览中展品的实物对照，以提高人们对材料的认识。此外，这些材料也成了设计工作

---

① 由苏黎世学校和体育部为苏黎世有天赋的孩子们提供的教育计划。参见 www.stadt-zuerich.ch/universikum。
② 参见 B. Settele, Design kritisch vermitteln, pp. 242-245。

坊（Design Workshop）的基础。在两个月的时间里，我们利用每个周六的时间，将互动空间改造成了一个设计工作室。观众可以在工作室里用一次性材料创造新的东西，或是创作出自己的想法和故事。

共鸣空间的创意库中展示着设计工作室的成果，墙面上预制的表格填满了各种创意。随着对知识分享和开发塑料再利用的DIY说明书的呼吁，越来越多的想法产生了。起初，这些想法仍是在教育小组的支持下在工作坊中产生的。到了展览后期，独立创作开始出现。观众们通过电子邮件将创意发送给我们，还有一位观众自己动手，展示了一只用塑料瓶制作的花瓶。围观者们拍照并记下了笔记。这便产生了一种可以直接在墙面上看到的动态的思想交流。

每周一次的"垃圾星期三"（Trashy Wednesday）也在互动空间中举行，它致力于为观众创造一个自发参与的环境。活动形式由时间跨度、位置和实验性质决定。在艺术家安德里亚·库斯特（Andrea Kuster）的自发参与下，展览得以与周围的城市环境建立联系。她展示了从苏黎世湖中收集到的材料，还发起了一场徒步前往水力发电站的导览。由于观众的不可预测性，"垃圾星期三"为当时处于展览空间中、或者每周定期参加该活动的观众开辟了一个进行接触和对话的迷人空间。

在展览期间举行的街道巡游（Street Parade）教育活动中，城市空间、展览空间和教育空间之间形成了紧密的关系。[1] 为了

---

[1] 以爱、和平、自由、慷慨和宽容为主题的科技巡游。参见 www.streetparade.com。

实现细致入微的互动，我们举办了一场以"盛装打扮"（Get Dressed）为主题的设计工作坊，随后进行现场直播，并在一个"垃圾星期三"邀请公众观看影像和公开讨论。由于我们所关注的大规模活动所产生的垃圾这一点并不被街道巡游的组织者所看重，因此我们没有达成合作，该项目涉及街道巡游的各个方面，但并非由组织者和参与者共同开发。在这个项目中，展览展示的教育信息内容与教育团队全面开放思考空间的意图之间存在明显的冲突。共鸣空间的潜在成果也由此显现，反馈卡和墙面上一系列的意见所呈现的讨论就像一个网络博客，包含着相互矛盾的陈述或对个人意见的评论。这里产生的歧义取代了博物馆机构的声音，为对话开辟了空间。①

后续

该展览于 2012 年在苏黎世设计博物馆成功展出后，开始了国际巡展，在欧洲、非洲和亚洲都有站点。我们认为，作为一座设计博物馆，我们的社会责任之一就是利用自身资源，唤起人们对轻率使用和处理塑料（当代最重要的一种材料）的后果的关注，审视诸如消费、健康风险或材料循环等问题，并鼓励通过减少消费、改换用途或循环使用等行动，提出解决这些问题的方法。我们把问题留给观众自己去得出结论。对我们来说，重要的是表明立场，并与我们的观众建立对话。公众对展览及教育项目

---

① 乔亚·达·莫林（Gioia Dal Molin）在卢塞恩美术馆（Kunstmuseum Luzern）的项目空间中以"艺术演讲时刻"（Kunstsprechstunde）的形式描述了多元化的生产（参见 G. Dal Molin, Projektraum und Ausstellungsraum als Dialograume, p. 84）。

展现出了极大的兴趣,并给出了积极的反馈,我们备受鼓舞,不仅呈现了该领域各个方面的最佳设计实践案例,而且讨论了它所面临的难题。

  观众的数量、广泛的参与和不断变化的综合教育空间也改变了我们展示和教育的方式。据统计,在3.5万名参观者中,约有35％的人参与了不同的教育活动。而在这次展览之前,这个数字平均只有7％。教育的理念创造了一个活动空间,同时也在很大程度上改变了博物馆的结构,如今博物馆设有一个固定的教育策展人职位。根据卡门·莫尔施(Carmen Mörsch)的观点,教育的作用不仅被证明是解构主义的(因为其他人的观点和作品都是可见的),而且还展示出一种功能转变的迹象。① 这场展览及其文化教育扩大了博物馆的功能,使其成为集体社会创造过程中的参与者和发起人。如今,教育角色的变化也证明了:无论是在对话式参观,或是创意设计的过程中,还是在综合性的教育空间中,教育都具有更广泛的责任。我们也在不断探索与展览策展人之间的合作,策展人正提出越来越多传统结构之外的需求。关于塑料垃圾的主题和展览可以采用各种各样的方法呈现,而对于苏黎世设计博物馆来说,"出海吗?塑料垃圾计划"展览无疑是一次开放空间的开辟和实验性展览及教育的实现。

---

① 参见Carmen Mörsch, "What Does Cultural Mediation Do?", Time for Cultural Mediation, 以及http://www.kultur-vermittlung.ch/zeit-fuer-vermittlung(最后浏览日期:2016年4月13日)(译者注:原文注释指代不明,据作者及篇名信息补)。

图5　由塑料垃圾堆成的中心装置,塑料垃圾计划,苏黎世设计博物馆,2012年

图6　"海洋中的塑料垃圾"展区,塑料垃圾计划,苏黎世设计博物馆,2012年

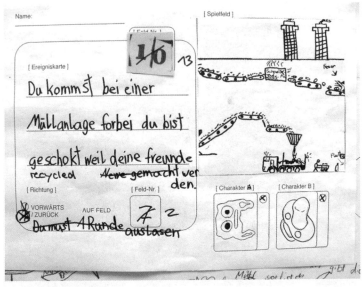

图 7　互动空间的设计工作室，塑料垃圾计划，苏黎世设计博物馆，2012 年

图 8　学校工作坊课程"塑料岛屿和垃圾音乐"，塑料垃圾计划，苏黎世设计博物馆，2012 年

与观众的对话
——"非洲建筑"展及其互动展示

安德烈斯·勒皮克

在我看来,展览设计不仅仅是一种展示。它是一种视觉交流的媒介,或者更简单地说,是一种让眼睛和大脑都能感受到的东西——从广义上来说,展览设计应该帮助我们注意到一些原本会忽视的、或是无法仅从描述和图片中提炼出来的东西。①

博物馆的建筑展览通常使用模型、图纸、照片和视频等方式来展示正在设计中或已落成的建筑。一般来说,建筑展的内容和概念是采用与艺术展相同的展示形式来传达的:用玻璃画框镶嵌的草图、规划与图纸,以及陈列在玻璃柜内或基座上的三维模型和建筑材料。这些建筑主题的博物馆展览大多发生在中性的"白立方"中,它阻断了观众与外部世界的全部视觉联系,同时也消除了所有其他语境下的可能性。② 对于参观建筑展览的观众来

---

① 引自路德维斯基(B. Rudowsky)1958年5月12日在东京的演讲。
② 有关"白立方"作为美术馆和博物馆艺术展示标准的定义及其历史的基本信息,请参见奥多尔蒂(B. O'Doherty)的著作《在白立方之内》(*Inside the White Cube*)。

说，建筑展与艺术展展示方式的相似性正是造成对两者本质误解的根源。因为建筑展将建筑在设计和施工过程中使用的材料放在了与艺术品同样的层次上，而它们本不应处于同一层次。它们的目的是不同的：建筑材料是用来定义"空间"概念的，"空间"只有通过其物质变现才能成为"建筑"①，而艺术品有其与生俱来的真实性。在以往的（建筑）材料展示中，出于保护的目的，除了使用框架和玻璃柜来保护原始材料之外别无选择。然而，特别是在当代主题的建筑展览中，有可能发展出专门的展示形式，使观众可以清晰地看到艺术展和建筑展的不同之处，并独立地构成阐述建筑展览的媒介。下文将展示一个具体的展览案例，说明如何将这一观点付诸实践。

由慕尼黑工业大学建筑博物馆（Architekturmuseum der Technischen Universität München）于2013—2014年在慕尼黑现代美术馆（Pinakothek der Moderne）策划的"非洲建筑：社区共建"（The AFRITECTURE：Building With the Community）展，旨在向更广泛的观众展示当代建筑中的复杂主题。考虑到展览地点位于慕尼黑现代美术馆②，慕尼黑工业大学建筑博物馆希望通过将展览主题中的特定元素融入其展示概念，以吸引到那些原本对建筑并没有那么感兴趣的观众。

展览的动机和出发点是当时非洲大陆的许多国家在建筑领域的发展趋势，其背后隐藏着建筑规划与政治、经济利益之间的社会关

---

① 以下术语"建筑"专指为现实世界而设计的计划和概念。
② 该博物馆还设有现代艺术展，如巴伐利亚绘画展（Sammlung Moderne Kunst der Bayerischen Staatsgemäldesammlungen）、慕尼黑国家形象艺术展（Staatliche Graphische Sammlung München）和新展（Neue Sammlung）等独立展览。

系问题。尽管拉各斯（Lagos）、约翰内斯堡（Johannesburg）和亚的斯亚贝巴（Addis Ababa）等大城市持续快速发展，但这些建筑项目普遍缺乏对建筑与当地社会、文化和社会结构长期融合情况的思考。这导致对大部分人来说，建筑和空间环境的分配越来越不平等，贫民窟的数目正在以惊人的速度增长。① 当然也有例外。一些建筑方案正在积极地反抗建筑的完全商业化，并整合低收入者和边缘人群的真实需求。慕尼黑展览理念中的策展方式是基于两个我曾在其他博物馆策划并实施的展览项目而提出的，它们都聚焦于建筑的社会意义，目标是使用具体的、成功的案例激发对当代建筑社会意义的积极讨论。

第一个展览是2010年在纽约现代艺术博物馆（Museum of Modern Art in New York，MoMA）展出的"小规模，大变化：社会参与下的新建筑"（Small Scale, Big Change: New Architectures of Social Engagement）②。除了特定建筑项目在当地社区生态和文化方面的社会嵌入性以外，艺术性——或者说美学③也是策展团队遴选项目的重要指标。纽约现代艺术博物馆的展览展示了来自世界各地的11座已建成的建筑或建设中的项目，其中包括来自非洲的两个模型项目，即布基纳法索甘多的小学（Primary School in Gando，Burkina Faso）［建筑师：弗朗西斯·基尔

---

① 最新的联合国人居署报告（《贫民窟的挑战——全球人类住区报告》，联合国人居署，2003年）更详细地阐述了这一情况。参见 http://www.grida.no/graphicslib/detail/slum-population-in-urban-africa_d7d6#。
② 详见 http://www.moma.org/interactives/exhibitions/2010/smallscalebigchange/，最后浏览日期：2016年4月13日。
③ 相对而言，这是对2002年威尼斯建筑双年展的一次重要回应，因为后者的标语是"少美学，多道德"（Less Aesthetics, More Ethics）。然而在我看来，道德和美学这两个术语更应该被视为互补的，而非相互排斥的。

(Francis Kéré)］和红区博物馆（Red Location Museum）［建筑师：诺埃罗·沃尔夫（Noero Wolff）］。在展示形式上，本次展览遵循了现代艺术博物馆的一贯标准：展出大幅的照片、图纸、草图、模型，但这些都是在没有使用玻璃柜的情况下展出的，以便观众能获得更直观的体验。在展示其他设计材料时，我们开发了一套嵌合系统，将展示对象挂在锯木架上。目的是使展示形式尽可能简单，从而将展示重点放在呈现建筑项目本身上。① 在"小规模，大变化"展览的研究过程中，我们发现了超出展览陈列范围的案例，并将它们增加在随后出版的《变革的主导者：建筑的作用》(Moderators of Change: Architecture that Helps)② 中。由于公众对于建筑主题日益增长的兴趣，位于法兰克福市的德国建筑博物馆（Deutsches Architekturmuseum）于 2013 年举办了另一场基于现有成果与最新研究的展览"放眼全球，建构社会"（Think Global, Build Social）③，该展览随后也在维也纳建筑中心（Architekturzentrum Wien）展出。本次展览是从纽约现代艺术博物馆的展览成果和随后的出版物中提炼出来的，旨在更清晰地界定遴选标准。其中特别强调了使用者在建筑的规划和落地过程中的参与问题。展览还包括一些新的建筑，其中一些直到"小规模，大变化"展览之后才开始设计或落成。展览空间设计的基本前提，是开发一套既能够尽可能降低成本，又可以方便地在两个展览场地搭建的系统。设计师莎娜姿·哈泽格·内贾德

---

① 展览设计来自纽约现代艺术博物馆的设计师杰瑞·纽纳（Jerry Neuner）和贝蒂·费希尔（Betty Fisher）。
② A. Lepik，Moderators of Change.
③ 该展览没有出版图录，而是发行了《ARCH＋》杂志的一期特刊，即《ARCH＋》第 211/212 期。

(Sanaz Hazegh Nejad)的方案是使用欧式货盘作为展示的核心元素。作为一种可循环使用的材料，它们可以在每个展览场地重复利用。货盘上是挂满了印刷品的网架，它们是图片和文字信息的重要载体，堆叠起来的货盘也可以作为建筑模型的基座。这一要素还帮助实现了将展示形式与主题尽可能紧密联系的目标，从而在形式和内容之间创建视觉上的统一。建筑类展览的低预算尤其反映在展览场馆简易的支架上。该展览对纽约现代艺术博物馆的展览进行了补充，在材料方面如结实的砖块、完整的竹架结构，或是安装一台泥砖制造机。这些物品的使用在展览项目与物质材料和工具之间建立了直观的视觉联系。在展览的概念化阶段，我们就提出将展览打造成一个动态的知识平台，在法兰克福的德国建筑博物馆馆长彼得·卡绍拉·施马尔（Peter Cachola Schmal）、维也纳建筑中心馆长迪特马尔·斯坦纳（Dietmar Steiner）、作为策展人的我以及两座场馆的策展团队——法兰克福的菲利普·斯特姆（Philipp Sturm）和彼得·科纳（Peter Körner）、维也纳的索尼娅·皮萨日克（Sonja Pisarik）的共同努力下，我们将这个想法实现了出来。这一概念设想了一种模块化展示的可能性，这种形式可以灵活地适应各家场馆的条件（无论是内容还是展示形式方面）。因此，"放眼全球，建构社会"展览在维也纳展出时扩大了规模，新增了一个专门呈现在奥地利建造或由来自奥地利团队设计的建筑项目的展厅，共有72栋建筑被增加到展览中。

慕尼黑的展览"非洲建筑：社区共建"被认为是上述两个展览在主题上的延续，尽管在地理上，该展览的内容仅限于撒哈拉以南的非洲地区。① 对于非洲的当代建筑项目的关注是有诸多原因的。其中最主要的原因是，虽然由于其稳定的经济增速，非洲几度登上欧洲国际金融杂志的版面②，但是到目前为止，非洲几乎没有参与到由欧美掌控的建筑话语架构中来。③ 与此同时，很显然的是，非洲经济增长和随之而来的城市化将为建筑提供巨大的机遇。在寻找有关项目的过程中，我们愈发清楚地意识到，在撒哈拉以南的各个国家很难甚至完全找不到有社会参与的建筑项目。④ 原因有两方面：一方面，几乎没有建筑学院会直面这个主题；另一方面，一些国家完全缺乏结构化的建筑教育体系。建筑由大公司和开发商控制着，其中许多来自海外——设计也是如此。⑤ 即便如此，我们还是找到了来自 10 个国家的 26 个案例。它们的共同点是建筑师有着高度的参与性且淡化了建筑的区域性。

在许多社会参与的建筑项目中，一个至关重要的因素是建筑的未来使用者是否"参与"了建筑的设计甚至施工过程。由于参与被认为是许多项目的核心主题，因此我们萌生了在展览中呈现参与性元素的想法，以鼓励观众直接参与到展览的主题中来。与

---

① 之所以把展览的内容限制在撒哈拉以南的非洲建筑项目上，是因为当时马格里布地区的政治局势不可预测。
② 例如，2011 年 12 月的《经济学人》杂志的标题是"非洲崛起"，一年后，《时代》杂志也使用了这个标题。
③ 非洲首次举办世界建筑大会是在 2014 年。
④ 非洲撒哈拉以南地区的大量歌德学院对这项研究提供了重要且热情的支持。我们特别需要感谢利恩·海登瑞希-塞勒姆（Lien Heidenreich-Seleme）和约翰内斯堡的区域办事处。
⑤ 有关非洲建筑学院的概述，参见《非洲建筑：社区建筑目录》(AFRITECTURE: Building with the Community Catalogue) 第 16 页。关于中国企业和开发商在非洲的强势地位，参见 J. Zhuang，"How Chinese Urbanism Is Transforming African Cities"，http://www.archdaily.com/?p=529000，最后浏览日期：2016 年 4 月 13 日。

来自柏林的史蒂芬·弗雷泽特（Stiftung Freizeit）建筑事务所的伊内斯·奥伯特（Ines Aubert）、鲁本·霍达尔（Ruben Jodar）和鲁斯米尔·拉米奇（Rusmir Ramic）一起，我们的设计不仅符合慕尼黑现代美术馆展厅的展陈条件，也迎合了我们占比最多的非专业观众对于建筑领域较低水平的知识储备。空间概念的第一个先决条件是保持展厅一侧的窗户是敞开的，以便在展览中创造一种双向的透明，一方面可以从博物馆外部看见馆内的展览，另一方面也使厅内的观众直面博物馆周围的城市实景。

在构想阶段，我们明确了教育上的两个基调：第一，以尽可能生动易懂的方式解释各种建筑项目。这样做的目的是平等地对待所有观众，上至专业的建筑师，可以了解建筑的空间规划；下至儿童，可以通过一系列漫画风格的插图了解该建筑项目的历史。由于我们决定让展厅一侧的玻璃立面敞开，因此这一侧就不能被用作展墙。我们在前期准备阶段就决定使用蜂窝纸板，作为一种简单而灵活的展墙材料，它可以平铺在地面上，从而获得额外的展览面积，以展示图表、文字和插画。但由于观众可以直接踩过展览的地面区域，因此必须要找到一种方法来保护纸板不受磨损。最简单的解决办法是要求观众在入口处脱掉鞋子，穿着袜子参观展览。在规划阶段，展览设计师和策展团队对这一要求进行了广泛的讨论。尽管存在各种顾虑（例如观众可能会因为觉得不舒服而拒绝这个要求，从而导致观众数量减少），但我们还是执行了这条规定。从展览一开始，我们就获得了观众们的积极响应，许多人把这一动作理解为一种身体上的"初始化"，就像进入日式的房子那样。正是这种对于博物馆来说不同寻常的体验，使展览在许多观众脑海中留下了深刻的记忆。

由史蒂芬·弗雷泽特建筑事务所提出并制作的留言簿成为展览的另一个互动元素。在每个建筑项目旁的墙上都挂着黄色的活页簿，观众可以随手取下它们，坐在一旁的凳子上写下评论。一般而言，留言簿只能在展览结语处找到，观众可以任意留下各种各样的评论，这往往导致了留言的高度随意性。然而，在"非洲建筑"展中，策展人和展览设计者提出的具体问题已经被贴在了墙上，例如"世界各地的现代建筑应该只使用本地的建筑材料吗"。通过这种方式，观众被要求在留言簿上回答某一个特定问题。仅仅在展览开幕后的几天，我们就看到大量观众十分乐于接受这个直接的互动机会，有些人留下了长篇且观点独到的评论。在展览结束时，48本留言簿被大约3 500条评论填满。观众还使用了数量更为庞大的便利贴，因为他们可以自由地写下任何评论和建议并贴在展区的任意一处。除此以外，还有一种评论展览及其内容的媒介——"观点中心"（Opinion-o-mat），它类似于照相间，位于最后一个展厅，让观众有机会留下20秒的视频评论。录像结束后，经过审核的视频评论将被投影到一面墙上。对于这一媒介，观众的热烈反响超出预期，以至于在展览期间，我们来不及对如此多的评论做出决定性分析。借助观众留下的大量评论和视频，整个"非洲建筑"展的面貌在展出期间多次改变，因此它可以被理解为一个字面意义上的"互动"展览，不再是抽象的数字结果，而是展览本质上的转变。

在20周的时间里，有超过7万名观众参观，证明"非洲建筑"展是一场极为出色成功的建筑展览，关于该展的大量媒体报道也反映了这一点。① 全体观众对展览主题的紧密参与及其独特

---

① 在博物馆的档案中可以找到收集完整的剪报。

的展示方式证明,将展览内容与展览形式、互动和教育元素融合在一起的综合理念大大提高了展览的可理解性。同时,对于许多观众来说,他们深深地被"非洲建筑"展所带来的建筑社会影响力所打动。

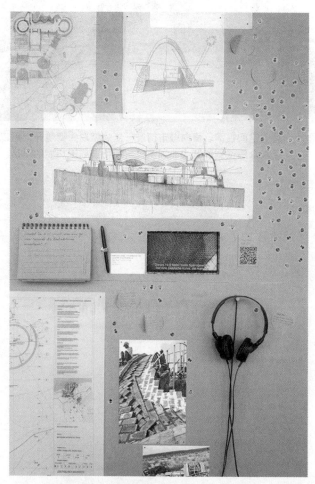

图9　带有规划图、剖面图、照片与供观众填写评论的黄色活页簿和便利贴的墙壁装置

图 10　展览空间视图。面向城市街景一侧的窗户保持敞开,可以让观众感受到展览中非洲建筑与博物馆周围环境的对话

图 11　每一个展出的建筑项目都附带有一本用于回应特定问题的留言簿。最后,有超过 2 000 条留言被我们收录编目

图 12 展览的内容通过文字、图像、插画、视频等不同的方式进行传播，以应对不同类型的观众

拼图：作为策展实践的教育

茱莉娅·舍费尔

拼图是一种需要耐心的机械游戏。我们可以将拼图想象成一个由许多部件组成的整体。我从来没有对拼图产生过热情，因为我缺乏将零散的部件组合成一个预设的形式所需要的决心、耐心和毅力。然而幸运的是，拼图的隐喻并不仅仅是把一个整体拼凑起来，在拼图游戏中，每一块拼图都有自己的位置，它们相互连接，互相支持。即使有拼图丢失了，你仍然可以组装并看到其整体。

在2010—2011年间，我以拼图概念为灵感，策划了莱比锡当代艺术馆（Galerie für Zeitgenössische Kunst Leipzig，简称GfZK）新馆（Neubau）的实验性展览项目。GfZK位于莱比锡市中心附近，莱比锡大约有50万居民，拥有大量致力于当代艺术的博物馆、美术馆和艺术家经营的项目。GfZK将关注的重点放在与时事、社会参与和社会相关的项目上，项目按主题运作，并在策展、教育和推广上寻找新颖的形式。[1]

---

[1] J. Schäfer, Vor heimischer Kulisse, pp. 107 ff., 190 ff., 221, 237. 参见 Backstage, http://www.gfzk-leipzig.de/?s=Backstage, 最后浏览日期：2016年4月13日。

该机构成立于1992年，自1998年以来一直位于一座威廉大帝时期风格的别墅内，直到2004年搬入新馆，这也在建筑上反映了博物馆项目的特点。艺术馆基金会的运作模式和来自公私伙伴关系的资金赞助，给予了实验性展览一定的自由度。例如，与完全由政府资助的机构不同，参观者的数量并不一定会对展览的构思或设计产生过多的制约。这也对教育工作产生了积极的影响。自2004年起，莱比锡当代艺术馆设立了教育部门，"你的莱比锡当代艺术馆"（GfZK FÜR DICH）项目的工作重点是与幼儿园、难民救助所、慈善组织、特殊学校、中小学和贸易学校建立长期的合作关系。在艺术教育项目中，往往会关注并探讨城市或社会边缘化的主题。因此，很少有针对文化教育过剩地区的项目。[①] 参考开头提到的拼图意象，也可以说我们的文化教育项目并不是为了增加游客数量。对于GfZK来说，调查研究和实验不仅是策展的驱动力，也是教育项目的驱动力。[②]

我的任务是为新馆策划一场为期一年的开幕展览：博物馆的收藏展。在此之前，此类展览都是在GfZK的老别墅建筑里举办的。因此，这次展览的目的是要以一种有趣的方式打破旧习俗。

新馆位于一楼，面向城市和行人的一侧有巨大的玻璃幕墙。在我看来，它的空间比例与参观者形成了一种和谐的共融。建筑分上下两层，拥有地面和顶面的交互照明，两层的空间彼此流通，无论是在声学上还是在光线上都不可分割。[③] 许多展墙可以

[①] 另参 http://www.gfzk.de/foryou/?cat=4,最后浏览日期：2016年4月13日。
[②] 莱比锡当代艺术馆的其他教育计划包括：教育卡、公共服务、写作、走廊展示、家庭游戏等。请参阅 www.gfzk.de,最后浏览日期：2016年4月13日。
[③] J. Schäfer, Curating in Models, p. 85.

手动推移，这样就为每个展览创造了新的动线：展览有时有着固定的路线，有时则可以从多个不同的入口进入。地面、墙面和顶面都使用相同的表面纹理，看起来就像一个整体。新馆内部的区域由一系列深浅不同的灰色区分：浅灰色和深灰色将地面区域定义为展示区和非展示区，不同的灰色色调也区分了固定的或可移动的墙壁。此外，还有许多裸露的混凝土墙。影院的地板和墙壁由黑色橡胶制成，这种橡胶也覆盖了建筑的立面。

对我来说，为新馆设计一个长期的静态展览是一项挑战。展场是一个灵活的空间结构，不能简单地保持静止，尤其是考虑到与藏品之间的关系。藏品有它自己的一段历史，其本身就是一种叙述，展示了博物馆创始人和创立过程的印迹，例如来自德国工业联合会艺术和文化协会（Association of Arts and Culture of the Federation of German Industries）[1]的捐赠或是私人收藏家和艺术家捐赠的各种作品。随着时间的推移，不同时期的收藏也反映出博物馆不同管理部门不同的关注重点。当然，这些藏品无论是在组织还是内容方面，也都反映了目前博物馆在职员工的偏好。从整体上看，藏品体系是非常多元和生动的，而很少存在分歧。[2]

通常情况下，博物馆推出本馆的收藏展并不会引起人们太多的兴趣，要为这样的展览找到观众并不容易。所以对我来说，把空间本身作为展览的一部分是很重要的，即开发一些不可能发生在老别墅，而只适用于新馆的东西。

---

[1] 德国工业联合会艺术和文化协会（The Kulturkreis der deutschen Wirtschaft im BDI e. V.）自 1951 年以来一直支持艺术和文化，并以将艺术作为社会的基本资源为宗旨开展活动。见 www.kulturkreis.eu，最后浏览日期：2016 年 4 月 13 日。

[2] H. Stecker and B. Steiner, Sammeln.

我采用了一种动态的策展方式——"拼图"的概念来回应这个挑战。我所说的"动态策展"概念是指抛开"一旦展览开幕，展示内容就不能改动"的规定。在最初的规划阶段，我没有为自己的工作设置主题范围和明确的阐释核心。我把新馆 800 平方米的展览空间平面图分为十个多边形碎片，重新组装后，它们组成了完整的新馆。在考虑不同区域间的展示时，我想到了让每个区域分别聚焦于一个不同的主题，并邀请合作者们和我一起拼凑出博物馆藏品的形象。展览的名称也由此诞生。

为了践行将教育融入展览的策展理念，我邀请了八位参与者（个人或团体）与我一起开发此次收藏展。所有参与者都被分配了参与和利用藏品的任务，至于如何完成任务，则由他们自己决定。受邀者参观了库房以了解藏品，并且收到了刻录有全部藏品数据的光盘，这样，他们就可以方便地搜索藏品信息，而不是只能"到现场翻找"。经过参与者的构思，共计 34 块拼图以项目、展览、装置等形式在"拼图"展中展出，有的同时展出，有的则轮换展出。

每块区域都有不同的参与者，并专注于不同的事物：在"介入"（Interventionen）部分，我邀请艺术家们创作新的艺术品来回应博物馆的收藏。① 莱比锡美术学院（Academy of Fine Arts Leipzig）的媒体艺术班（Klasse Intermedia）创作了六个与藏品相关的艺术项目，包括表演、装置以及影像作品。② "收藏不同"

---

① 这几位艺术家是卡罗拉·德特尼格（Carola Dertnig）、塔德杰·波加卡尔（Tadej Pogacar）和科妮莉亚·弗里德里克·穆勒（Cornelia Friederike Müller）。
② 参与的学生有安格莉卡·瓦涅克（Angelika Waniek）、萨宾·F.（Sabine F.）、吉列尔莫·菲亚罗·蒙特罗（Guillermo Fiallo Montero）、斯特凡·赫尔蒂格（Stefan Hurtig）、弗朗兹卡·耶尔奇（Franzika Jyrch）和梅塔·埃因瓦尔德（Meta Einvald）。

(Anders Sammeln）部分展示了藏品中缺失的东西，从而揭示其政治意义。① "新入藏？"（Neuerwerbungen？）部分展出的是最初与莱比锡当代艺术馆合作创作，但（在展览期间）尚未纳入收藏的作品。② "拼图中的拼图"（Puzzle im Puzzle）部分展出的是由藏品主管挑选的藏品。③ "橱柜"（Kabinett）是一个已有的展览系列，其中保管员④展示了藏品中不为人知的作品（大部分是平面作品）。在"你的莱比锡当代艺术馆"区域，GfZK的艺术教育工作者⑤与儿童和青少年合作呈现了两场展示。名为"V-Team"的教育小组⑥参与了观众对当代艺术态度的调查研究项目。"保存机器"（Konservierungmaschine）也是GfZK一个已有的项目，修复者⑦以一件艺术品为例，展示了修复方法和保存过

---

① 策展人安吉丽卡·里克特（Angelika Richter）展示了"上演坚强的意志"（Inszenierungen des Eigen_Sinns）；策展人茱莉娅·舍费尔展示了"封面女郎/裸女"（Covergirl/Wespenakte）。这两场展览都与德意志民主共和国发生了重要关联，并以女性艺术家为主角，在当时，她们在展览中得到的展示并不充足。
② 参与的艺术家有安特杰·希弗斯（Antje Schiffers）、多瑞特·玛格丽特（Dorit Margreiter）、朵拉·加西亚（Dora Garcia）和苏菲·索尔森（Sofie Thorsen）。
③ 该藏品主管是安吉拉·波恩克（Angela Boehnke）。
④ 该保管员是海蒂·史黛克（Heidi Stecker）。
⑤ 第1组：莉娜·塞克（Lena Seik）和亚历山德拉·弗里德里希（Alexandra Friedrich）（艺术教育家）、特里斯坦·舒尔兹（Tristan Schulze）（互动设计师）以及威廉·康拉德（Willem Conrad）、里奥·辛格（Leo Hingst）、马克斯·费希纳（Max Fechner）（学生）；第2组：莉娜·塞克和亚历山德拉·弗里德里希（艺术教育家）、特里斯坦·舒尔兹（互动设计师）、埃里卡·米尔施（Erika Miersch）（教师）、马丁·赖希（Martin Reich）（技术人员）、格里昂·拉恩费尔德（Gereon Rahnfeld）（实习生）和佩特利学校（Petri School）的七年级学生。
⑥ 弗朗西斯卡·阿德勒（Franziska Adler）（插图师和艺术教育工作者）、克里斯汀·迈尔（Kristin Meyer）（漫画师和艺术史学家）、朱莉娅·库尔兹（Julia Kurz）（戏剧学者和艺术教育者）、路易斯·施罗德（Luise Schröder）（艺术家）、克里斯汀·穆勒（Christin Müller）（艺术教育工作者）和安德里亚·古斯（Andrea Günther）（艺术家）。
⑦ 西比尔·雷西科（Syblle Reschke）与安洁莉卡·霍夫敏斯特·祖尔·聂登（Angelika Hoffmeister zur Nedden）（修复师）。

程中涉及的困难。最后，我邀请了"莱比锡当代艺术馆之友"（Förderkreis）① 针对这些收藏的作品进行策展或评论。通过区域的划分，我试图避免制造任何的层级关系，受邀的艺术家并不会比儿童或青少年分配到更多的空间。这一民主原则对"拼图"展的成功来说至关重要。我将自己的角色看作策展人和主持人、管理者和调停者，提供框架，划定和分配区域，并作为顾问站在一旁，协调和把控所有的项目。

就这个项目来说，关键的一点就是我抛弃了作为策展人的姿态。信任成为黏合一切的支柱。我提供了一个框架，并定义了一个尽可能自我延续的体系。我向所有参与者提供了相同的条件。任何人都可以随时与我讨论细节。大部分人（但不是全部）接受了这个模式。顺便一提，这里的细节通常是需要讨论的组织或技术上的问题。基本上，每一个群体，以及群体中的每一个个体都必须找到一种与众不同的策展语言，而我的主要任务就是陪伴并协助这一探究。

这个项目共有 48 名团队成员，并不是每个方面都取得了成功，错误是无可避免的。例如我们在一面空白的墙上展出了一件作品，而这件作品原计划放置在不远的拐角处。在很长一段时间里，构思的项目停滞不前，工作也无法得出结论。前一场展览延期，而后一场则迫在眉睫。我们还与艺术家苏菲·索尔森（Sofie Thorsen）进行了长时间的讨论，但由于经费上的

---

① 安妮莉丝·伯姆（Anneliese Böhm）(教师)、史蒂芬·希科拉（Stephan Schikora）(财务总监)、薇拉娜·汀特诺（Verena Tintelnot）[艺术历史学家和费登奎斯（Feldenkrais）的老师]、亨里克·帕帕特（Henrik Pupat）(艺术记者)、多丽丝·斯托芬比尔（Doris Staufenbiel）(心脏病专家)。

限制，我们无法以原作所需的形式来展示。等我们找到一个令所有人满意的解决方案时，已经错过了开幕式的日子。我们在两周后才开放了这一区域。"拼图"展在设计时就考虑到了这种灵活性，而这在 GfZK 的其他展览中是很难想象的。然而，这也意味着对于想要看完每一件展品的观众而言，这是一个挑战。有时他们想看的展品已经被撤走了，而我们却完全忘记了对外发布展品更换的通知。

尽管我们实行民主原则，但作为策展人，我仍然要对整个展览的设计负责。我决定给几面墙涂上颜色作为标记。为此，我采用了藏品图录中的色彩系统来装饰展厅。在图录①中，不同的颜色被用来区分不同日期和博物馆各历史阶段入藏的作品。我用同样的方式，以不同的颜色标记展墙。尽管"拼图"展展出的作品不断变化，但彩色的墙面却保持不变。② 为了进一步方便定位，我们的平面设计师为展览设计了一套磁力标识系统。此外，我们还利用新馆窗口的大型展板，让人们可以看到哪些展品目前正在展出、哪些将在未来展出。在展区内，标识提供了关于特定区域、参与成员和艺术家的信息。

"拼图"展的概念和过程反映了我将博物馆教育作为策展实践的态度。我有着博物馆教育的背景，对我来说，没有教育元素的策展是不可想象的。每当我策划一场展览，我都会问自己一些关于观众对展览接受情况的问题，而且每一次都尝试以

---

① H. Stecker and B. Steiner, Sammeln.
② 在"拼图"展中，彩色墙壁也被证明是一个对于摄影文件来说有效的定位方法。这只是一个例子，在许多情况下，有些东西是在过程中开发出来的，而不是从一开始就完全计划好的。

一种新的形式来回答这些问题。在"拼图"展中，不同的参与者的加入带来了或多或少不言自明的、多样化的声音。大多数情况下，我们会要求参与者准备一篇关于主题的介绍性文本，以便最有效地传达他们作品的内容。唯一的例外是由教育团队开发的跨区域项目——"折叠式参观"（foldout tours），运用地图和活动建议引导观众参观展览，每次引导都遵循着展览中的某个特定主题。

不同策展人的鲜明特征也成了展览的丰富资源。所有受邀者都被允许做通常只有艺术家才能做的事情：他们可以创作、扩展、诠释、策划，并将藏品与非藏品一视同仁。艺术家们策划，教育家们建造装置，孩子们讲解，学生们创作新的作品并加以诠释。①

我们在推进展览的过程中，采纳了许多建议，它们以计划外和意想不到的方式初现成效。例如，当藏品主管带领教育团队参观库房时，她提到很多作品没有拍摄"充足的照片"，这启发了教育团队以罗斯玛丽·特罗克尔（Rosmarie Trockel）的作品《O. T.》为例，来回应这一情况。他们在"拼图"展中的项目"这幅作品没有充足的图像"（Für diese Arbeit existiert keine adäquate Abbildung），展示了他们所能找到的这件作品的所有复制品，其中最糟糕的一件印在明信片上。观众可以听到一段对原作细节描述的音频，而特罗克尔的原作本身并没有出现在展厅中。

---

① "拼图"展结束四年后，前艺术系学生弗兰西斯卡·杰尔奇（Franziska Jyrch）将她为该展制作的一幅作品寄给了莱比锡当代艺术馆，名为《选择》（Wahl）（326b1/B2，2010 年），并成了该系列作品的一部分。

巧合的是，由于延期，斯洛文尼亚艺术家塔德杰·波加卡尔（Tadej Pogacar）在开幕式两周后展示了他为"拼图"展"介入"部分创作的作品。他挑选了一系列包括特罗克尔在内的作品，两位艺术家事先都不知道对方的创作，但双方的默契达到了令人瞠目的程度。

在最初的几周内，对表演的关注出乎意料地发展了起来。卡罗拉·德特尼格（Carola Dertnig）为"介入"部分的藏品设计了一套相呼应的音乐。在展览开幕式上，安格利卡·瓦涅克（Angelika Waniek）在媒体艺术班演绎了莱比锡当代艺术馆成立的历史。安格利卡·利彻特（Angelika Richter）则在"收藏不同"部分展示了来自民主德国女性艺术家基于表演的艺术作品。

吉列尔莫·费阿罗·蒙特罗（Guillermo Fiallo Montero）在他的作品"面谈"（Zwischensicht）中，用视频的形式采访了GfZK的各类员工，要求他们从藏品中挑选一件他们认为最特别的进行描述。这些作品本身并没有出现在视频中。起初，教育团队的展品"这幅作品没有充足的图像"被与之毗邻放置，但随后便被该团队的另一件名为"此端向上堆放"（Pile this end up）的作品取代。安德里亚·古瑟（Andrea Günther）展示了大量包装藏品的木箱、纸箱和包装纸，同时，她也决定不展出真实的藏品。预见到蒙特罗和古瑟的作品间的相似之处，我决定用半扇隔墙把它们分隔开。

有一次，这种展品间的相互作用带来了新藏品的入藏。蒂娜·巴拉（Tina Bara）和阿尔巴·德乌尔巴诺（Alba D'Urbano）的作品"封面女郎"（Wespenakte）在"收藏不同"区域展示，这个区域展示的都是适合纳入收藏的作品，但却缺乏共同的焦点（例如对民主德国的重要关切）。这件作品本身是对我在 2007 年策划的朵拉·加西亚（Dora Garcia）展览的回应。莱比锡教授阿尔巴·德乌尔巴诺和她的学生参观了展览，在她离开时，我给了她一本展览图录。几周后，与她合作艺术项目的同事蒂娜·巴拉看到了这本图录，认出了封面照片中的自己。① 这是一个令人难以置信的巧合。我们无法知道照片里的人还有谁。加西亚是通过提交一份正式的研究申请，从史塔西（德意志民主共和国国家安全部）档案署（BStU）获得的展览所需的材料。影片《房间，对话》（Zimmer, Gespräche）是朵拉·加西亚于 2007 年在布林奇·巴勒莫奖金（Blinky Palermo Grant）的资助下拍摄的，讲述的是史塔西及其关键人物所扮演的不同角色。史塔西档案是这个项目的基础和出发点。这部影片在"拼图"展展出期间被 GfZK 购藏。影片中的部分片段与德乌尔巴诺和巴拉的作品同期展出。两位艺术家对蒂娜·巴拉作为民主德国激进分子的过去进行了深入研究，最终创作了这件装置作品。② 参观完展览后，"莱比锡当代艺术馆之友"们自发决定购买这件作品作为博物馆的收藏。

如上所述，"拼图"展的意义在不断发生变化。原本稳定的

---

① J. Schäfer, Zimmer. 注：本图录已于展览结束一年后下架。在展览的背景下，朵拉·加西亚有权展示来自史塔西档案的图像。然而，她的代理画廊决定在柏林艺术博览会上出售这些照片。因此，许多人在照片中认出了自己，并向当局投诉。这件侵犯个人权利的丑闻导致展览图录被下架。尽管图录和展览中的所有图像都是匿名的，而且它们在图录中的使用也得到了当局的批准，但还是发生了这种情况。
② 巧合的是，令蒂娜·巴拉认出自己的那张照片是在史塔西对她以前的一个同伴的房子进行搜查时没收的。

关系可能在一个星期后就失去其基础，或者不得不重新自我定位，开启新的对话。意义和层次不断叠加，这意味着展览中具体的教育实践有必要每周更新一次。上述针对不同主题的小册子就是为了应对这一挑战而编写的。它由教育团队中的同事克里斯汀·穆勒（Christin Müller）编写。小册子中创建了六条观展路线：色彩之旅、运动之旅、聆听之旅、材料之旅、艺术家之旅和变化之旅。① 展览的总体策展理念以一种民主的方法达到平衡。艺术品很少被安置在基座上，而是被放在日常物品旁边，对其进行补充和扩展。例如，孩子们参与的"你的莱比锡艺术馆"的第一项教育活动——"怪物和运动"（Monster und Sport）在普拉门·德雅诺夫（Plamen Dejanoff）和斯维特拉娜·黑格（Svetlana Heger）的作品前放置了一辆运动自行车，如果你坐上自行车并开始快速踩踏板，将会播放一首歌曲，旨在增加观众欣赏作品所描绘的驾驶宝马汽车时的乐趣。当其他博物馆的同行们看到这件作品时，他们往往会说："这在我们的美术馆里简直是不可想象的！"

在制作展览图录时，我们发现这一多方面的、相互关联的项目显然很难以书籍的形式再现。由于书是一种相对静态的媒介，因此呈现和传达基于过程的策展所涉及的方方面面是一次真正的挑战。首先必须判断：我们以线性顺序还是时间顺序展开内容？我们要单独呈现每一块拼图，还是探究其内在，强调它们之间的联系、相似性和巧合？最终，我们与编辑坦贾·米勒维斯基（Tanja Milewsky）和设计师安娜琳娜·冯·黑尔多夫

---

① J. Schäfer, PUZZLE.

(Annalena von Helldorff)共同完成了两项任务——归纳相近的评论，以建立内容上相互关联的网络，尤其是在展览结束之后对后者的整合。多次参观展览的人将能够知晓如何使用图录，而因为这本书第一次接触展览的人则往往会在最开始就遇到挑战。

总之，展览构成了一幅拼图，但它并不单单产生一幅特定的图像，而排斥其他面貌的呈现。这幅拼图共由 34 个项目组成，整体来看，它们之间产生了一种张力、一种团结、一种我们从未在其他团体性展览中体验过的动态。在展览中，空间和序列都是由艺术家设计和占据的。这种生机与活力拓展了我对策展的理解。与这些不同的艺术家合作（尽管有时会要求参与者用多种语言交流）赋予了展览生命。艺术的概念混乱地碰撞在一起，但每个人都通过自己与 GfZK 藏品的联系走到了一起。艺术馆的收藏本身获得了一股真正的新鲜和多样化的气息，让我们都能从彼此的视角中受益。

"拼图"展是我迄今为止策划和实施的全新策展方式中最全面的尝试。共有 48 人参与策展，年龄从 5 岁到 75 岁不等，拥有不同的背景和职业。共展出 57 位不同艺术家的作品，以及另外 19 件不属于艺术馆藏品的展品。许多展品与未展出的藏品相关，有 9 件展品是专门为"拼图"展创作的。此外，"莱比锡当代艺术馆之友"的成员也贡献了一些私人收藏。在展览期间，有 5 件展品被博物馆收藏，那些从未展出过或很长时间不曾展出的藏品重返聚光灯下。展览还帮助创造了藏品与展品之间，以及藏品与展览之外的作品之间的新联结。不仅如此，拼图方法还构建了一个社区，将众多参与者和他们的朋友圈与博物馆联系起来。曾经对博物馆只是抱着模糊或疏远态度的人们,现在却与之保持联系,并且带来其他观众。这对莱比锡当代艺术馆来说是一个巨大的胜利。

在项目的收尾阶段,我们发现也许像"七巧板"(Tangram)这样的名字会更合适这个展览,因为展览中创造了大量的联系,远远超出了可以精确定义的存在价值。"拼图"展变成了一个具有无数可能性的开放体系,其中许多尚未得到充分的探索,其影响仍在不断发酵中。①

图13　教育团队(空间区域),"这幅作品没有充足的图像"(标题)

---

① 之所以这样说,是因为一方面反思这场展览可以获得经验,另一方面许多参与者继续与我们合作。值得注意的是,自从项目完成以来,莱比锡当代艺术馆举办了其他诸多采用了动态方法的展览,包括:"欧洲N"(Europa N, 2011)、"艺术-艺术:由内而外"(Kunst-Kunst, Von hier aus betrachtet!, 2012)、"家庭事宜"(Hausgemeinschaft, 2013)、"给先进者的滑稽作品——"(Travestie für Fortgeschrittene-, 2015/2016)。另参 www.gfzk.de,最后浏览日期:2016年4月13日。

图14 "介入"(空间区域),塔德杰·波加卡尔"寄生虫"(标题)

图15 教育团队(空间区域),"此端向上堆放"(标题);"介入"(空间区域),塔德杰·波加卡尔"寄生虫"(标题)

图 16　教育团队（空间区域），"它只是一个游戏"（标题）

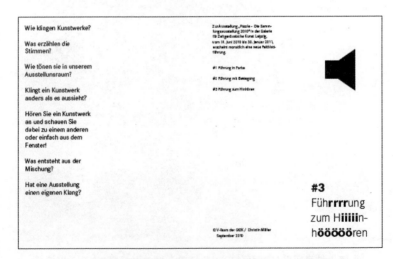

图 17　教育团队（空间区域），"折叠式参观"3 号，聆听之旅

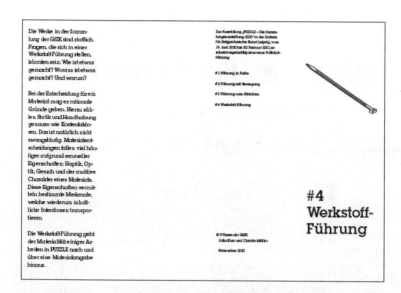

图 18 教育团队(空间区域),"折叠式参观"4号,材料之旅

迈向人、地、物新关系的策展工作
——以里斯本设计与时尚博物馆的文化内在关系价值提升行动为例

芭芭拉·库蒂尼奥

在过去的 20 年中，地缘政治和全球社会经济版图发生了剧烈的变化，这与文化、教育和科技的发展息息相关。这种转变也伴随着"将所有人际关系及社会环境作为理论和实践出发点的一系列艺术尝试，而不仅限于一个独立的、私人的空间"①。鲍德里亚（N. Bourriaud）将这些当代艺术的实践描述为关系美学，并将其与互联网提供的合作进程，以及由虚拟世界和我们所处的分离互动模式所触发的对于物理的、真实的以及主体关系的需求联系在一起。② 这些艺术家和他们的艺术作品创造了开放的环境，为人们聚集在一起共同参加活动时，营造不同的相遇体验。然而毕晓普（C. Bishop）对这种观点所具有的真实政治意义③持怀疑态度，尽管这种美学思潮已被用于休闲、商务和娱乐等领域的商业目的④，

---

① N. Bourriaud, Relational Aesthetics, p. 113.
② Ibid., pp. 15-17.
③ C. Bishop, Antagonism and Relational Aesthetics, p. 65.
④ Ibid., p. 52.

也尽管它促进了关系质量的提升①，但是毕晓普依然意识到了围绕关系美学的新实践正发生着激烈辩论。在其他学科中，强调参与和协作以提高公众意识，从而引导社会变革是一种普遍现象。在设计和建筑领域，多个项目宣告了物质文化的新视角。这些项目的目的不是创造更多的消费者，而是在面对接二连三的人道主义灾难、环境问题和日益严重的社会不平等时，培养更多有见识、有觉悟和有判断力的用户。这些项目借助全球化的趋势复兴了传统实践，并促进了代际之间的交流。

如果艺术家、艺术和观众之间的传统关系不断扩展，每个人都可以利用DIY文化中的人性化技术成为生产者，那么"景观社会将不仅属于文化制造者，而且属于所有人"②。因此，"参与绝非与景观对立，而是像如今这样完全融合"③。所以，探讨观众作为参与者或主动的旁观者概念时的真实角色④，意识到这些参与过程的工具化，并评估每件艺术品的真实意图是至关重要的⑤。

那么，博物馆呢？它们成了新自由主义文化旅游的中心机构之一，同时它们的政治和社会角色意识开始朝向公民教育的角度发展。鲍德里亚、毕晓普和其他几位作者都认为，博物馆，尤其是作为艺术中介和消费场所时，需要改变它们的架构。最重要的是，每家博物馆都需要找到自己的领域，即便这暗示着一定程度

---

① C. Bishop, Antagonism and Relational Aesthetics, p. 65.
② N. Thompson, Living as Form, p. 30.
③ Ibid., p. 40.
④ C. Bishop, Artificial Hells; C. Bishop, Participation and Spectacle.
⑤ N. Thompson, Living as Form, pp. 31-32.

的紧张关系和风险,并重新制定相应的收购策略、目标观众、临时展览方案和教育目的。在重新设计的博物馆中,鲍德里亚所谓的"相遇"能够成为一种有意义的"自我邂逅"。作为一个能产生更深层次、更亲密关系的场域,博物馆可以推动和加强文化的内在关系价值及其影响力,鼓励观众重新评估自身的态度、价值、情感和技能,使我们更有能力和更清醒地意识到公民权的完整范畴。为了实现这样的影响,展览起着至关重要的作用。然而,虽然近年来博物馆建筑发生了巨大的变化,但是展览却没有。不仅如此,具有戏剧性的展示、交互形式的模式相继出现,经常造成对参与的错误或肤浅理解。重新思考展览及其主题、策展话语、视觉设计和美学,激发一种智力、心理、精神和情感层面的自我反思与主体间性的参与是基本的。要做到这一点,当务之急是反驳"沉思只是被动地消耗信息"的观点。事实上,毕晓普注意到,"关系美学的互动性优于对某一物体的凝视,后者被认为是被动和分离的"这一观点并不一定是正确的。① 参与可以是浅层的、仅仅是物理上的,也可以是疏离状态下进行的一种更加有效的潜意识形式。通过凝视所花费的时间、需要的注意力和深度思考,可以提升我们后续的感知行动所需的基本能力:思考、想象、创造或批评。事实上,"积极参与"和"被动凝视"的对立定义是狭隘且危险的。考虑到这一点,展览必须清晰地表达认知、情感和感官方面的内容,促使观众形成整体性的认知。

21世纪的博物馆必须"是具备展示功能的社区中心,是实

---

① C. Bishop, Antagonism and Relational Aesthetics, p. 62.

验室、研究院的综合体,并且鼓励不同的声音,或是突发奇想的、出乎意料的思维碰撞"①。这种观点的历史先驱是欧洲前卫派,以及20世纪六七十年代后期挑战当时制度与话语的非物质艺术（dematerialized art）。② 当白立方理念成为主流③,策展人、艺术家和建筑师不再是优先考虑的对象。尽管统一艺术与环境,使其成为一部完整作品的理念带有乌托邦主义色彩,但是它却影响了很多人。弗雷德里克·基斯勒（Frederick Kiesler）在20世纪三四十年代提出的激进思想,讨论如何重新定义展览对象、空间设计和观众之间的关系,至今依然占据着主导地位。如果我们将展览视为一个星系、一个整体环境或一个想象空间,那么形式、时间、空间、观众就具有同等的重要性,而且处于一种连续的、动态的张力或关联之中。④ 那便产生了这样的疑问:在博物馆或美术馆中,如何展示被剥离了人类真实的思想、精神和情感的艺术?为了重建这样的关系,基斯勒创造了一个融合生活和艺术、充满活力的动态空间。⑤ 近五十年后,乌尔巴赫（Urbach）接着他的话说:"一场展览的环境,简单来说,就是它的氛围。这是一种应该被感受或身居其中的东西,是可以被记

---

① Charles Esche, quoted in T. Smith, Thinking Contemporary Curating, p. 213.
② 参见哈罗德·司泽曼（Harald Szeemann）1969年在伯尔尼美术馆（Kunsthalle Bern）的重要展览——"住在你的脑海中:当态度成为形式"（Live in Your Head: When Attitudes Become Form）(作品的结尾部分陈述了民众艺术和观众的重要作用,重视欣赏的过程而不是展品)。该展览2013年由杰尔马诺·查兰特（Germano Celant）、雷姆·库尔哈斯（Rem Koolhas）和托马斯·蒂玛德（Thomas Demand）策划,在威尼斯普拉达基金会（Fondazione Prada）再展。
③ B. O'Doherty, Inside the White Cube.
④ F. Kiesler, Note on Designing the Gallery.
⑤ S. Davidson & P. Rylands, The Story of Art of this Century.

住的，而不是仅仅用来观看。"① 这一空间"包围了它的观众，他们现在既是观察者和欣赏者，又是参与者"②。拉姆（M. Lam）③ 提醒人们注意这种方法给参与策展的整个团队带来的挑战，包括概念和设计，也包括沟通和教育。这项工作必须以可循环、密切和协作的方式进行，而不是以线性顺序推进。这一观点引发了关于策展人身份的讨论，特别是重新配置策展运作方式和不同博物馆学科④交叉的可能性。从这个角度来看，展览被认为不单单是作品的集合与展示或是不同元素的总和。展览是一种具有特定语言的媒介，换言之，它本身就是一件作品。

在这种背景下，自 2009 年起，里斯本设计与时尚博物馆（Museu Do Design e da Moda, Coleção Francisco Capelo，简称 MUDE）开始将现有的空间作为策展内容的孵化器。作为保存至今的现代遗产，MUDE 旨在探索一种替代白立方意识形态的方式，在白立方中每一件艺术品都被单独、神圣化地展示，过于专制、排外、封闭和抽象。我们的方法不再将物理和资金上的限制看作一种束缚，而是一种创造的潜力，与追求宏大建筑的态度截然相反。"以利用促保护"是我们的座右铭，我们清楚在过去、现在和未来之间架起一座桥梁的重要性，同时接受其内含的紧张关系。建筑的历史、国家和海外银行的历史以及与两者相关的殖民主义历史都被收集起来，保留下来的家具被重新利用，原有的

---

① H. Urbach, Exhibition as Atmosphere, p. 14.
② Ibid., p. 16.
③ M. Lam, Scenography as New Ideology, pp. 35-36.
④ Ibid., p. 24.

艺术品被重新安置，礼堂、保险库等现有设施则每天都在使用。博物馆建筑还被用作展览、出版物、艺术品或研究项目的主题。在 2012 年的"国家与海外"（National and Overseas）展览中，银行行政办公室的房间被放入传统的帝国风格家具，彻底重新打造为本来的样子。公众首次被允许涉足原银行的禁区之一，并观看我们于 2012 年 11 月采访银行前职员的视频。这些采访向每位观众展示了职员们对于原银行总部的空间与设施使用上的阶层划分的个人记忆。银行总部曾是权威的象征，也是大都市和前殖民地关系中的权力机构。

临时展览：主题及其不确定性

我们一直在研发一套精准的临时展览方案，以提升文化的内在关系价值。为了阐释这一策略，我将按时间顺序通过三场展览说明博物馆如何介入一场与所有人息息相关的辩论：我们需要更深刻地认识到工艺和设计领域作品的创新性和社会责任的重要性，需要了解其对地方经济发展的意义，以及为建立一个可持续的、真正平等的和全球化的未来社会确立新的服务和态度的重要性。展览及其主题均遵循了以上原则。

2010 年，旧银行金库向公众开放。旧金库是来自英国的著名品牌集宝（Chubbsafes）于 1964 年专门打造的，3 532 个租赁保险箱里封存着金钱、财产和其他个人贵重物品，并一直安全地存放到 2009 年。展览决定重新打开金库的保险箱，但展示的却是另一种真正的宝藏：来自葡萄牙和西班牙的 500 种传统种子，物种的生存和全球可持续发展都依赖于此。谷物、豆类、蔬菜和芳香草药的陈列反映了地中海饮食的多样性和丰富性。在种子银行、基因编辑、植物多样性、转基因食品和食品匮乏问题日益成为人们关注话题的今天，"种子：资本资产"（Seeds：Capital Asset）展览让观众认识到作为文化宝藏的种子正面临着灭绝的威胁。"种子：资本资产"展览在博物馆中以其意想不到的展示环境给观众们带来了惊喜。对我们来说，这是一个合适的契机，我们恰好处在一个食品生产和分配面临争议的时刻，保险库成了潜在的展览空间。展览的目的之一是回顾种子在人类发展史上的重要性，它们曾被认为是农业、早期定居、货币体系、算术和文字的起源。展览的另一个目的是引发媒体的关注，这有助于提高公众对于此项资本资产的保护意识。为此，我们以"保存种子"和"种子对粮食多样性的重要作用"为主题，组织了来自不同背景的发言者进行辩论。展览图录收录了主要结论和年轻的葡萄牙厨师制作的健康食谱。①

2013年，展览"城市中"（Dentro de ti ó cidade）② 通过30组BIP-ZIP（重点介入街道或区域）项目展示了里斯本不同社区的参与过程。③ 这些项目有助于提升公民意识和自下而上的组织，能够帮助每个社区建立起积极的形象。本着这种精神，展览被设计为一个开放的、持续的过程，而不是终点。一楼被划分为30个区域，每个区域展示一个项目。每位发起人负责自己展示

---

① B. Coutinho, Seeds：Capital Asset.
② 展览的标题来自何塞·阿方索（José Afonso）的革命歌曲《格兰多拉，莫雷那村》（Grândola, Vila Morena, 1972）的歌词，这首歌于1974年4月25日播出，被认为是康乃馨革命的第二信号。
③ 见 https://www.facebook.com/Energia.bipzip；http://bipzip.cm-lisboa.pt/；https://lisboas.wordpress.com/2014/08/12/bipzip-program-2014-15-projects/。

图19 "种子：资本资产"展，里斯本设计与时尚博物馆保险库，2010年，种子的细节

的内容、论述和陈列。尽管这样使展览显得零碎，但也伴随着活力与变化。在一系列各种各样的活动中，观众可以走进一间公共厨房，交流不同文化下的知识与食谱。在观众与常驻展览现场的发起人交流想法、讨论社区治理的新模式时，一种归属感充实了整个展览现场。展览将解决日常生活问题的创意带入博物馆，邀请在地民众共谋与互动，强调了每一地区的人类学维度。2013年，作为建筑三年展的一部分，MUDE呈现了"机构效应"（The Institutional Effect）展。这不仅仅是一场展览，更是一个生产和培训的空间，一个诉说和倾听的空间，一个通过工作坊、读书区和放映会分享经验的空间。展览向各种国际组织机构发出邀请，主动开辟了新的道路，迎接建筑正面临的各项挑战。策展人丹尼·艾德姆斯（Dani Admiss）邀请了从杂

志到博物馆的不同机构①陆续进驻。在三个月的时间里，博物馆二楼成了建筑、城市规划和社会运动的当代辩论空间。展览空间为所有机构提供了举办活动所需的一切，并将每个项目视为一个动态空间。任何观众都可以加入到正在进行的辩论中。其目的是通过多样化的、参与性驱动的项目，对当前或未来社会提出问题，而不是直接给出定论。展览展示了整个过程以及每个人的言论、观点和创意。

图20 "机构效应"展，里斯本设计与时尚博物馆二楼，2013年。第一家常驻机构——来自意大利的法布里加（Fabrica）团队为讨论、会议、工作坊和其他活动设计了空间和家具

---

① Center for Urban Pedagogy (US), Design as Politics (NL), Fabrica (IT), Institut für Raumexperimente (DE), Jornal Arquitectos (PT), LIGA, Espacio para Arquitectura (MX), SALT (TR), Spatial Agency (UK), Storefront for Art and Architecture (US), Strelka Institute (RU), Urban-Think Tank (CH) and Z33 (BE).

作为开放话语的展览

我将举两个例子来详细说明里斯本设计与时尚博物馆（MUDE）的开放话语策略。"从头到'头儿'：政治肖像"（Head to Head: Political Portraits）是苏黎世设计博物馆（Museum Für Gestaltung Zürich）策划的展览，通过250张政治海报展现了海报图像和设计在构建政治话语权上的重要性。该展览于2009年在MUDE展出时，通过主题化陈列，展示了政治家所使用的不同策略和交际手段。对于每一个主题，不同的时代、不同的政治制度和个性被近距离地展示出来，为评价每个领域的相似性、持续性和变化提供了线索。其中一张广告是2007年的路易威登（Louis Vuitton）广告牌，上面画着坐在一辆车里的米哈伊尔·戈尔巴乔夫（Mikhail S. Gorbachev），提着路易威登的手袋，透过车窗打量着柏林墙。在MUDE中，这件作品因其特殊的展示方式受到了特别的关注，因为它被直接挂在一面破败的墙上（就像柏林墙一样），吸引着观众的注意力和思考。

2009年的"预览"（Preview）展汇集了一系列改变20世纪生活和社会的标志性作品。这些设计和时尚作品没有采用线性历史顺序呈现，而是在"概念和图像中的现代"（The Modern, between Concept and Image）、"技术和消费"（Technology and Consumerism）、"设计、沟通和图像"（Design, Communication and Image）、"传统与现代"（Tradition and Modernity）等主题之下陈列。展览以米开朗基罗·安东尼奥尼（Michelangelo Antonioni）导演的电影《扎布里斯基角》（*Zabriskie Point*，

1970年）中的爆炸时刻作为开篇，这部电影抛弃线性叙事，转而呈现新的实验性电影艺术。通过一个个镜头，爆炸变得越来越近，被爆炸掀起的日常用品被投射到展览空间，飞向观众。平克·弗洛伊德（Pink Floyd）的电影原声音乐强化了这种爆发力，为整个展览定下了基调。在银幕前方，展出的是罗素·莱特（Russel Wright）的"美国现代餐具服务"（American Modern Dinnerware Service，1939年）——这是一项在美国中产阶级家庭中引发了革命，并为消费社会的发展做出了贡献的设计。这样陈列的目的是制造反向的冲突，鼓励观众思考这样并置背后的原因。

图21 "预览"展，里斯本设计与时尚博物馆一楼，2009年。安东尼奥尼的《扎布里斯基角》（1970年）被用作罗素·莱特的"美国现代餐具服务"（1939年）的背景，展示了中产阶级消费社会和反主流文化之间的紧张关系

在MUDE中，展览的舞台是一个空旷的半荒废空间，没有视线阻碍。作品以相互关联的方式呈现，每件作品周围开放的空

间和动线提供了多样的视觉对话。观众可以触摸到这些作品，360度全方位地观看。观众可以根据简短的说明文字，选择自己的参观路线：沿着博物馆预设的文字、地图或图形线索行进，或者关注特定的物品、图示或音乐，探索其他路径。该展览没有设置一条单向的走廊，而是提供了不同的路径，以便观众前进或者后退。展览是根据翁贝托·艾柯（Umberto Eco，1962年）的"开放作品"（open work）理念构思的，向观众发起构建意义与价值的挑战。这种策展方法正是基于艾柯的理论，因为我们将展览亦视为一件作品，而不仅仅是展示其他作品的载体。此外，在策展领域借鉴开放作品的概念也是由艾柯提出的，其理论的重点不在于艺术作品内在的特性（即接纳每一位观众的开放讨论，这自20世纪下半叶起格外突出），而在于建立起作品和它的每一位观看者之间的沟通关系。① 毕晓普已将艾柯奉为关系美学的先驱之一，号召人们关注这样的事实：艾柯的理论核心是观看者对于艺术作品的接收，而不是艺术品本身。② 因此，展览谋求凸显展品之间的"不连续性""不可预测性"和"辩证对立"。另一个展现"紧张关系"的例子是汉斯·韦格纳（Hans Wegner）的"经典模型JH 501号椅子"（1949年），这件展品与肯尼迪和尼克松在1960年的电视总统竞选辩论视频并列作为背景（"预览"展，2009年）。毕晓普将这种关系形容为"不舒服""尴尬""摩擦"或"对立"③ 的。将一把椅子与电视竞选演讲一同呈现，激发了人们对民主与媒体力量关系的思考，作品还采用了博物馆式的鼓

---

① U. Eco, Obra a berta, pp. 28-29.
② C. Bishop, Antagonism and Relational Aesthetics, p. 62.
③ Ibid., pp. 77-79.

励,即推荐各种读物,而不是呈现单一、封闭信息的方法。每一场展览都有无限的视角,因此在策展的过程中,必须考虑到观众的感受:有必要留出时间来让观众停留、思考,允许观众进行自主解读。展览虽然是在一定的秩序下进行的,但也依赖于观众自觉和积极的参与。

开放话语的策略也是基于这样的意识而产生的:

> 一个世纪以来,摄影图像和电影摄像(引入序列镜头作为一种新的动态统一形式)丰富了人类的视觉体验,也使其变得更加复杂。它让我们将一系列不相干的元素集合(比如装置)视为一个"世界"。或许还有其他技术能够使人类的精神感知到更多其他类型的"世界",但这还有待我们去探索。①

因此对于博物馆而言,反映当代现实的复杂性是至关重要的。在一个日益虚拟化的时代,博物馆仍然能提供机会,让观者与艺术产生直接的关联。最重要的是,正如鲍德里亚所说:"艺术品的光环已经转移到公众身上。"② 一场开放话语的展览可以促进更深、更广、更内在的参与。所以与艺术和设计的相遇可以弥补公众对"此地"(here)和"此时"(now)观念的认知,强化人们对现实中全球化所产生的新情感和新意识的关注。

---

① N. Bourriaud, Relational Aesthetics, p. 20.
② Ibid., p. 58.

第二部分
作为博物馆拓展的策展与博物馆教育

导 论

托马斯·西贝尔

当人们谈到博物馆的拓展时，他们通常指的是场馆的建设。而在接下来的几篇文章中，拓展指的是全新的起点，是博物馆概念框架更新的表现或结果。通过策展和教育的新形式来拓展博物馆的设定与博物馆本身有着联系，直到进入20世纪，博物馆才被视为一个用于收藏、展示和教学的机构。在过去的四十年里，关于博物馆最毋庸置疑的假设越来越成为一个受争议的话题：博物馆关注的重点曾经是而且仍然是"其明显的中立性和客观性……具有影响力的话语权、展示形式的力量，以及它高度资产阶级的、西方的、家长式的和民族的展示姿态"①。这一部分的文章就涉足了这些关键的对抗，关注到国家、区域、城市或社区的文化历史博物馆，并记录博物馆处理代表性与参与性问题的不同方法。核心主题是博物馆身份的建构。博物馆作为身份政治场所的概念在当代话语中摇摆不定，一边是国家机器的形象，一边又是开展论坛、竞技、实验或互动的空间。② 前者强调了博物馆作为霸权统治工具的意

---

① N. Sternfeld, Involvierungen.
② 关于这一点，参见 J. Baur, Was ist ein Museum?, p. 39 ff.

义,并传达出更多机械的、单向的和政府干预的相关阐释过程的概念。后者则与之不同,它唤起了博物馆作为社会价值和社会归属形式的讨论空间的形象——这必然是一个充满冲突的过程。从这个角度(它主导着本部分的文章)来看,人们正愈发关注需要用参与概念解决的问题:在代表性与身份政治主题及其形式上,哪些利益相关者应被纳入决策过程?他们如何参与?在此背景下讨论时,从展览中的互动形式到合作策展的模式,参与的可能性有很多,以此实现有关机构自我认知层面的不同功能。①

汉诺·洛伊(Hanno Loewy)的文章讨论了互动的形式和一项歧义策略下的生产结果。作为霍恩埃姆斯犹太博物馆(Jüdisches Museum Hohenems)馆长,他以该馆为案例,研究了一所介于身份归属和研究领域之间的博物馆如何被设计成一个开放空间,将各种身份概念、不同的自我形象和阐释融合在一起,并向文化霸权发出质疑。

保罗·施皮斯(Paul Spies)的文章同样审视了身份叙述的问题。他所研究的问题是一家像阿姆斯特丹博物馆(Amsterdam Museum)这样有着悠久传统的城市博物馆,如何让城市博物馆的话语传达到那些很少或从未涉足过的社区,并将它们融入城市历史的"大图景"中。这位博物馆前馆长主张进行更新,以扩大博物馆的代表性和参与形式,而这并不会从根本上推翻博物馆的惯例或者违背观众的期待。

本部分亦收录了一些关于展览如何处理移民问题的文章。这

---

① 关于这一点,参见 Institute for Art Education, Zeit für Vermittlung, pp. 85-91 and pp. 112-118;另参 http://www.kultur-vermittlung.ch/zeit-fuer-vermittlung/,最后浏览日期:2016年4月13日。

是托马斯·西贝尔（Thomas Sieber）的文章讨论的关键，他在苏黎世艺术大学教授博物馆策展的历史与理论课程，他认为德语世界的展览中有两种表现移民的趋势。在此基础上，他指出了苏黎世国家博物馆（Landesmuseum Zürich）常设展览"瑞士的历史"（Geschichte Schweiz）中遗漏的和薄弱的环节——该展览是一个展示移民历史制度化的罕见且重要的案例。文章以此为背景，讨论了在对移民的规范化表述中扩大艺术与参与性的策略。

苏珊·卡梅尔（Susan Kamel）在柏林应用科学大学（University of Applied Sciences Berlin）任教，主要研究批判博物馆学和后殖民理论。她的文章同样批评了代表性。她通过"实验博物馆学"（Experimentierfeld Museologie）研究与展览项目所关注的两个例子——弗里德里希海因-克罗伊茨贝格地区博物馆（Friedrichshain-Kreuzberg Museum）和柏林伊斯兰艺术馆（Museum für Islamische Kunst），展示了在展览开发的过程中，策展与教育实践是如何融入的。与此相关的目标是扩大博物馆的参与范围，并且依照后表征性策展形式与批判性文化教育调整展览内容。

简·肖格（Jan Gerchow）和索尼娅·泰尔（Sonja Thiel）的文章以另一家城市博物馆——法兰克福历史博物馆（Historisches Museum Frankfurt）为例。该馆负责人和"移动城市实验室"（Stadtlabor unterwegs）展览的策展人将目光放在了机构的更新上，早在20世纪70年代，这家博物馆就将自身定位为一个"民主社会的博物馆"。在关注城市主题的策略下，该馆希望成为公众探讨法兰克福大都市区的历史、现在和未来的重要场所。由于其目标是扩大参与范围，并吸收多元社区的知识，文章侧重于介绍自2011年以来举办的"移动城市实验室"展览。这些展览为探索合作策展和代表不同历史、群体的新形式提供了可能。

如果说无形文化资产在"移动城市实验室"展览中发挥了至关重要的作用,那么在开普敦的第六区博物馆(District Six Museum),它们则已经成了不可分割的组成部分。该博物馆于1994年作为第一家"后种族隔离时代的博物馆"开放。该馆馆长博妮塔·班尼特(Bonita Bennett)在她的文章中叙述了一家机构如何自我定位为一个社区纪念场所。1966年,该社区被宣布为"白人专区"后,居民被重新安置,社区被毁。她以两个项目为例,呈现了在该博物馆中,策展和教育工作并无高低之分,而是被理解为致力于社会变革的相互关联的实践。这一立场源自20世纪80年代的反种族隔离斗争,至今仍然受到政治、社会和文化边缘群体的关注。

身份与歧义

——霍恩埃姆斯与物品传播的经验

汉诺·洛伊

彼得·斯劳特戴克（Peter Sloterdijk）曾将博物馆称为"异化的学校"①。如果说博物馆是一个能让自我变得疏远、让陌生变得熟悉的空间，那么对于犹太博物馆来说更是如此。至少在1945年后的欧洲，大多数犹太博物馆并非在犹太组织的管理下建立起来的，因此仅仅是教派的问题就会引发无休止的争论。这意味着在产生新名词时，需要防止身份问题的简单化。如今，在华沙，有波兰犹太人历史博物馆（POLIN Museum of the History of Polish Jew）；在阿姆斯特丹，有犹太历史博物馆（Jewish Historical Museum）；在奥格斯堡，有犹太文化博物馆（Jewish Culture Museum）；在劳普海姆，还有基督徒与犹太人历史博物馆（Museum on the History of Christians and Jews）。但最终，在人们的口语里，它们还是被统称为"犹太博物馆"。这种在主体问题和身份问题之间摇摆不定的歧义术语，构成了博物馆的一部分。然而，这种歧义在其他博物馆中同样存在。

---

① P. Sloterdijk, Museum.

文化博物馆是历史进程中世俗化和民主化的产物。随着这样的进程，统治者的珍奇柜（Wunderkammern）向人们开放，神圣的艺术也向世俗敞开了大门。但是启蒙运动的热情也创造了新的神祇，所以公民的博物馆变成了民族的博物馆，国家博物馆变成了民族主义崇拜的场所。文化博物馆的历史始于本着法国大革命精神建立的卢浮宫。卢浮宫于 1793 年 8 月 10 日正式对外开放，这一天是攻占杜伊勒里宫（Tuileries Palace）的纪念日，也是象征着法兰西共和国的统一与不可分割的节日。正如雅克·路易·大卫（Jacques Louis David）在国民大会上所说的，这座新成立的博物馆是"国家的财富"，代表了"全体民众享受这一喜悦的权利"。① 然而，19 世纪下半叶出现了对共同文化根源的呼吁，这导致国家将统一置于社会运动的政治诉求之前，以至于民主博物馆变成了一种世俗信仰的圣殿。通过这种方式，博物馆成为那些想要发挥（新的）国家和地区作用的人们的战场和工具，以证明自己拥有政治上的合法性和权力。1857 年，当福拉尔贝格州（Vorarlberg）资产阶级的自由派代表成立了一个国家博物馆协会，并要求建立一座国家博物馆时，提洛尔（Tyrol）以政治分离主义的形式，唤起了人们的团结（这最终促成了福拉尔贝格州的建立），新的"独特"文化和历史也在其中发挥了作用。② 随着博物馆作为"身份"建构（事实上是发明）空间的差异化，人们的注意力自然转向了日常生活的文化，转向了较低阶层与普通人的价值评估，转向了所谓的"典型"。正如贵族-殖民

---

① G. Fliedl, The Invention of the Museum; The Pyramids of the Louvre, p. 306 f.
② W. Benjamin, Selected Works 4, p. 272.

主义对外国文化的解读逐渐导致了对"本民族传说"的挪用，因此以欧洲民族学为媒介唤起了一种"准自然"的文化统一，新创建的地区或地方博物馆也开始自发地将日常物品变得高贵和陌生。瓦尔特·本雅明（Walter Benjamin）试图把一件物品的气质理解为"意义的闪光"，他借此指出这一过程产生了一种矛盾，即"一种独特的距离感，无论这件物品离你有多近"。从我们把一件物品放进博物馆而使它变得高贵的那一刻起，它对于我们而言就变得陌生了。虽然物理上它离我们很近，但是因为被从日常环境中抽离，放入一个具有意义的空间，它远离了我们。我们越是想要赋予它身份，它就变得越是陌生。

歧义空间：作为关系场所的博物馆

博物馆是一个供人们在特定空间内观看事物的地方，这意味着同时有两个（甚至更多）观察事物的角度。观众在空间里的活动创造了一种叙事和非叙事交替的语境。在这种语境下，有意识与无意识的决定可以随时创造或消解新的关联。

同时，与其他文化媒介的接受相反，博物馆是一个我们可以借助差异进入一段直接对话的地方，这样的对话或一系列的决定会直接影响观众对媒介本身的接受度。在这一过程中，我们需要思考将博物馆提供的空间作为一种可能性的整合，给予观众完全的自由，允许他们实践自身的经历，让他们与观看的物品产生联系，促进他们与其他观众的交流。由此，展示物的歧义、它们的空间呈现和注释就会沿着不同的线索发展。

神圣与世俗之间的紧张关系无可避免地在博物馆里延续着。

在世俗化的过程中,从教堂和修道院转移到博物馆的事物,如今成了文化史的一部分。而从日常生活的世俗文化进入博物馆的物品则被神化了,头戴民族主义的光环,令人联想到虔诚的宗教。

在博物馆中,过去和现在之间紧张关系的表述也存在歧义。物品的博物馆化为人们歌颂物质的联结提供了一种证明,将物品脱离时间性,让我们直面过去的存在,同时又将物品变成了一个从未存在过的东西。

博物馆展示空间的布置营造了进一步的紧张氛围。具体而言,即策展人的叙事意图和观众意愿之间的对立。观众们往往沿着自己的路径观看展览——无论是独自一人还是相互讨论——由此建立自己的关系网络,并创造出一个不断重建的自由话语空间。最后,每件物品都陷入了传记和历史的矛盾之中,隶属于某人生命所构成的关系网络,而如今,它们跌出了这一语境。与此同时,作为社会物品,它也属于一段早在它被某一个人占有之前就已存在的历史,而它却反而从这段历史中被剥离出来(无论是自愿的还是被迫的)。博物馆里堆满了这些历史断裂的物品。

犹太博物馆

犹太博物馆出现于(宗教)传统与"文化遗产"的割裂之中。最初的基础确立于1900年,这要"归功于"经济和政治压力下宗教和传统日常生活的解体,以及移民——包括从农村社区到城市和从东部到西部的大规模移民。所有这些割裂(有时被视为灾难,有时则被视为背离)将基于宗教概念的犹太传统转变成了一个身份和文化问题。传统中最重要的媒介——家庭,不仅面临着（由移民、城市化和经济流动性导致的）大家族的传统结构瓦解的威胁，而且面临着大众文化产物的威胁，最终也将面临博物馆的威胁。最早的犹太博物馆大多是在犹太团体或相关文化组织的资助下诞生的：1895年出现于维也纳，1904年于纽约，1906年于布拉格，1909年于布达佩斯，1912年于沃尔姆斯，1917年于柏林，1922年于法兰克福，1927年于布雷斯劳（今弗罗茨瓦夫），1932年于伦敦。① 它们共同点是都试图将某一特定传统作为一种普世性文化保存下来，同时将其写进不同国家的文化遗产之中。这样，这些物品从一个支离破碎的生活世界中剥离出来，成为新建构的文化传统和特殊历史身份的载体。与此同时，它们也是这些文化在以消除个性为目的的同化和文化渗透过程中幸存的证明。

启蒙运动的承诺（虽仍被倡导）并没有得到兑现。与1933年以前博物馆成立之初藏品的特点相比，犹太"大屠杀"的遗存有一种更为强烈的无家可归感。如今，"犹太博物馆"的概念本身也已经变得无家可归，因此对于散居海外的犹太人来说，这既代表着已被摧毁的现实，也代表着潜在的实现乌托邦的可能性。出于这个原因，犹太博物馆即使不像霍恩埃姆斯那样处在国界线上，也必然位于边界地带。犹太博物馆讨论少数族群的历史和现状，包括宗教，而这同时也是欧洲大部分文化、基督教和伊斯兰教的源头。它们通过"他者"观察"自我"，而不将自

---

① 关于犹太博物馆的建立基础，参见 J. Hoppe, Jüdische Geschichte und Kultur in Museen, p. 261 ff.; F. Heimann-Jelinek/W. Krohn, Das Erste Jüdische Museum; F. Heimann-Jelinek, Was übrig blieb; F. Heimann-Jelinek, Eine Sammlung in Wien; D. Rupnow, Täter-Gedächtnis-Opfer.

己局限在所谓的"自我"和"他者"的范围之间。比起博物馆的理事会，有时甚至是观众，它们更深入地质疑归属、身份和分界的问题。

从一开始，霍恩埃姆斯犹太博物馆（Jüdisches Museum Hohenems）就以带有挑衅的、令人不安的、有时是讽刺性的方式将主题、时间段和地点结合在一起。尽管它是一座由"非犹太人"为"非犹太人"而建的"犹太博物馆"，但是其自身的建立历史以及一些关键人物的复杂个人遗产比想象的更加矛盾。

博物馆公开挑战观众们的刻板印象，并有意识地利用街道、地区和全球网络，以出乎意料的方式打动观众，从而实现当前的政治、社会和文化现实目的。博物馆的项目利用互联网在全世界范围的家族谱系中寻找霍恩埃姆斯犹太人及其后代，寻求他们的观点和参与，并以此质疑"博物馆物品"自身。

社区和多样性

霍恩埃姆斯博物馆拥有一个开放的社区，被视作跨境地区的区域知识中心，也是全球霍恩埃姆斯侨民的中心。因此，它既是一个区域性的"重要地方历史博物馆"，也是一个世界性的侨民博物馆，是一个集散中心。可以说，博物馆是一个面临着移民、文化渗入以及随之而来的冲突之地。开馆伊始，该馆强调将自身定位为一个反思有关当代移民迁徙问题的空间，成为一个超越奥地利或德国"接受过去"以及犹太历史问题的政治场所。开馆后，博物馆就经常与社区的伙伴单位合作，处理一些基本问题和热点问题，诸如"家乡""国外"和社会经济现实的关系［如教育拓展项目"有用的和国外的"（Das Nützliche und Das Fremde）]、跨文化交流[如埃默尔·哈布蒙德（Emser Halbmond）社区新闻增刊]以及最重要的霍恩埃姆斯本地移民故事[如"奥地利的漫长时光：劳工移民40年"展（Lange Zeit in Österreich. 40 Jahre Arbeitsmigration）]。博物馆毫不避讳地使用讽刺性干预的方式调和政治化的和民怨的冲突["如何'因地制宜'地建造一座宣礼塔？"（Wie baut man ein 'ortsübliches' Minarett?）展就是一个例子]。考虑到福拉尔贝格莱茵河谷的城市人口中约有20%是穆斯林和阿拉维派，他们大部分都有土耳其背景，博物馆作为服务社区的文化机构，显然应该努力将这部分少数移民纳入其目标群体之中。长期以来，犹太博物馆是为数不多的认真对待这部分潜在观众的文化机构之一。"土耳其人在维也纳"（Die Türken in Wien）展是福拉尔贝格地区第一场完全用德语和土耳其语呈现的展览。这场关于维也纳与哈布斯堡帝国的塞法尔迪犹太人的展览在维也纳展出时，说明文字主要用德语和英语撰写（只有少数文本用了土耳其语），展览回避了所有的传统历史神话，即抛弃了塞法尔迪犹太人的阿什肯纳兹神话以及土耳其神话，因而彻底抹消了奥斯曼帝国的多元文化主义；此外，奥地利神话也只保留了冲突的部分，省略了后来哈布斯堡与奥斯曼帝国之间的亲密盟友关系。完全以双语呈现这一展览不仅结束了文化迷思，而且打破了日常生活中既定的文化霸权。尽管土耳其裔观众同样能够通过德语文本看懂展览，但土耳其文本的出现不单单象征了一种认可：他们在一个陌生的代表性文化中占据了一席之地。土耳其作为一个多样化的少数民族，在同质化的土耳其语境中却找不到表达的可能性，相比其他只记录土耳其人失败的展览，他们在这里展示了自己丰富的过往。

作为积极策略的歧义

在犹太博物馆里,无论是对于非犹太观众还是犹太观众来说,他们都会在"他者"的镜子中遇见自己。这便产生了一个场景:观众可能会对积极主动的参观方式感到不安,因为他们会面临选择,而这种选择发生在博物馆及其工作人员不再是引导者而作为对话者的情况下。这首先需要一个先决条件:抛开对歧义的恐惧。

此外,博物馆当然也必须把自己理解为一个"开放空间",一个各种身份、自我概念和诠释都能在此交汇,一个可以质疑文化霸权的地方。为了实现这一目标,无论是观众还是博物馆本身都需要培养出一种好奇心。在霍恩埃姆斯,我们进行了广泛的实验,以激发观众产生思考,并提出新的问题,但同时博物馆也必须接受这带来的不确定性。

这对于我们的工作而言意味着什么?这意味着我们所寻求的主题不应是关于如何传达根深蒂固的身份和信息的,而是提出可以用文明的方式进行辩论的问题。所以我们没有对"犹太人"的行为原因做出解释或分析,而是观察为什么人们会对存在主义的问题给出不同的答案,我们还调查了文化、生活痕迹和身份是如何出现和改变的。

将歧义作为一种积极原则也意味着有意识地与讽刺打交道,这种讽刺也可能是挑衅的。讽刺也意味着无法直接地理解某事的准确意思,这是更为严峻的挑战。展览的标题可能是精确描述的，也可能令人恼火地模棱两可。

这可以说达到了挑衅欺骗的程度。我们策划了展览"最早的欧洲人：哈布斯堡家族和其他犹太人"[Die ersten Europäer. Habsburger und andere Juden，菲丽斯塔斯·黑曼-杰里尼克（Felicitas Heimann-Jelinek）和米凯拉·弗尔斯坦-普拉瑟（Michaela Feurstein-Prasser），2014年]，展览目的并非证明哈布斯堡家族的犹太血统，而是探讨七个世纪间哈布斯堡帝国及欧洲其他地区犹太人所处的早期欧洲：他们的迁徙、多种语言的使用及其在文化交汇中的作用，他们的跨国关系网络，以及他们在1914年欧洲大灾难中的遭遇。尽管哈布斯堡家族公开表明他们的血统可以追溯至大卫王（King David）时期，但是许多观众对此表示抗议，并因此在参观展览时保持着高度警惕。

每个博物馆的策展人都知道，那些主要来参观特定展览的观众都迫切地想在展览中看到他们想看的东西，如果他们看不到，就会迫不及待地纠正博物馆工作人员的错误。然而，我们试图让展览面向那些尚不了解但感到好奇的人。当然，这需要一种特殊的态度：我们不是因为掌握了更多信息而举办展览，而是因为在举办展览的过程中可以发现新的知识。

我们邀请观众来帮助完成这项任务。我们不仅激发观众的好奇心，而且带着自己的好奇心来面对他们。每一个展览我们都要求观众参与。这就意味着，策划一场展览需要涉及大量的观众，以及他们的经历、故事和与展品的关联，例如"就是那么简单"展览（So einfach war das）[汉诺·洛伊（Hanno Loewy），2004年]、"某件犹太人的东西"展览（Ein gewisses jüdisches etwas）[卡特琳娜·赫兰德尔（Katarina Holländer），2010年]，或是"自动点唱机——犹太点唱机！黑胶唱片的犹太世纪"展览（Jukebox. Jewkbox. Ein jüdisches Jahrhundert auf Schellack und Vinyl）（汉诺·洛伊，2004年）。在所有这些展览中，观众需要提供物品、图片和故事，展览围绕着这些来组织语境。以展览的设计概念来说，这不仅要求使观众与展品之间产生联系——或者更准确地说，提供给观众一个充满可能性的空间——而且允许观众彼此之间产生联系，其中充满了人类无穷无尽的可能，博物馆为此提供了一个公民框架。"走进来！走出去！为什么人们会改变他们的宗教信仰"（Treten Sie ein! Treten Sie aus! Warum Menschen ihre Religion wechseln）[汉内斯·苏赞巴赫（Hannes Sulzenbacher）和雷吉娜·劳达奇（Regina Laudage），2012年]展是一场关于转变和皈依的展览，它开发了一场在不同信仰中转变的传记式寻宝活动，让观众直面自己的宗教疑虑、异议和欲望。同样，"犹太点唱机"展所设置的乌托邦式"犹太录音店"有一个巨大的柜台，通过录音中的声音记录，观众可以沉浸于他人的个人历史，并相互观察。在某个时刻，他们会抓住这个机会，与随机分配的另一位观众分享一个他们保守了大半辈子的秘密。在此过程中，观众自然地从私密转向公开，参与了"自我重塑"的过程，面对传统的丧失、移民以及对身份认同与归属感的渴望，并为20世纪的流行文化和音乐产业添加了"犹太历史"的新篇章。

在"关于犹太人的一切你想知道……却又不敢问的事"（Was Sie schon immer über Juden wissen wollten... aber bisher nicht zu fragen wagten）[汉斯·苏尔岑巴赫（Hannes Sulzenbacher），2012年]展中，我们将一些方法——反讽、镜像、歧义、参与——运用到了极致。我们从根本上质疑了展览主题本身的地位，并公开表述了在犹太博物馆中,观众想问但又"不敢"提出的问题,然后再把这些问题抛回给观众。通常,这些问题背后的幻想和虚构世界会比现实中的主题更加令人兴奋。因此,我们让观众面对存在歧义的答案,以及那些第一眼(和第二眼)看不出是文献还是艺术品、是"真"还是"假"的展品。其中标志性的是一件迄今为止仍以"艺术品"形式呈现的作品:兹比格涅夫·里贝拉(Zbigniew Libera)的乐高奥斯维辛(Lego Auschwitz)——这是七个类似乐高包装的盒子,里面装着乐高积木(包括成堆的尸体和纳粹党卫军人偶),孩子们可以在卧室里重建奥斯维辛——就像包装上所写的那样。里贝拉只是利用了商店就可以买到的乐高积木和观众的想象,就引起了一场虚构的丑闻:艺术可以这样做吗?随之而来的问题是:"我们能停止讨论大屠杀吗?"一些观众也会"误解"这件展品,甚至开始质疑,为什么乐高会违反这个禁忌。在这个过程中,观众到达了里贝拉期望的境界:现实和虚构不再能够被轻易分割,并且开始真正地从本质上进行思考与提问。

在霍恩埃姆斯展的小型影院里,耶尔·巴塔纳(Yael Bartana)展示了一件虚构作品"波兰犹太文艺复兴运动"。或者更准确地说,这一运动只存在于她的艺术作品中,该作品在艺术外壳的保护下,参加了 2013 年威尼斯双年展(Venice Biennale)。这件作品也引发了"所有犹太人都属于以色列吗"的提问,观众们甚至对这种异端运动(和它所呼吁的"重返"波兰)是否真的存在产生了争论,并且提出了更重要的"如果这样,那么会……"问题。

哈雷·斯威德勒(Harley Swedler)在他的卡拉 OK 视频中跨越所有的边界,探讨了犹太人家在何处的问题。斯威德勒模仿克里斯托弗·普卢默[Christopher Plummer,他在 1965 年的电影版《音乐之声》(*The Sound of Music*) 中饰演冯·特拉普男爵]的歌声，演唱《雪绒花》(Edelweiss) 的旋律——尽管他赤身裸体，坐在自己位于长岛的房子后的草地上，但他的模仿带有一种明显的欺骗性。

许多观众会感到不舒服，因为展览抛出这样一个问题："讨论犹太人是被许可的吗？"面前的麦克风强迫观众作答，敢于发声的人会在五秒钟后听到自己刚才的回答，然后继续回答下一个问题："这是你的真实想法吗？"佐亚·切尔卡斯基（Zoya Cherkassky）的装置使用两个相同的膨胀铝制可乐瓶，一个使用希伯来语标签，另一个使用阿拉伯语标签，来讨论以色列人和巴勒斯坦人应该统一还是分裂的问题，即使两者并无实际的差异，但他所暗示的答案十分异端。

最后，由法兰克尼亚犹太博物馆（Jüdisches Museum Franken）借出的展品——一枚来自胡登巴赫（Hüttenbach）社区的犹太印记（kosher），抛出了"什么是犹太印记"的问题，其展示方式十分模糊，以至于观众因无法看清，而只能选择相信这是一枚真正的犹太印记（就像在其他情况下，我们也会被迫相信犹太印记是"真实"的，尽管我们知道事实并非总是如此）。

无论如何，这些展览在观众和博物馆同行之间引发的讨论是非常真实的。在展览结束时，每个人都可以在邮箱里留下在展览期间没有被提出或解答的问题，随后，博物馆员工会在博客上认真地回答每一个问题。我们欢迎每一个希望知道答案的人阅读它们。①

---

① 参见 http://www.wassieschonimmerueberjudenwissenwollten.at/，最后浏览日期：2016 年 4 月 13 日。

图 22　汉诺·洛伊、哈雷·斯威德勒和《雪绒花》

图 23　在"关于犹太人的一切你想知道……却又不敢问的事"展览上

图 24　兹比格涅夫·里贝拉的"乐高奥斯维辛",来自"关于犹太人的一切你想知道……却又不敢问的事"展

图 25

＊译者注:原书如此。

作为参与创造者的城市历史博物馆

保罗·施皮斯

博物馆教育的理念是不断变化的。现代博物馆鼓励观众积极参与其中。阿姆斯特丹博物馆［Amsterdam Museum，2011年以前名为阿姆斯特丹历史博物馆（Amsterdams Historisch Museum）］已经进行了四十多年的教育实践，至今仍然在寻求最有效的方法，来触及不同的目标受众。在这里，我将重点讨论两个案例，以说明阿姆斯特丹博物馆在这方面所做的努力：邻里商店（Buurtwinkels，2011年）与阿姆斯特丹的土耳其先锋（Turkse Pioniers in Amsterdam，2012年）。

这两个案例都是在当地社区进行的，并试图触及那些不经常或非必要不参观的城市居民。两个案例中我们都试着给予居民发言权，让他们成为故事的讲述者。在我们看来，这两个案例所做的都应是（现在仍是）城市博物馆的核心业务。而且在这两个案例中，我们都成功地实现了目标，但经过全面的评估后，我们也必须总结出这两个项目有待改进和完善的地方。

阿姆斯特丹博物馆及其附属机构

1975年，阿姆斯特丹博物馆在今址开放，这栋建筑的前身是这座城市的孤儿院。① 博物馆由一组17世纪的精美建筑群组成。孤儿院是在一座僻静的修道院的基础上重建的，这使它恰恰被藏在了卡尔弗尔大街（Kalverstraat）的后方——这条街道是几个世纪以来小镇上最受欢迎的购物街。除非观众紧跟街道上隐蔽的指示牌或是旅游指南中的指引，否则很难找到博物馆的三个入口。因此，超过一半的观众是来自国外的游客，他们热衷于欣赏修复后的精美内院。（整座建筑没有一个临街的入口！）室内是由无数台阶和楼梯连接在一起的许多迷宫般的房间。正因为此，博物馆很难给游客提供一条清晰而有效的路线。对于残障人士来说，参观非常困难，一些区域甚至是他们无法到达的。这在1975年时显然并不是问题，但如今，我们就不得不质疑这样一间机构的民主性。因此，阿姆斯特丹市艺术委员会（Amsterdam City Arts Council）最近责成市文化局议员，要求重塑一个更显眼、更容易找到、更适合展示阿姆斯特丹丰富藏品，并欢迎游客无障碍参观的博物馆建筑。这使得阿姆斯特丹博物馆的管理委员会有机会重塑这座城市历史博物馆的理念。

阿姆斯特丹博物馆基金会（Foundation Amsterdam Museum）是一家私有机构，自2009年起负责管理这座博物馆，其使命有以下两点：

1. 保护阿姆斯特丹的收藏〔（大部分）历史文物和艺术品可以追溯到1900年以前〕和三栋建筑：主楼、威利-霍图森（Willet-Holthuysen）运河博物馆和位于阿姆斯特丹北部的新建仓库。

---

① 关于阿姆斯特丹（历史）博物馆的起源和历史，请参阅R. Kistemaker（ed.），Barometer van het stadsgevoel.

2. 展示阿姆斯特丹的收藏，并向公众讲述这座城市的历史及其古典艺术。

第二项任务尤其困难，因为阿姆斯特丹博物馆身处一座受欢迎且博物馆密集的旅游城市，它同时还拥有非常著名的艺术品收藏，这对于博物馆来说是二元对立的关系。它引出了以下问题：

- 我们应该关注广受喜爱的艺术（历史）领域，还是应该侧重"讲故事"？前者将为我们带来许多博物馆的传统观众，而后者则尝试接触其他对博物馆缺乏关注的群体。
- 我们应该优先关注游客，还是这座城市现在和过去的居民？前者喜欢来博物馆寻求对荷兰黄金时代（17世纪）和宽容社会（自20世纪70年代以来）的解读，后者则主要对"怀旧"和（或）目前的社会问题感兴趣。
- 我们应该把博物馆作为一个休闲景点来推广，还是作为一个严肃的研究和公众辩论的学术机构？

当然，事实上，观众期盼我们满足上述所有的需求，而这也正是大多数城市博物馆所面临的情况。[①] 迎合所有群体的后果就是博物馆的定位变得模糊，从营销的角度来说，这是非常糟糕的：如果你试图满足"所有人"，那么你几乎吸引不到任何人！

为此，阿姆斯特丹博物馆已经为不同目标群体分别开发出了不同地点的服务，我们正在考虑进一步根据常设和临时展览来划分藏品。一个很好的例子是新的常设展览——"黄金时代展厅"（Gallery of the Golden Age）。该展位于阿姆斯特丹艾尔米塔什博物

[①] 参见 P. Spies, Verbinding aangaan, pp. 13-18; and R. Kistemaker, Barometer van het stadsgevoel, pp. 45-48。

馆［Hermitage Amsterdam，即圣彼得堡的艾尔米塔什博物馆在荷兰的（独立）分馆］两间侧厅之一。在那里，我们展示了令人惊叹的17世纪肖像画，吸引了来自荷兰和海外的艺术爱好者。当然，我们会将这些宏伟（这个词具有双重含义！）的艺术作品与著名的前荷兰共和国的故事结合起来讲述，但对游客来说，最主要的吸引力仍然来自艺术品，这一直是我们在阿姆斯特丹艾尔米塔什博物馆的合作伙伴举办临时展览时关注的重点。事实上，我们"利用"了合作伙伴的声誉，为我们收藏的伟大艺术品争取更多的曝光机会，从而获得了更大成功：每周都会有四千至五千名慕名参观的观众。只要进入馆内，观众们就会发现，这场展览真正的策展人和受益人实际上是阿姆斯特丹博物馆。这样一来，我们便完成了展示本馆杰作的使命，从而可以把工作重点放在关注其他目标群体上。在此我将重点介绍两个针对目标群体开发的项目：邻里商店（2011年）和土耳其先锋（2012年）。

二元博物馆：教育与参与

在描述我们为触及这些社区所做的努力之前，我想对博物馆教育的总体发展做一下详细阐述。

博物馆，尤其是城市博物馆，越来越清晰地意识到不能仅仅把观众看作信息的接收者。现代博物馆鼓励观众发挥主动作用。① 因此，当代博物馆教育工作者投入了大量时间探索与观众沟通的新方式。

---

① N. Simon, The Participatory Museum; A. Odding, Het disruptieve museum.

但我想强调的是，同一批博物馆教育工作者也必须学会继续使用更"保守"的教育形式，尤其是在历史博物馆中。许多观众，无论是年轻人还是老年人，都希望历史博物馆能够讲述历史事件，并解释这些事件对这座城市的意义。他们首先需要观察、倾听和理解，而后才会被鼓励去分享自己的知识、想法或感受。如果博物馆不先提供信息，观众甚至会感到恼火，因为他们仍然把博物馆视为一个主动提供休闲和学习的机构，而不是自主活动的引导者或是工作坊的组织者："我们买票了，不是吗？"

因此，（历史）博物馆工作者的核心任务仍是研究、写作和讲述。但是二元主义的态度要求博物馆在履行了这一义务之后，必须转向询问和倾听。最后，他们还必须帮助观众将参与性的内容整合成一个有凝聚力的整体。

有许多新的教育学方法，能够从一开始就将教育的这两个方面结合起来。新媒体在这一点上发挥了效用。例如，在介绍阿姆斯特丹短暂历史的常设展"阿姆斯特丹 DNA"（Amsterdam DNA）中，我们加入了一款电脑游戏，让每位观众在游戏中发现自己的显性阿姆斯特丹 DNA 组成。（"你最有可能成为一个企业家、一个艺术家、一个自由思想家还是一个慈善家？"）在这个有趣的自我分析结果出来后，观众可以下载一个应用程序，它会引导观众参观与他们的阿姆斯特丹 DNA 有关的城市历史遗迹。

我们将这种活动称为互动，但它还没有达到尼娜·西蒙（Nina Simon）在《参与式博物馆》(The Participatory Museum) 中描述的参与程度。为了实现彻底的参与，博物馆必须让观众参与进来，并询问他的经历、故事和想法。网站和社交媒体在这方面做出了贡献。对于几乎每一项博物馆产出——展览或活动,我们都会建立一个关于该主题的互动网站。阿姆斯特丹博物馆开发的第一个著名交互式网站是 2002 年的"东方记忆"(Het Geheugen van Oost),它至今仍然为很多类似网站提供灵感或借鉴。在这个项目中,博物馆专业人员、志愿者和(现场)观众撰写了无数关于特定社区的故事。这个率先实现互动的博物馆网站至今仍然存在,并由一个独立的志愿者团队负责管理。①

在大多数项目开发的初始阶段,我们都会建立一个主题网站,邀请观众在上面发表故事,并分析其内容。"足球哈利路亚!"(Football Hallelujah!,2014 年)展览中的部分展品就是由我们专门开设的网站所收集到的物品和故事组成的。这方面表现更为突出的例子是"约翰和我"(Johan en ik,2013 年)展,它关注的是球迷与荷兰著名足球运动员约翰·克鲁伊夫(Johan Cruyff)的故事。网站和展览的内容都是由与克鲁伊夫相识的人所提供的照片和故事组成的,我们主要通过官方网站和社交网站"心脏"(Het Hart)收集它们。

最近,我们联合五家荷兰兄弟博物馆共同推出了"混搭博物馆"(Mix Match Museum)项目,观众可以从参与的博物馆中选出一些藏品,来打造自己的展览:首先,任何人都可以在互联网上提出个人想法;随后,如果你的提案被评委选中,它将在现实博物馆中呈现出来(www.mixmatchmuseum.nl/home)。阿姆斯特丹博物馆收到了近一百个方案,其中有四个被选中。"优胜者"们参与了展览筹备的全过程(2015 年 4—7 月)。

---

① 参见 www.hetgeheugenvanoost.nl。

邻里商店

从定义上来说，城市历史博物馆的主题应具有很强的参与性：每个居民都可以为整座城市的历史贡献出自己的故事。城市博物馆可以根据居民提供的内容，书写出城市的故事。城市本身也可以从这些故事所包含的现实问题中受到启发。雄心勃勃的综合项目"邻里商店"（Buurtwinkels，2011年）就是一个例子。这一长期研究项目始于2008年，当时作为一个大型欧洲项目——"欧洲城市的创业文化"（Entrepreneurial Cultures in European Cities）① 中阿姆斯特丹的部分推出。我们与来自欧洲各地的研究机构和伙伴城市博物馆一起，发现了这样一种变化：自20世纪最后十年以来，社区中的大多数小商铺陆续由新移民接管经营。因此，这些街区的特征和氛围从"传统"转向多元文化的景观。尽管大型超市逐渐垄断市场，但多亏这些有进取心、勤奋和平易近人的移民们，社区附近的许多小商铺得以存续。小商铺的幸存对于邻里社区似乎具有很大价值：它们为街道带来活力和安全感，促进社区内部和不同社区之间的社交互动，并且为有需要的客户提供个人服务。相对的，外来人口接管商铺常常让当地居民感到疏远：他们倾向于追忆自己的青年时代，那时"一切都还好"（不论真假）。对于阿姆斯特丹博物馆来说，这个问题似乎是与邻里社区沟通的完美主题。我们策划了一个精细的项目，其中包括一个博物馆内的大型展览（"邻里商店"，

---

① R. Klags et al., Involving New Audiences.

2011年3—8月)、同期的两个社区临时展览、一个详尽的网站（于2009年作为参与性研究项目的一部分推出），以及许多由博物馆和（或）各家合作伙伴共同研发的展品。

在博物馆历史上这或许是第一次，博物馆工作人员不再将焦点放在博物馆建筑内的展览上，而是真正将所有子项目整合成一个整体。网站和博物馆展览及社区展览处于同等重要的地位。此外，博物馆工作人员还首次改变了他们的日常工作方式：大约一半的工作人员在社区和分展场担任了"故事收集者"和活动组织者。从这方面来说，"邻里商店"是一个极具创新性的博物馆项目。

项目的结果和评价发表在文章《待售："邻里商店"的困境、建议和结论》(In de aanbieding. Dilemma's, aanbevelingen en resultaten project Buurtwinkels) 中。其中最重要的结论如下。

"邻里商店"项目或许具有创新性，但它的成本相当高昂，而且最终成果的数据表现也相当普通。博物馆总计花费了约350 000欧元，这还不包括工作人员的人工成本。[①] 大约一半的预算由专门的基金提供：文化参与基金（Fonds voor Cultuurparticipatie）和国家艺术基金——蒙德里安基金（Mondriaan Fund）的参与部门。

[①] A. van Eekeren, In de aanbieding. 按照这一预算，约有400家商店参与了项目，1.5万到2万人参观了博物馆本馆的展览，约2 500人参观了社区的两个临时博物馆展场，并被邀请面对面地为展览提供信息（其中约50%的人以前从未参观过阿姆斯特丹博物馆）。网站访问量8万人次，收集并发布了关于300家不同店铺的500个个人故事，描绘了130位现任店主，组织了50场活动，收集了180件物品，有60个机构参与合作。

博物馆的一位董事会成员说:"从重要性上来说,一位社区分展场的观众抵得上至少十位博物馆本馆参观者。"这表明该项目最大的雄心之一是吸引非博物馆观众的参与。

每个人都可以扪心自问,这些暂时的努力是否会带来永久性的结果。在我们通过"邻里商店"项目将新观众带入博物馆后,他们是否还会继续参与博物馆其他的文化活动?这很难说。但网站仍然存在,故事仍然定期被添加到网站上,两个分展场中的展览之一由当地的一位店主负责继续维护(是一家土耳其茶馆,店主甚至开始亲自收集和展示当地商铺的历史文物),一些街道上的橱窗仍然展示着相关商铺的历史。此外,或许更重要的是,博物馆在社区内建立的许多联系仍然存在,因此博物馆在社区内建立了一个有效的社交网络,并着手策划下一个公共项目。

此外,我们从整体上促进了关于社区商铺价值的政治讨论,尤其是在我们重点参与的社区。前面提到的土耳其茶馆的前厅成了阿姆斯特丹东部社区(Javastraat)现行的店主协会(society of shopkeepers),该项目赋予了他们一系列权力,从那以后,当地的大型超市开始对街上的小店承担起更多责任。房地产商是阿姆斯特丹北部社区的主要革新者,那里是我们的第二个分展场,如今他们更加清楚地意识到了附近小店的重要性,并在项目结束后开始系统地规划和推动小店的发展。

但是我们也应该诚实地面对许多批评的声音。

- "每位参与者的单位成本"非常高(主要依靠基金与房地产公司和当地政府等利益相关者提供的一次性资助)。

- 主展场的展览占用了大部分的开销,经费并没有被用在我们最主要的目标——将社区中的新成员转化为博物馆观众上。
- 组织和开发利用独立运作的临时分展场是一项非常复杂和昂贵的工作,因此如果我们选择当地美术馆、剧院和图书馆等已经拥有许多观众的现成空间则会更好。
- 受过教育的"传统"博物馆观众提供了许多参与性的贡献。他们中的很多人为我们提供了关于"历史情境"的怀旧故事。而大多数移民的故事则必须由博物馆工作人员(非常)积极地收集,因此实际的参与度并没有达到我们的预期。
- 在需要大量资金投入的领域中,博物馆不应过高地估计自身的政治影响力。政客们带着礼貌的微笑听我们说话,却仍继续做着自己的事。我们所提出的中产阶级高档住宅对社区破坏的警告,无法对抗城市空间价格的不断上涨。
- 博物馆工作人员无法成为"社区工作者"是有原因的:尽管他们喜欢这一次的田野工作,但他们也很希望下一个项目能够回到办公室进行。大多数情况下,他们的工作更多是博物馆的"传统"工作。

土耳其先锋

因此,阿姆斯特丹博物馆与当地机构合作开展了下一个社区项目：阿姆斯特丹的土耳其先锋。这个项目是 2012 年庆祝土耳其与荷兰建交 400 周年的大型项目中的一部分。我们的主要目标是展示阿姆斯特丹本地人和土耳其移民过去与当下的联系。我们想尽可能让更多的移民参与进来。

鉴于在"邻里商店"项目中获得的经验，这一次，我们决定让博物馆主展场的展览聚焦于传统博物馆观众。因此，展览中的大部分呈现了一直以来都很受欢迎的荷兰黄金时代——荷兰与奥斯曼帝国的交流刚刚开始时的历史。为了描绘这一（以荷兰人的视角）充满冒险精神的时期，我们从阿姆斯特丹国立博物馆（Rijksmuseum）借出了一组壮观的古代艺术品，展现 17 和 18 世纪伊斯坦布尔的历史情境，再加上一系列精美的当代荷兰裔土耳其人物肖像，这些展品迎合了阿姆斯特丹博物馆传统观众中最大的群体——荷兰人的口味，尽管我们也期待迎接相当数量的土耳其裔阿姆斯特丹观众。

我们不确定主展场是否取得了成功，但为了进一步触及阿姆斯特丹的土耳其社区，我们选择了一个对他们来说非常著名的地点：阿姆斯特丹北部的原荷兰造船厂（Nederlandsche Scheepsbouw Maatschappij，简称 NDSM）。在 20 世纪 70 年代的阿姆斯特丹，许多土耳其"客居工人"在这个几十年前就已不复存在的造船厂找到了第一份工作。在那之后，这个曾经的工业基地被重新开发成一个为创意阶层服务的时髦地带：艺术家和设计师的工作室、多媒体和互联网制作公司、电视和电影制作公司，等等。当代艺术画廊新德克塔（Nieuw Dakota，www.nieuwdakota.nl）便是其中一员。当得知这家知名的艺术画廊有意举办我们关于早期土耳其客居工人的展览时，我们十分诧异和惊喜。展览包括六名土耳其裔荷兰老人的精美肖像，他们曾在码头当过客居工人，展览以文字和视频的形式、通过物品和老照片来呈现。工人们被奉为骄傲的英雄，离开祖国为自己和家人寻求更美好的未来。为了达到画廊的水准，这次展览的设计和制作都很有品味。一切都很完美：从开幕式起，就有年长的客居工人及其家人和朋友利用这个机会重温了曾经的码头——这个地点勾起了很多人旧时的回忆，尽管他们曾被迫在此完成苛刻辛劳的工作。画廊很高兴地得出统计，在40日的展期内，数以百计的土耳其裔阿姆斯特丹人参观了该展览。在观众留言簿和展览网站上，许多人留下了关于他们个人经历的故事。儿孙辈们改变了他们对父母和祖父母的看法：如今，他们不仅更好地理解了长辈的历史，而且展览表现出的对劳工的尊重让他们感到自豪。许多荷兰观众更加切实地意识到了第一批外来劳工的大胆和勇敢。简而言之，他们的名声从"外国失败者"变成了"外来先锋"。

也许"土耳其先锋"并不具有像西蒙①在其开创性著作《参与式博物馆》中描述的高度参与性——毕竟，它是用传统的教育和策展方法构建的。然而，这个项目仍然展示了参与性过程对阿姆斯特丹博物馆整体规划的潜在影响：它表明在城市历史中，几乎每一个人的故事都有其历史意义。但更重要的是，通过收集和展示这些故事，城市博物馆试图去接纳少数族群的历史，并将其纳入城市历史的大局之中。

---

① N. Simon，The Participatory Museum.

图 26　黄金时代的肖像展厅，阿姆斯特丹艾尔米塔什博物馆，2014 年。该展厅是阿姆斯特丹博物馆的一个分展场，展示了大量 17 世纪的大型肖像画，讲述了荷兰黄金时代的公民故事

图 27　阿姆斯特丹 DNA，阿姆斯特丹博物馆，2011 年

作为参与创造者的城市历史博物馆

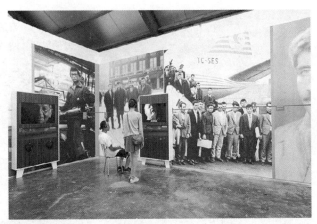

图 28　土耳其先锋，新德克塔，2012 年。这一由阿姆斯特丹博物馆策划的展览被分设在博物馆外的多个地方，比如阿姆斯特丹北部的前港口区，照片中的人们曾在那里找到了他们在荷兰的第一份工作

图 29　"邻里商店"项目期间，阿姆斯特丹博物馆一个分展场的柜台，2011 年。阿姆斯特丹博物馆的工作人员和志愿者收集了当地人最喜欢的邻里商店的历史和个人故事

展 示 移 民

——介于可见与不可见之间的展示形式

托马斯·西贝尔

移民的博物馆化正在蓬勃发展。在诸多场合都已有提及,移民主题的展览正在经历真正意义上的繁荣①,而直到近期,这才被文化和博物馆政策方面的利益相关者的研究项目和报告证实。② 这并不意味着博物馆所表述的移民(指一种跨越国界的移徙运动)的含义与当下"移民时代"所表达的含义相对等。事实上,即便在欧洲,与移民现象相关的问题也是文化、社会和政治现实中的一部分。近年来,"移民社会"的概念已经扎根,用来描绘被一系列移民相关因素渗透的社会。③ 鉴于这样的背景,国家博物馆应该如何反映"移民的历史和现状"

---

① 案例参见 J. Baur, Die Musealisierung der Migration, p. 11; R. Wonisch, Museum und Migration, p. 14.
② 案例参见 C. Whitehead et al., Museums, Migration and Identity in Europe; Deutscher Museumsbund, Museen, Migration und kulturelle Vielfalt.
③ 有关"移民社会"(Migrationsgesellschaft)概念,请参阅 P. Mecheril, Subjekt-Bildung in der Migrationsgesellschaft. 该术语无法与英语语境中普遍使用的任何术语(例如"immigrant society"或"multicultural society")精准地对应,而是指整个社会都受到移民过程的影响,无论是在经济、政治、文化、教育还是其他领域,并且反映了按"归属顺序"来分配权力的事实。

"民族、种族和文化归属情况"的相关问题正在引发讨论。① 回顾自 18 世纪以来的现代博物馆的历史,我们可以发现博物馆的发展与民族国家观念的发展和实现是紧密相连的。② 不可否认的是,20 世纪下半叶文化、人口和领土的一致性假设已经破碎,"把国家建设为一个具有共同文化、历史和记忆的共同体……已不再令人信服"③。许多研究考察了国家博物馆为应对这些挑战所采取的措施。④ 国家博物馆面临着"博物馆国家主题展示的危机",特别是那些涉及文化史的国家博物馆,不得不寻求全新的、独树一帜的叙事手法来表现以社区为基本单位的国家。⑤ 在这一背景下,我将讨论近年来德语国家(特别是瑞士)的博物馆和展览如何处理移民问题。首先,我将厘清自 20 世纪 90 年代末以来移民展览的发展趋势,并在此基础上以苏黎世国家博物馆(Landesmuseum Zürich)2009 年开设的常设展览"瑞士历史"(Geschichte Schweiz)为例,分析该展如何讲述移民的历史、谁是可见的,以及这样的呈现会带来怎样的影响。接下来,我将讨论三个与移民相关的展览项目,以它们为例,探讨在改进移民相关表述、扩大讨论范围和开辟新领域等方面可行的方法。

---

① P. Mecheril, Subjekt-Bildung in der Migrationsgesellschaft, p. 13. 另参 N. Sternfeld, Kontaktzonen der Geschichtsvermittlung, p. 14 f. and p. 40 ff.
② 关于这一点,请参阅 T. Bennett, The Birth of the Museum; S. J. Macdonald, Nationale, postnationale und transkulturelle Identitäten und das Museum.
③ J. Baur, Die Musealisierung der Migration, p. 60.
④ 参见 R. Beier-de Haan, Erinnerte Geschichte-Inszenierte Geschichte; C. Sutherland, Leaving and Longing; C. Whitehead et al., Migration and Identity in Europe.
⑤ J. Baur, Die Musealisierung der Migration, p. 65.

移民的展示：德语国家的趋势

尽管从 20 世纪 60 年代起，瑞士就开始成为一个移民国家，关于移民和庇护政策的问题成为重要的政治问题，但直到 20 世纪 90 年代末，博物馆才开始对这一主题表现出兴趣，到 21 世纪，移民才成为博物馆展览相关的主题。德国和奥地利的博物馆亦是如此。① 原因有很多，在此，我仅想强调两个对于瑞士博物馆而言根本性的原因。第一，博物馆是"身份机器"（identity machines），其"主要功能是在空间上**建造**家园、传统和归属感，再将其**细分**成国家、州、地区、山谷、城市和社区"②。依照这个逻辑，移民呈现为一种"可悲的入侵"，甚至一种"对常态的干扰"。③ 第二，在瑞士，这种"常态"以一种特定的方式与一种能够孕育民族共识的叙事联系在一起，即所谓的"国家意志"。在缺乏任何民族、文化或政治上统一的情况下，自 19 世纪末以来，一种将"人民"和"国家"、"民族"和"民众"纳入国家发展史，从而产生连续性和合法性的叙事被创造了出来。④ 然而，涉及移民的现象与历史、民众间的冲突问题时，则可能对这一叙事产生背离和颠覆。因此，这或许并不会令人意外：文化历史博

---

① 关于德国的情况，请参阅 D. Osses, Perspektiven der Migrationsgeschichte in deutschen Ausstellungen und Museen；关于奥地利的情况，请参阅 C. Hintermann, Migrationsgeschichte ausgestellt。
② W. Leimgruber, Immaterielles Kulturerbe-Migration-Museum, p. 72 f.
③ Ibid., p. 73.
④ 参见 R. Argast, Staatsbürgerschaft und Nation；J. Tanner, Nationale Identität und kollektives Gedächtnis。

物馆——尤其是那些致力于塑造一个国家、一个州或一个城市身份认同的"共识工厂"(consensus factories)的博物馆,最终艰难地承认了社会是由移民塑造的事实。① 自 20 世纪 90 年代中期以来,德语国家的博物馆在展示移民问题的展览时呈现出两种趋势。我想用宏观的视角、常态化与整体的概念来描述第一种趋势。这类展览的突出特点包括长远的视角、对主要学术和科学范畴的参照、对过去和现在的"移民常态化"的关注,以及对整体性范式的依赖,例如"我们:维也纳移民的过去与现在"[WIR. Zur Geschichte und Gegenwart der Zuwanderung nach Wien,维也纳城市历史博物馆(Historisches Museum der Stadt Wien),1996 年]、"外国人在德国-德国人在国外"[Fremde in Deutschland-Deutsche in der Fremde,克洛彭堡博物馆(Museumsdorf Cloppenburg),1999 年]、"海外:近代早期以来的移民和流动"[In der Fremde. Migration und Mobilität seit der Frühen Neuzeit,巴塞尔历史博物馆(Historisches Museum Basel),2010 年]。② 巴塞尔的展览讲述了各类移民的类型学原因,从"艺术家之旅"到"政治迫害和流放",并利用"有代表性的生活故事"和相应的展品,意图表明"移民历史无疑是巴塞尔历史的一部分"③。然而,这种将移民视为一种非时间的、

---

① 关于"共识工厂"的概念,请参阅 O. Marchart, Warum Cultural Studies vieles sind, aber nicht alles, p. 8。
② D. Osses, Perspektiven der Migrationsgeschichte in deutschen Ausstellungen und Museen, p. 73. Cf; The Exhibition Catalogues: Historisches Museum der Stadt Wien, WIR; U. Meiners and C. Reinders-Düselder, Fremde in Deutschland-Deutsche in der Fremde; Historisches Museum Basel, In der Fremde.
③ Historisches Museum Basel, In der Fremde, p. 13 f.

人类学的永久现象的趋势,因未能充分考虑环境的复杂性、涉及人员和各种冲突的多样性,而导致了展览的平庸化。①

第二种可以通过微观视角、多元视角和参与的概念来描述。值得一提的不仅包括开创性展览,例如"海外家园:土耳其移民的历史"〔Fremde Heimat. Eine Geschichte der Einwanderung aus der Türkei,鲁尔博物馆(Ruhr Museum Essen),1998年〕、"加斯塔贝特:劳工移民四十年史"〔Gastarbajteri-40 Jahre Arbeitsmigration,维也纳博物馆(Wien Museum),2004年〕,它们都是由博物馆与民间组织合作完成的,而且包括展览"这里和那里:生活在两个世界——瑞士的海内外移民"(Da und fort: Leben in zwei Welten-Immigration und Binnenwanderung in der Schweiz,苏黎世设计博物馆,1999年)。② 后者是一项由移民、社会文化顾问和社会科学专家共同参与的研究和展览成果,涉及生活史访谈、以展品为中心的讨论和手工艺品的收藏。这种方法的特点是聚焦于某一具体问题、使用田野调查方法,以及博物馆与移民管理机构或为移民服务的组织之间的密切合作。然而,传统叙事在多大程度上被重现、社会政治问题在多大程度上被转化为文化问题,以及合作是否真的是在平等的环境中进行,仍有待批判性的分析。③

许多关注区域性或本地情况的展览也有着更加微观的、多元

---

① 参见 R. Wonisch, Museum und Migration, p. 12 f.
② 参见厄耶尔马兹(A. Eryilmaz)与哈敏(M. Jamin)编写的展览目录《海外家园》(Fremde Heimat);H. Gürses, C. Kogoj and S. Mattl, Gastarbajteri;H. Nigg, Da und fort。
③ 关于"加斯塔贝特"展的教育和推广活动,请参阅 R. Höllwart and N. Sternfeld, Es kommt darauf an。

的和参与性的呈现。就瑞士而言,可以想到的是一些关于国家界定的移民群体(主要是那些较早的和大批抵达的移民,例如意大利人)的展览。展览"寻找一个地方:罗卡维巴拉和普拉特恩之间的移民史"[Einen Platz finden: Migrationsgeschichten zwischen Roccavivara und Pratteln,伯格豪斯-普拉特恩博物馆(Museum im Bürgerhaus Pratteln),2010年]和"目的地:格雷尼兴"[Destinazione Gränichen,乔恩胡斯-格雷尼兴博物馆(Museum Chornhuus Gränichen),2015年]都关注到了这段历史。① 这类项目通常聚焦于日常生活和文化的历史,以实现"展示移民"和取得"社会认同"的目标。② "我在兰根塔尔工作"[Ig schaffe z Langetu/Ich arbeite in Langenthal,兰根塔尔博物馆(Museum Langenthal),2012年]和"抵达CH-6010克林斯"[Ankommen in CH-6010 Kriens,贝尔帕克-克林斯博物馆(Museum im Bellpark Kriens),2012年]等展览也追求类似的目标。他们的政治和教育意图很明确:这些项目旨在为"防止种族主义"做出贡献,并表明"为什么移民融入是必须的,但也是多元的"。③ 其他展览则将一些被认为与移民社会息息相关的主题推到了台前。一个例子是"光的节日:城市中的宗教多样性"

---

① 参见R. Brassel-Moser et al., Einen Platz finden; http://www.destinazione-graenichen.ch/Start.html,最后浏览日期:2015年7月19日。
② 参见D. Osses, Perspektiven der Migrationsgeschichte in deutschen Ausstellungen und Museen, p. 87。
③ 参见 http://www.bellpark.ch/portfolio-items/ankommen-in-ch-6010-kriens/?portfolioID=2575; http://www.museumlangenthal.ch/museum/live/Ausstellungen/Sonderausstellungen/Vergangene/April2012.html; http://www.interunido.ch/cms/upload/files/Ausstellung_2012_Didaktische_Materialien_juni12_1.pdf,最后浏览日期:2015年7月20日。

[Feste im Licht. Religiöse Vielfalt in einer Stadt，巴塞尔文化博物馆（Museum der Kulturen Basel），2004 年]展，它呼吁人们更加深入地理解"主要的'外来'宗教传统"①。在这样的情况下，社区中宗教代表的广泛参与保证了展览的当代关联性。这些项目或许有助于提高移民展览的实用性和话题性，提升教育和推广工作的质量，并加深相关人群的参与度。

上面提到的例子都是临时展览，因此不能作为证据来反驳德语国家的博物馆要举办移民主题展览还有很长的路要走的论点。制度化、常规化地展示移民史，需要在常设展览和专门主题的博物馆中进行。② 德国和瑞士提出过一些以此为目的的倡议，但是迄今尚无成果。③ 1998 年，瑞士成立了移民博物馆协会，其目标是创建一座彰显"瑞士是一个海内外移民国家"，并且将会成为"促进身份认同的场所"的新博物馆。④ 这一雄心勃勃的项目未能获得广泛的支持，2009 年，协会解散。从那以后，建立移民博物馆的想法被"想象中的移民博物馆"（Musée Imaginaire des Migrations，简称 MIM，2012 年）项目继承，该项目由瑞士作家协会的成员发起，我将在后文中展开介绍。⑤ 在博物馆中展示移民主题是否富有成效成了一个极具争议性的话题。归根结底，评估每一场展览的标准都必须包括它是否"开辟新的对话空间"

---

① 参见 http://www.mkb.ch/sonderausstellungen/festeimlicht/details_e.pdf，最后浏览日期：2015 年 7 月 20 日；另参 G. Fierz and M. Schneider, Feste im Licht。

② 关于这一点，参见 J. Baur, Die Musealisierung der Migration, pp. 11-16；R. Wonisch, Museum und Migration, pp. 9-22。

③ 关于德国的情况，请参阅 A. Eryilmaz, Migrationsgeschichte und die nationalstaatliche Perspektive in Archiven und Museen。

④ M. Hodel, Vorwort, p. 11 f.

⑤ 参见 http://www.mimsuisse.ch，最后浏览日期：2015 年 8 月 27 日。

和"将对立内容嵌入记忆的主体话语"①。此外，相关人群是否参与展览构思及其参与程度也是值得关注的。下面我将以苏黎世国家博物馆的常设展览为例讨论上述问题，该馆有一个专门讨论移民主题的展区。

苏黎世国家博物馆常设展览中的移民史

苏黎世国家博物馆是瑞士国家博物馆（Swiss National Museum）的重要组成。② 它于1898年开放，作为"国家概念的体现"，旨在展示"宏伟的瑞士历史"。③ 当时，展览按照年代排列，观众首先被引入一个"史前文物收藏室"，继而穿过大约40个展厅，到达所谓的"军械库"——这里展示了一种"武装联盟"（wehrhafte Eidgenossenschaft）的形象，在"国家名人堂"，对于国家目的论的叙述达到了顶峰。④ 那段18、19世纪孕育了现代瑞士的冲突历史被略去了。在临时展览"一个特例？鲁杜伊特与欧洲之间的瑞士"（Sonderfall? Die Schweiz zwischen Réduit und Europa，1992年）和"瑞士的发明：一个国家的草图"（Die Erfindung der Schweiz. Bildentwürfe einer Nation，1998年）中，博物馆才开始将现代瑞士的历史纳入展览的主题范畴。2009年，常设展览"瑞士历史"（History of Switzerland）开

---

① R. Wonisch, Museum und Migration, p. 18.
② 参见http://www.nationalmuseum.ch/e/，最后浏览日期：2015年7月23日。
③ T. Sieber, Das Schweizerische Landesmuseum zwischen Nation, Geschichte und Kultur, p. 17 f.
④ Ibid., p. 18.

展，博物馆放弃了讲述"'唯一'的瑞士历史"的想法，但没有放弃呈现"在与欧洲发展相互关联的背景下瑞士历史的独特性"的说法。①

展览由四部分组成："没有人一直在这里"（Niemand war schon immer da）是关于定居和移民的历史的，"信念、勤奋和秩序"（Glaube, Fleiss und Ordnung）是关于宗教和思想史的，"从冲突到和谐"（Durch Konflikt zur Konkordanz）是关于政治史的，"瑞士在海外致富"（Die Schweiz wird im Ausland reich）则是关于经济史的。② 第一部分的标题可以被视为策展人的基调："当代所呈现的瑞士历史无须对'国家认同'负责。"③ 展览勾勒出了从欧洲民族大迁徙一直到 20 世纪的移民史，其中有四个焦点：第一点描述了从史前时期到中世纪早期的移民历史，并引发了人们对凯尔特人、罗马人和日耳曼人与今天"多语种的瑞士"之间联系的思考。第二点由一个展示着 16 世纪之后移居瑞士的人物肖像画的展厅呈现。这里陈列的是那些为"增进繁荣和丰富文化生活"做出过巨大贡献的"非本地人"。④ 这也导致该展厅里大多是白人男性精英的画像。第三个焦点是从 13 世纪到 20 世纪初的移民运动，包括 19 世纪出于经济目的的移民和 16—19 世

---

① P. Sarasin, Die Geschichte der Schweiz neu erzählen.
② 参见 P. Meyer, Four Narrative Perspectives on Swiss History; E. Hebeisen and P. Meyer, Geschichte Schweiz. 除非另有说明，否则此处的引用均来自概括博物馆各区域主题的展览文本。
③ P. Sarasin, Die Geschichte der Schweiz neu erzählen. 本文写作时，"没有人一直在这里"展区因建设工程而必须转移且重新布置，故暂时关闭。展览空间大幅缩小，仅有三个区域：其一关于移民，其二关于政治，其三关于宗教信仰和经济。我的论述参考原本的展览。参见 http://www. nationalmuseum. ch/d/zuerich/ausstellungen.php?aus_id=76&show_detail=true，最后浏览日期：2015 年 9 月 25 日。
④ Landesmuseum Zürich Bildung and Vermittlung, Geschichte Schweiz, p. 10.

纪间因政治和宗教迫害被迫迁移的人群。在这里，我们还必须强调一个事实：除了文化和知识领域的著名政治难民外，一批"出色的工程师"同样移民瑞士，因为"他们对瑞士有贡献"。在描绘 20 世纪移民史的过程中，经济效益也是一个重要主题，这构成了第四个焦点。以"过度外国化"（Überfremdung）为标题，展览侧重于 20 世纪 50 年代以来的移民，特别是自 1961 年起入境的"一百多万名意大利人"和 1980 年后"成千上万"葡萄牙人、土耳其人和南斯拉夫人的迁入，"他们的家人紧随其后"。此处，客居工人的照片与一些我们熟悉的图案（例如手提箱或建筑工地）一起展出，同时配有加强对外国人、寻求庇护者和宗教少数派立法的公投海报。这些照片中，人们的身体、衣服和其他配饰都被贴上了"外来者"的标签。

移民一直都存在：使之可见与保持无形

现在，我们应该已经清楚，该展览旨在将移民呈现为一种常态，强调移民对当地社会的经济、文化发展做出的贡献。尽管展览已从根本上认识到移民是一种重要的社会现象，但是在下文中，我还将指出该展览呈现中的一些疏漏与不足。斯图尔特·霍尔（Stuart Hall）认为，表征（Representation）不仅是对已经存在的、超出表征过程的事物的描绘，而且是对某种仅能通过意义建构和现实建构的复杂系统而存在的事物的描绘。① 博物馆和展览是一个以"赋予事物意义的积极实践"为目的的重要场所，

---

① S. Hall, The Rediscovery of Ideology, p. 64. 关于这一点，另参 N. Sternfeld, Aufstand der unterworfenen Wissensarten; R. Muttenthaler and R. Wonisch, Gesten des Zeigens, pp. 13-45.

这就引发了"过程中产生了什么"及其"是如何产生的"的问题。在这一背景下，我对表征的批判集中在三个方面：哪些故事被讲述了？哪些社会群体在展览中是可见的？又表现出了哪些权力关系？①

我的第一项观察是关于这一部分展览结构的叙述，它将移民概念化为一种常态而非例外，是一种社会发展的形式。展览文本、图录和教育资料都清楚地表明，这里正在讲述一段"由无数族群踪迹所构成的领土历史：他们因同一件事凝聚在一起，他们在迁徙，就像5 000年前施尼德约赫（Schnidejoch）②地区的人类迁移一样"③。这种偏向人类学的视角假定了数千年的连续性，并将经济、社会、政治和文化的差异和剧变作为背景。其构成要素中还有另一个主旨：流动人口使他们所加入的社区更加多元。最具说服力的例子是那些原本无法融入瑞士的、被视为"文化异乡人"的人，比如被当作廉价劳动力引进的意大利人，他们后来却成了瑞士人"值得信赖的邻居"，"用他们的意大利风格丰富了瑞士的生活方式"。④ 如前所述，这里的叙述存在贬低移民的风险。同时，它邀请观众寻找过去和现在之间的联系。这在学校的教学材料里格外明显：其中，不仅凯尔特人、罗马人、日耳曼人的定居和"瑞士的文化多元性"之间建立了联系，而且这些历史的物质痕迹中存在一种连续性，被描述为"我们的历史和文

---

① 案例参见 T. Sieber, Machtfragen。
② 施尼德约赫是伯恩阿尔卑斯山脉的一条山路，也是欧洲最古老的一部分手工艺品的发现地。最新的发现可以追溯到公元前5世纪。
③ W. Leimgruber, Nomadisieren, p. 46.
④ Ibid.

化中的一部分","见证过……我们的祖先"。① 虽然这种叙述确实不同于19世纪末将瑞士居民直接与法尔农人(Pfahlbauer,新石器时代的湖上居民)联系在一起,并塑造了"文化上独立自足的祖先群体的形象"的论述,但是它同样创造了一种跨越时代的叙述,最终形成了一个由共同文化遗产凝聚而成的社区概念。②

我的第二个观察是关于谁在展览中是可见的,以及与之相对的,谁依然是不可见的。在一个展区出现了一种颇具启发性的状况:一边的展厅展示着成功移民的肖像画,另一边的展厅则展示了移民工作和日常生活的照片,以及20世纪60年代以来关于移民和庇护政策的公投海报。谁是可见的?一方面,有成功的移民;另一方面,也有被标记为外来者的无名"他者"。这种场景布置展现(再现)了来自国外的个体成功案例,以及对"过度外国化"(即被外来不知名群体"入侵")的恐惧。此外,关于移民的流行话语的构成性叙事也得到了肯定,强调了移民的经济能量和文化适应能力。从这个角度看,仍有许多人和许多问题是不可见的,尤其是那些可能会扰乱这一归属感叙事的移民群体和故事。

对于"不可见"的关系应该通过何种方式呈现,对这一问题的回答构成了我的第三个观察结果。尽管相关海报展示了政治上的争议,其他展品也提到了冲突,而且在文本中也有暗示的紧张关系,但是与移民运动相关的"冲突、压迫和社会混乱"仍然是

---

① Landesmuseum Zürich Bildung and Vermittlung, Geschichte Schweiz, p. 8 f.
② W. Leimgruber, Nomadisieren, p. 48; 另参 T. Sieber, Das Schweizerische Landesmuseum zwischen Nation, Geschichte und Kultur, p. 16 f。

被边缘化的。① 人类学方法、刻板印象的倾向，以及占据主导地位的"树立融合典范"的思想都导致了这样一个事实：移民群体内部的冲突，以及与所谓的"当地社会"中的社会群体之间的冲突几乎从来没有出现在观众眼前。在这种描述中，国家和政党政客的论调占据了主导地位，而几乎听不到自20世纪60年代以来一直在倡导社会接纳移民的组织和运动的声音。

展览叙事缺乏多样声音和多重视角的特质，让我得到了第四个观察，它在所有对权力的批判中都居于中心地位：谁来决定要呈现什么？就目前的情况而言，答案不言而喻——机构及其授权的发言人决定。与移民组织的利益相关者加强合作的趋势并没有得到反映。机构的解释权未受撼动这一点并不奇怪：因为即使是一个代表边缘化群体的博物馆，也不需要提供"改变主流论调和定义的权力关系的空间"②。在对"没有人一直在这里"展区的调查报告中，我们发现展览在触及利用微观史、多视角和参与性呈现方法展示移民时，仍有很多地方存在缺失。迪特马尔·奥瑟斯（Dietmar Ossess）区分了"历史……和百科全书定义中的展览"，即旨在将移民史写入国家"宏大叙事"的展览，以及致力于"解体民族叙事并建立多元国家视角"的展览。③ 本文讨论的展览并没有做得那么深入：它代表了一种对主流民族叙事的及时（如果还不算太迟的话）补充，但没有超越其解释框架。因此，这个于2009年展出的常设展几乎没有引发学术、媒体或政治上

---

① W. Leimgruber, Immaterielles Kulturerbe-Migration-Museum, p. 75.
② N. Sternfeld, Aufstand der unterworfenen Wissensarten, p. 39.
③ D. Osses, Perspektiven der Migrationsgeschichte in deutschen Ausstellungen und Museen, p. 81.

的争议也就不足为奇了。事实上，我们讨论的这场展览根本没有打开任何新的社会对话空间，也没有将新的话题引入公众的主流讨论之中。从各个方面来说，这场展览并不符合一个移民社会的要求：以移民社会的概念作为基础前提，不仅意味着将移民视为当今社会的组成元素，而且意味着"颠覆国家自我形象的叙事、视角、制度和场所，对其进行重组，并在这一过程中使博物馆本身实现……'后移民'"①。

讨论移民：新的表现形式、叙事和利益相关者

基于三个最近在瑞士举办的展览项目，我想讨论一些尝试了新的表现形式、产生了新的叙事并且纳入了新的利益相关者的方法。第一个例子是前面提过到的"想象中的移民博物馆"展。自2012年以来，它一直试图在其网站上创建一个"共同的精神空间"②。它收集了"真实的生活和移民故事"，由作家们应邀创作，计划建成由100个独立故事组成的"独特的想象博物馆"。然而即便是这样的项目，其落地也离不开"实体"空间：它被陈列在现有博物馆的"手提箱式玻璃橱窗"中，每个橱窗都展示有一个"能够简洁说明相应移民故事"的物件。这里讨论的目的不

---

① N. Bayer, Post the Museum！, p. 64.
② 该项目由瑞士作家协会（Association of Swiss Authors，简称 AdS）、瑞士博物馆协会（Swiss Museums Association，简称 VMS）与 P&S 网络文化组织（organisation p&s network culture）运作。引文选自 http://www.mimsuisse.ch，最后浏览日期：2015 年 9 月 26 日。由于项目收到的回应不如预期，博物馆之间的合作也被证实十分困难，目前这一概念正在被重新审视（pers. comm., Beat Mazenauer, p&s network culture, Jul. 22, 2015）。

是对项目的相关性和质量做出评判（下面的例子也是如此），而是为了明确一个有效的方法。有趣的是，该展览在叙述文字风格上的一致性，衬托出了移民史的多视角呈现。此外，这是对博物馆中文化具象化呈现的一种有效回应：以物为中心的展示形式很难恰当地呈现"移民现象的异质性"，因为"流动的文化"的特征并不以物质的堆积为表现。①

我的另一个例子来自苏黎世谢德哈勒（Shedhalle）画廊的展览。该画廊在国际上享有盛誉，被称为"可以实验、开发和展示新形式——特别是与社会政治主题相关的艺术和文化实践的场所"②。"瑞士不是一个岛屿"（Die Schweiz ist keine Insel，2013/2014年）项目的一个重点，是"提出社会排斥和迫害的问题，并且讨论瑞士乃至欧洲的杰尼人（Jeni）、辛提人（Sinti）和罗姆人（Roma）的政治和文化自治组织"③。由莫·迪纳（Mo Diener）、塔玛拉·莫兹（Tamara Moyzes）和玛丽卡·施密特（Marika Schmiedt）等艺术家在展览"不受欢迎的社会，不方便的交往"（In lästiger Gesellschaft）开幕式上展示的影像作品，探讨了应对"身份归属"和社会边缘化的策略。展览"超越国家"（Jenseits der Nation）中包含一件名为"罗姆斯坦"（Romanistan）的装置，它被描述为"所有罗姆人想象中的国家"，"诞生于苏黎世等地的自治团体的……合作意向框架"。有趣的是，当涉及与移民有关的主题表现时，人们会质疑艺术立场

---

① R. Wonisch, Museum und Migration, p. 26.
② 除非另有说明，否则此处的信息和引文均取自以下网站，http://www.shedhalle.ch/2016/en/71/ABOUT_SHEDHALLE，最后浏览日期：2015年9月12日。
③ 参见 http://www.shedhalle.ch/2016/en/114/SWITZERLAND_IS_NOT_AN_ISLAND，最后浏览日期：2015年9月12日。

的潜在影响。这需要一种基于真实物件的叙事形式，假定真实的目击证人，从一开始便将"从还原性视角定义"的风险降到最低。① 特别是在学术研究和艺术的密切合作中，如"移民项目"（Projekt Migration，科隆，2005 年）、"穿越慕尼黑"（Crossing Munich，慕尼黑，2009 年）或"移民运动"（Movements of Migration，哥廷根，2013 年）等项目，艺术作品可以作为"反思的催化剂"，并产生关于移民的其他故事。② 在我手头的案例中，展览空间内呈现的画册、活动项目，以及包括对利益相关者和专家采访的、最后一场展览"边界和更远的地方"（Über die Grenzen）中的批判艺术教育试点项目（Pilotprojekt kritische Kunstvermittlung）和声音档案（Soundarchiv），构成了反思的空间。③ 这种方法建立在艺术、学术和话语实践三者互动的基础上，作为"研究性展览"以程式化的方式展示了出来。在这里，重要的不是以展览为媒介表现主题，而是"以一种疑问的方式"对表现形式、功能和效果进行批判性考察。④

我的第三个例子是谢德哈勒画廊 2015 年的展览"……其他人已安全抵达。记忆丧失和历史政治：艺术的策略"（ ... the others have arrived safely. Gedächtnisverlust und Geschichtspolitik：

---

① N. Bayer, Post the Museum!, p. 79.
② R. Wonisch, Museum und Migration, p. 24. 关于这些项目，参见 http://www.domid. org/en/ausstellung/project-migration； http://www. movements-of-migration. org/cms/；http://crossingmunich.org/，最后浏览日期：2015 年 9 月 13 日。
③ 关于该项目的艺术教育和推广，参见 C. Franz, Die Shedhalle ist keine Insel，p. 34 ff。
④ 卡特琳娜·莫拉维克（Katharina Morawek）是谢德哈勒画廊的策展与管理负责人，也担任了"瑞士不是一个岛屿"的合作策展人。此处引自其个人通信，最后浏览日期：2015 年 9 月 10 日。

künstlerische Strategien）。该展览展出了米尔坎·丹尼斯（Mirkan Deniz）、卡塔琳娜·古蒂瑞兹（Catalina Gutiérrez）、奥努尔·卡拉科夫（Onur Karakoyun）和费利佩·波兰（Felipe Polania）的作品"难民的记忆"（Das Gedächtnis der Geflüchteten）。① 艺术家们展现了他们个人在很长一段时间内的逃亡经历。② 在这一过程中，围绕着逃亡和难民群体故事的异质性问题，类似"瑞士难民的集体记忆"之类的故事是否存在，以及这些档案会讲述哪些故事产生了争议。③ 该作品带有"庇护与难民政治档案研究"的痕迹，其研究和呈现都受到了传记、联想、审美、政治和实用等因素的影响。在这里，令我感兴趣的是机构与展览中的利益相关者（包括来自不同社区的组织和其他社会参与者）的合作是否可能回答前面的争议。以"瑞士不是一个岛屿"为例，我们已经清楚地看到，如果以最平等主义的方式进行，那么与"自治团体"的持续合作可以为展览做出重要贡献。④ 然而，这样的合作是耗时的，往往会带来不平等权力关系和不同利益的冲突，而这些冲突在相应展览中通常不会被展示出来。同时，人们有时会在这一过程中（共同）协商问题，这可以

---

① 参见 http://www.shedhalle.ch/2016/en/122/，最后浏览日期：2015年9月12日。
② 这个艺术家群体的成员时常变化，它诞生于谢德哈勒画廊和科赫地区的自治与学习空间（Raum für die Autonomie und das Ferlernen，简称 RAF_ASZ）的合作项目（引自费利佩·波兰的个人通信）。另参 http://www.shedhalle.ch/2016/en/345/MEMORY_PROJECT，最后浏览日期：2015年9月30日。
③ 引自费利佩·波兰的个人通信，最后浏览日期：2015年9月5日。
④ 此类合作的结果时常不会在展览中体现出来。据卡特琳娜·莫拉维克称（见其个人通信，最后浏览日期：2015年9月10日），参与的个人与组织此前从未收到过类似要求，他们将这种倡议视为对其作品的认可。这种合作推动了艺术家团体"罗姆-贾姆会议"（Roma Jam Session）的产生。参见 http://romajamsession.org/。

扩大展览的反思空间。例如在"记忆"项目中，就商讨了如何理解"记忆"的问题。尽管集体记忆具有"神秘的结构和同步的组织"，但是作为学术研究的历史试图"保持与事件的客观分析距离"，而且对重现过去抱持着批评的态度。①

这一根本问题将我带回了苏黎世国家博物馆的常设展览。我想用"传记的""艺术的"和"参与的"三个关键词来描述这里所讨论的方法，展现移民呈现方式的新策略，促使展览为建立反霸权主义叙事、扩大话语权和社会运动领域做出实质性的贡献。博物馆不仅仅是一个由历史和记忆之间的张力构成的场所，而且应该是一个展示过去和当下社会的冲突并做出阐释的场所。实现这一目标的过程中，一项重大挑战是文化共识，这是瑞士国家认同叙事中的一个构成要素，没有文化共识，"社会凝聚力"似乎是不可想象的。② 苏黎世国家博物馆不仅是这种文化的一部分，而且是瑞士基于共识的叙事的主要推动者。特别是在瑞士的例子中，有时需要牢记虽然共识看起来的确是必要的，但在一个民主和多元的社会，它也必须伴有不同的声音。政治科学专家尚塔尔·墨菲（Chantal Mouffe）在她的民主理论中勾勒出了一种"冲突共识"概念，其特征是"在被视为'合法敌人'的反对者之中存在一个共同的象征空间"，在这个空间中，人们可以用一

---

① J. Tanner, Die Krise der Gedächtnisorte und die Havarie der Erinnerungspolitik, p. 27. 关于纪念活动、历史记录与记忆之间关系的讨论，可参见 E. François and H. Schulze, Einleitung；关于与博物馆之间的关系，参见 K. Pieper, Resonanzräume；关于与纪念场所相关作品之间的关系，参见 N. Sternfeld, Kontaktzonen der Geschichtsvermittlung, p. 70 ff.。

② 参见 http://www.lebendige-traditionen.ch/traditionen/00248/index.html?lang=de，最后浏览日期：2015 年 9 月 30 日。

种驯化的方式进行协商。① 苏黎世国家博物馆也可以以这样的观念为指导，从而使矛盾、争议和冲突日益得到承认，并且变得可见、可协商。

图30　展览"瑞士历史"中"没有人一直在这里"展区展示瑞士成功人物肖像的展厅，苏黎世国家博物馆，2009年

---

① C. Mouffe, On the Political, p. 52. 另参 B. Jaschke and N. Sternfeld, Zwischen/Räume der Partizipation, p. 176 ff.

展示移民　　　　　131

图 31 "没有人一直在这里"展览

图 32 由四部分组成的"瑞士不是一个岛屿"展览开幕展"不受欢迎的社会,不方便的交往",苏黎世谢德哈勒画廊,2013/2014 年

图 33 "……其他人已安全抵达。记忆丧失和历史政治：艺术的策略"展览中"难民的记忆"展品细节，苏黎世谢德哈勒画廊，2015 年

何以可及？

——博物馆是文化教育者还是知识的庇护所①

苏珊·卡梅尔

博物馆是一个理解人们如何以不同的方式体验世界，并理想地改善社会关系的进步机构，从某种意义上来说，博物馆是一个战胜偏见，培养多元文化欣赏能力的场所。②

本文介绍的研究与展览项目"实验博物馆学：关于伊斯兰艺术和文化史的策展"（Experimentierfeld Museologie. Über das Kuratieren islamischer Kunst-und Kulturgeschichte）是我与社会科学专家克里斯汀·格尔比奇（Christine Gerbich）于2009—2014年间③策划的，其灵感来自理查德·桑德尔（Richard Sandell）和乔斯林·多德（Jocelyn Dodd）所称的"积极的博物馆实践"④。对我们来说，呈现各方面的多样性和争取社会正义是我们的研究和展览实验的动力和目标。

---

① 一如既往，我要感谢我的同事克里丝汀·格尔比奇，我和她一起进行了此项关于策展和伊斯兰艺术教学的研究。同样感谢苏珊娜·温辛（Susanne Wernsing），她负责了这篇文章的编辑及其他许多工作。
② M. A. Lindauer, Critical Museum Pedagogy and Exhibition Development, p. 305.
③ 该项目团队最初包括文化研究学者苏珊娜·兰韦德（Susanne Lanwerd）。
④ R. Sandell/J. Dodd, Re-presenting Disability, p. 3.

在下文中，我将通过两个实际案例，来展现这个研究项目是如何在展览策划之初就将策展和教育结合起来思考的，并且在此过程中，将林道尔（Lindauer）在《批判博物馆教育学与展览策划》(Critical Museum Pedagogy and Exhibition Development) 一文中提出的、受到批判和变革教育学影响的博物馆学方法付诸实践。[1] 我们的项目提出了以下问题：如何创造博物馆的"入口"，并使其内容在后表征性策展[2]和批判艺术教育的层面上更"振奋人心"？[3] 博物馆玻璃橱窗前、橱窗内和橱窗后分别代表了谁？谁又被排除在了博物馆之外？

大卫与歌利亚：两个机构的简短历史

在这为期三年的项目中，我们与众多博物馆有过合作。主要的合作伙伴是柏林国立博物馆佩加蒙博物馆（Pergamonmuseum）中的伊斯兰艺术馆（Museum für Islamische Kunst）和费里德里希斯海因-克罗伊茨贝格地区博物馆（FHXB Friedrichshain-Kreuzberg Museum）。选择两家截然不同的博物馆——一家大型国立博物馆和一家小型地区博物馆——是我们理念的一部分。两家博物馆的不同"规模"对诸多因素产生了影响，例如教育和推广部门在机构内部的等级地位。在大型国立博物馆中存在着强大

---

[1] 林道尔借用斯坦利·阿罗诺维茨（Stanley Aronowitz）和亨利·吉鲁（Henry Giroux）的观点，区分了四种教育，即"霸权式的、包容式的、批判性的和变革性的"。M. A. Lindauer, Critical Museum Pedagogy and Exhibition Development, p. 308.

[2] N. Sternfeld, Kontaktzonen der Geschichtsvermittlung, p. 180 f.

[3] C. Mörsch, Am Kreuzungspunkt von vier Diskursen.

且根深蒂固的等级制度，长期以来阻碍着教育工作者参与展览策划工作；而较小的地区博物馆则根本没有资源供博物馆长期雇用教育工作者。尽管如此，地区博物馆更强烈地将自己视为一个社会组织。

位于柏林的伊斯兰艺术馆隶属于普鲁士文化遗产基金会（Stiftung Preußischer Kulturbesitz），由威廉·冯·博德（Wilhelm von Bode）于1904年建立，其悠久的历史仅次于开罗博物馆。① 就观众数量而言，实际上它是最大的：2013年，近八十万观众参观了博物馆岛（Museum Island）的展览。② 博物馆展出了"从古典晚期到现代穆斯林社会的艺术、文化和考古学"③，尽管在一本出版物的脚注中，馆长斯特凡·韦伯（Stefan Weber）评论说，东亚和中非的穆斯林地区尚不属于他们"研究"的范畴，而且"北非的大部分地区"也只吸引了"极少数德国研究者的兴趣"。④

我曾在其他文章⑤中描述过这座博物馆的历史，它反映了西方对伊斯兰世界许多国家的统治，从而在将世界映射为"西方和其他国家"的过程中发挥了作用。⑥

---

① 关于开罗博物馆的历史，参见 I. R. Abdulfattah, Das Museum of Islamic Art in Kairo；关于柏林的博物馆的历史，参见 S. Weber, Zwischen Spätantike und Moderne. 肖（W. Shaw）提供了一份关于柏林伊斯兰艺术馆的重要资料，即《伊斯兰艺术史中的伊斯兰教》(The Islam in Islamic Art History)；另参 S. L. Marchand, German Orientalism in the Age of Empire；S. Kamel, Coming back from Egypt.
② S. Weber, Zwischen Spätantike und Moderne, p. 356.
③ Ibid., p. 358.
④ Ibid., Fn. 6.
⑤ S. Kamel, Coming back from Egypt.
⑥ S. Hall, The West and the Rest.

这座博物馆创建于德意志帝国与奥斯曼帝国结盟时期：1903年，苏丹阿卜杜勒·哈米德二世（Sultan Abdul Hamid Ⅱ）为了感谢德国修建巴格达铁路，将约旦沙漠宫殿穆萨塔宫（Mshatta）送给了德国皇帝威廉二世（Wilhelm Ⅱ）。这奠定了"伊斯兰收藏"的基础。

2015年，伊斯兰艺术馆设有四个策展人职位，其中三个依然保留着"保管员"（Kustoden）[1]的旧头衔，还有一个是教育和推广领域的职位，直到2015年4月，这一职位的工作人员在博物馆中还没有固定的办公位，而是被安置在柏林国立博物馆的中央观众服务处内。柏林国立博物馆教育和推广部的前身是"博物馆教育学和公共关系部"，1992年由东西方教育服务部合并而来。[2] 如今，博物馆教育工作人员被指定为"教育和推广策展人"，并具有了"研究员"的身份。因此，他们与"保管员"领取同样的薪水。然而，根据我对该展览团队的研究，截至目前，教育人员只参与了展览计划确定后的推进工作，而没有参与前期构思阶段。他们只参与学校课程的定制，而且在有激烈争论的展览文本、导览手册或学习单的编辑工作中，他们充其量只是协助。因此，决策的权力始终属于"保管员"，即伊斯兰艺术史的学者。[3]

2009年，斯特凡·韦伯被任命为馆长，由此博物馆的管理工作被交到了一位艺术史学家（建筑史研究者）手中，他认识到

---

[1] 关于这一区分，参见A. te Heesen, Theorien des Museums zur Einführung, pp. 24-29。

[2] K. Schmidl, Mit Spaß und Freude das Museum entdecken, p. 138。

[3] 这部分内容摘自我对原始资料（V. Enderlein, Islamische Kunst in Berlin）的研究以及与伊斯兰艺术馆前首席策展人延斯·克罗格（Jens Kröger）的对话，他于1985—2007年在该馆工作。

一座展示伊斯兰艺术的博物馆所应承担的巨大社会政治责任。他开始将观众调查和展览评估的结果引入 2019 年新开设的常设展构想中。然而，展览诠释权分配模式的转变并没有反映在组织架构中。博物馆最重要的任务仍然是知识的传播。以观众为中心的新职位还未设立，或者至少，现有职位尚未由接受过专门教育学训练的人员来填补。新常设展的构想只使用了短期的外部资金。① 用馆长的话来说，"重新设计展览的目的是展现伊斯兰艺术和考古的研究现状，以反映这些主题的错综复杂，并向更广泛的观众传播知识"②。

费里德里希斯海因-克罗伊茨贝格地区博物馆［前身是费里德里希斯海因-克罗伊茨贝格地区城市发展与社会历史博物馆（Bezirksmuseum Friedrichshain-Kreuzberg für Stadtentwicklung und Sozialgeschichte）］成立于 1991 年，是由费里德里希斯海因博物馆（Heimatmuseum Friedrichshain）和克罗伊茨贝格博物馆（Kreuzberg Museum）合并而来的。③ 西德的克罗伊茨贝格博物馆成立较早，它成立于 1978 年，当时名为日常历史博物馆（Museum für Alltagsgeschichte），隶属于克罗伊茨贝格艺术部。而东德的费里德里希斯海因博物馆成立于 20 世纪 80 年代末。④ 据馆长马丁·杜斯波尔（Martin Düspohl）称，博物馆

---

① 案例包括该博物馆的泰西封项目，参见 https://www.topoi.org/project/c-3-1/，最后浏览日期：2015 年 8 月 19 日。
② S. Weber, Zwischen Spätantike und Moderne, p. 369.
③ 关于该博物馆的历史，参见 M. Düspohl, Geschichte aushandeln! Partizipative Museumsarbeit im Friedrichshain-Kreuzberg Museum Berlin。
④ 关于该博物馆的历史，参见 M. Düspohl, Geschichte aushandeln! Partizipative Museumsarbeit im Friedrichshain-Kreuzberg Museum Berlin。

成立之初并没有自己的收藏，因此"被迫"从一开始就以参与性的方式征集展品，即呼吁当地居民讲述他们的故事。如今，博物馆的藏品不仅包括照片、文件和档案，还包括费里德里希斯海因和克罗伊茨贝格地区居民的日常用品，以及一个仍在不断扩充的音频档案库，其中收集了来自该地区居民的声音。该博物馆明确致力于费里德里希斯海因-克罗伊茨贝格地区继续教育和文化部（Ministry for Further Education and Culture）所提出的模式，这一模式是于2011年在"品质！—合作！—启动！"（Qualify! - Cooperate! -Initiate!）的口号下制定的：

> 社区教育和文化工作创造了丰富的"主动参与"社会生活的机会，保障了低门槛的教育和文化，促进了终身学习。无论是通过教育计划的拨款，还是借助自身的文化生产力，我们都为参与、利用和增加相关资源提供了机会。……作为继续教育和文化部的成员，我们自视为集体参与处理重要社会议题的平台。①

相比收取12欧元门票的伊斯兰艺术馆，参观费里德里希斯海因-克罗伊茨贝格地区博物馆是免费的。馆长马丁·杜斯波尔有着成人教育的背景，他的两名同事乌尔丽克·特雷齐亚克（Ulrike Treziak）和艾伦·罗纳（Ellen Röhner）则分别是历史学家和设计师，换言之，该团队组成了通常所说的展览工作的

---

① 参见 http://www.fhxb-museum.de/fileadmin/user_upload/dokumente/LeitbildWBiKu.pdf，最后浏览日期：2015年6月5日。

"魔法三角"——策展人、博物馆教育工作者和设计师。①

研究及展览项目的开发

我们的研究和展览项目分两步进行。在实地考察的过程中，我们首先走访了 14 个国家的 30 多座博物馆②，采访"策展与教育部门"的代表并分析其展览：展出了什么内容？采用了哪些策略来展现对展品和主题的不同视角？如何组织展览的工作流程？最后，我们还探讨了参观者和非参观者在展览策划中所起的作用。③

考虑到本书的重点以及重新定位教育和推广工作的主题，我想要强调我们在国际研究之旅中收获到的以下观察：博物馆教育在德国仍时常被轻蔑地称为"博物馆教学"（Museumspädagogik）④，而在英国、美国、加拿大等盎格鲁-撒克逊国家，则已多元化和专业化到形成了一系列学科领域，分为"诠释""可及性""多元与社会包容"以及"社区推广"等类别。我们所见到的那些面向更广泛观众的展览，其博物馆的组织架构都将教育部门放在了展览项目中最重要的位置，甚至先于"学术策展人"和"设计师"等职位。此外，批判性和自我反思性展览的稀缺也值得注意。这类展览只出现在由个体艺术家发起的参与性艺术项目中，而并没

---

① H. Kirchhoff/M. Schmidt，Das magische Dreieck.
② 目的地包括埃及、丹麦、英国、法国、加拿大、卡塔尔、以色列、意大利、荷兰、瑞典、土耳其、美国和阿联酋。
③ 该研究项目的成果细节已另文发表，参见 C. Gerbich, Partizipieren und evaluieren; S. Kamel/C. Gerbich, Experimentierfeld Museum。
④ 该词通常仅指代学校工作。

有艺术教育工作者的参与。①

在核心内容呈现和展览可及性方面,一个亮点项目是格拉斯哥的凯文哥罗维艺术博物馆(Kelvingrove Museum and Art Gallery),该馆以其包容性而闻名。② 该机构以一系列教育活动回应社会的多元化——从白立方内的作品到多视角的媒体支持,再到形成一个接纳不同个体的展览空间,而博物馆所做的仅仅是提出设计建议。③ 在我们参观过的博物馆中,我们认为凯文哥罗维艺术博物馆是唯一一家始终贯彻执行"观众导向"的博物馆。"教育策展人"与"学术策展人"拥有着相同的资源,如工作人员人数和薪金待遇,而这是实现目标的一个重要细节。我们相信,革新博物馆组织架构是重要的第一步,但在许多讨论中却被忽略了,根据我们的观察,忽略的根源是"革新"提出放弃旧特权,并要求建立新的等级。④

为此,我们在研究中提出了"可及范围"(in-reach)的概念,用来描述博物馆团队内部与博物馆团队之间合作的工作。⑤ 我们有意识地将这个术语与"推广"(outreach)一词相对应,后者代

---

① 这里请参考 2010 年在格拉斯哥的现代艺术画廊中展出的"多层故事"(Multi-Story)项目(参见 http://www.multi-story.org/home.php,最后浏览日期:2015 年 9 月 7 日),或自 2006 年起在伦敦泰特美术馆展出的"一起南诺"(Nahnou Together)项目(参见 http://www.tate.org.uk/whats-on/tate-britain/exhibition/nahnou-together,最后浏览日期:2015 年 9 月 7 日)。
② J.-P. Sumner, Kelvingrove Art Gallery and Museum.
③ 尼娜·西蒙称这种方法为"接纳"。参见 N. Simon, The Participatory Museum, p. 190 f; J.-P. Sumner, Kelvingrove Art Gallery and Museum, p. 147 f。
④ 这里卡门·莫尔施所指的是斯皮瓦克的"反学习特权"概念(C. Mörsch, Über Zugang Hinaus, p. 108)。另参 G. Spivak/D. Landry, The Spivak Reader。
⑤ 关于"可及范围"的概念,参见 http://zonereflection.blogspot.de/2010/03/isit-time-to-talk-about-inreach.html,最后浏览日期:2015 年 6 月 6 日。

表了博物馆在外部工作中的缺失。根据这一概念，博物馆通过"开放"吸引新观众前来是无须进行组织架构上的改变的，也不必审视或改变现有的权力关系。我们的论文在该项目的背景下进一步证实，博物馆结构的转变并不能保证展览的核心内容或教育的核心形式的转变。我们的核心问题是这一现象是如何形成的，在项目的第二阶段进行了实验。

"新可及之处"——在玻璃橱窗的前面、里面或后面？

根据对博物馆展览策划现状的调查，我们进行了五个实验。这里我们将以"新可及之处"（NeuZugänge）展和"萨马拉"（Samarra）展中所运用的媒体平台的开发为案例。

展览项目"新可及之处"① 的主题是"移民社会"中的收藏。我们的出发点是观察到社会多样性既没有反映在柏林博物馆的藏品或展览中，也没有表现在观众群体或博物馆工作人员身上。我们受到由英国博物馆、图书馆和档案委员会（Museum，Library and Archive Council）提出的"重温馆藏"（revisiting collections）② 概念的启发，它使博物馆在外部合作伙伴的帮助下，用新的方式重审自己的收藏。外部合作伙伴包括先前很少或没能得到关注的、被认为偏离社会主流的群体，

---

① 参见 L. Bluche et al., NeuZugänge。该项目是与弗兰克·米耶拉（Frauke Miera）、克里斯汀·格尔比奇（Christine Gerbich）和苏珊娜·兰伟德（Susanne Lanwerd）合作开发的。
② 参见 http://www.collectionstrust.org.uk/item/13524-revisiting-collections，最后浏览日期：2015 年 6 月 12 日。

例如，同性恋者①、残障人士或有移民背景的人。

我们与四家不同博物馆合作，其中包括两座伙伴博物馆——历史悠久的柏林城市博物馆（Stadtmuseum Berlin）和柏林德意志制造联盟档案馆/博物馆（Werkbundarchiv-Museum der Dinge），调查了移民史是否也构成博物馆收藏史的一部分，并询问了博物馆工作人员，观众和工作人员在多大程度上反映了社会的多样性。

在第一阶段，博物馆工作人员从他们的藏品中挑选了两件讲述移民或文化多样性故事的物品。事实证明，即使是第一步也充满了挑战，因为"移民史"的概念从一开始就遭到了质疑。② 它指的是拥有移民背景的人的所有物吗？这些物品本身是否应该被表述成我们所说的"相连的"或"纠缠的历史"③，用以讲述移民带来的持续交流形式？或者它仅仅是指那些从其原产国（例如奥斯曼帝国、叙利亚或法国）被带入德国（更具体地说，进入德国博物馆收藏）的物品？

我们把这些问题的答案留给了策展人，并在展览中引用了相关的讨论过程。

在第二阶段，我们将物品置于焦点小组中进行讨论。焦点小组的成员在年龄、性别、社会背景、性取向、生理健全、宗教和

---

① 2015年6月24日，德国历史博物馆首次开设了题为"同性恋"的展览，这也许暗示着德国历史编纂学和展示领域的重要机构对历史进行重新解读的成果。

② 关于迁移在当地话语中意味着什么的讨论，请参阅 P. Mecheril, Einführung in die Migrationspädagogik. 关于"移民他人"的概念，作者指的是"拥有移民背景的人"这一概念的特点，而这受权力关系的支配。

③ Siehe A. Appadurai, The Social Life of Things; B. Junod et al., Islamic Art and the Museum.

图34 "新可及之处"展览内部。四家博物馆分别在四个展厅中各自呈现

教育水平方面尽可能多样化。① 在展览中，呈现了由焦点小组成员和博物馆官方所撰写的不同物品的说明牌，以表达双方不同的观点。在第三阶段，我们邀请了与原籍国仍有家族关系的柏林居民，使用对他们具有特殊意义的物品来补充四家博物馆的藏品。选择标准被记录在访谈视频中。八件私人出借的物品与八件由博物馆挑选的藏品一道在展览中展出。②

"新可及之处"展已被德国博物馆协会（German Museums Association）列为示范项目，截至2015年初，已于德国的四座博物馆试行。③ 这个项目的讨论仅限于移民史，而我认为还应涉

---

① H. Lutz, Framing Intersectionality.
② 展览中展出的展品目录可见 L. Bluche et al., NeuZugänge。
③ 参见 http://www.vielfalt-im-museum.de/sammlungen/，最后浏览日期：2015年7月4日。

及文化多样性与社会包容性,这是目前项目资助的优先次序导致的结果——资助者眼下似乎注意到了"移民"问题。① 尽管如此,我们的项目还是能够利用这些关注,对各博物馆产生影响,并鼓励对文化多样性和社会包容性的讨论。至于观众和博物馆工作人员的多样性,我们的项目也明显发现了博物馆是由受过教育的精英所主导的,而这些精英在很大程度上是其他社会群体所无法企及的。② 我们仍然希望员工能够长期保持对于"新可及之处"项目提出的、移民和文化多样性主题的认识。不过,与此同时,我们也担心,一旦"移民"不再与筹资机会相关,博物馆对于"移民"主题的关注就会下降。如果我们从实现性别平等的漫长过程出发,得出对文化多样性的认识,那么不得不说,博物馆与其说是先行者,不如说是现状的写照。

萨马拉——"凡见者必喜乐"

作为第二个实验,我们想描述一个媒体平台的发展。"萨马拉-世界中心:底格里斯河考古研究 101 年"(Samarra-Zentrum der Welt. 101 Jahre archäologische Forschung am Tigris)展以阿拔斯王朝时期建立的首座大型城市萨马拉为主题,阿拔斯王朝是

---

① 参见 http://www.ifa.de/fileadmin/pdf/edition/kunstvermittlung_mi grationsgesellschaft.pdf 或批判性文化实践者联盟"小心陷阱"(Mind the Trap)的宣言,https://mindthetrapberlin.wordpress.com/或 http://vernetzt-euch.org/,最后浏览日期:2015年9月4日。

② P. Bourdieu/A. Darbel, Die Liebe zur Kunst. 尽管初始文本可以追溯到 20 世纪 60 年代,布尔迪厄和达贝尔进行的调查也已有五十多年的历史,但在我看来,这些发现比以往任何时候都更有意义。另参 R. Sandell/E. Nightingale, Museen, Gleichberechtigung und soziale Gerechtigkeit, p. 97。

阿拉伯帝国的第二个王朝，统治期横贯8世纪到13世纪，并且经常被视为伊斯兰文化的"黄金时代"。萨马拉（阿拉伯语，来自"sura man ra'a"，意同"凡见者必喜乐"）是今伊拉克的一座城市，位于底格里斯河畔的巴格达以北约90千米处。在19世纪的45年时间里，萨马拉一直是哈里发（伊斯兰教中"真主"的继任者）的居住地。它对于伊斯兰建筑和艺术史具有特殊的意义。1911—1913年间对伊斯兰艺术的第一次系统性发掘就是在那里进行的。展品包括绘画、陶瓷、玻璃、金属制品、灰泥墙面表层以及墓葬照片。这些展品之前在博物馆展出时，几乎从未被置于伊斯兰的语境中。一个典型例子是对最重要的展品之一——宫殿正面的灰泥浮雕的描述：

> 伊拉克（萨马拉），9世纪中期，灰泥，斜面切割技术，1.30 m×2.25 m，藏品编号Ⅱ3467。

作为一家国立机构，我们在佩加蒙博物馆伊斯兰艺术馆的策展活动不仅是为了开创多样化的访问途径，而且旨在创造以后殖民批判为基础的新内容，即一种批判的考古学。① 后殖民主义的、反对东方主义的方法强调了伊斯兰美学和艺术之间的关系，而这遭到了大多数员工的反对，因为他们认为这些展品的意义不在艺术史的范畴之中。② 博物馆学理论文献中所说的博物馆观众

---

① 参见http://www.kritischearchaeologie.de/，最后浏览日期：2015年7月4日。
② "新可及之处"项目的管理员吉塞拉·赫尔墨客（Gisela Helmecke）在项目结束后总结道："我们并没有真的通过它（即通过焦点小组——S. K.）获得关于这两件展品的新知识。"（G. Helmecke, Weitgereiste Objekte im Museum für Islamische Kunst, p. 67）

体验的"通用学习成果"① 在此并没有得到反映。我们希望与各行各业的柏林当地人一起，通过参与建立一个媒体平台，从而开辟一系列关于历史的新视角。

尼娜·西蒙（Nina Simon）的模型将参与式工作分为贡献、协作、共创和招待四种形式，萨马拉项目属于"贡献"型，因为博物馆保有全部解释的权威（或者更准确地说，我们作为博物馆的合作伙伴，焦点小组的参与者也拥有独家的说明权）。② 首先，项目资助者和外部评估人员建议我们"与穆斯林合作"，即将他们作为"一个社区"融入进来。③ 这给我们带来了各种各样的问题：谁能为伊斯兰教发声？我们又该和来自哪个社区的谁对话？谁仍然被排除在外？很快，我们就清楚地认识到不能简单地遵循这一建议，而不回看我们对穆斯林刻板印象的本质，我们应该将

---

① "通用学习成果"是一种将知识获取（知识和理解）描述为唯一成果的博物馆体验，与"技能、态度和价值观、享受、创造力和灵感、活动行为和进步"并列（参见http://www.inspiringlearningforall.gov.uk/toolstemplates/genericlearning/，最后浏览日期：2015年7月4日）。

② N. Simon, The Participatory Museum.

③ "社区"的概念并非毫无争议，尤其是在博物馆理论文献中，它通常被定义为"来源社区"。关于"来源社区"，皮尔斯（L. Peers）和布朗（A. K. Brown）写道："术语'来源社区'（有时也称为'起源社区'）既指过去收集文物时面对的群体，也指他们今天的后代。"（Museums and Source Communities, p. 520）作者认为，这个概念以前是指美洲和太平洋地区的本地人。然而更近一些的时候，"来源社区"或"原籍社区"也指代住在博物馆附近且其祖先来自藏品"原籍国"的人。2012年，我本人认为该概念不可行，因为它始终包含文化的本质化（参见 S. Kamel, Gedanken zur Langstrumpfizierung, p. 75, Fn. 12），2012年在克罗伊茨贝格博物馆开展的"安纳托利亚王国"（Königreich Anatolien）项目中，我们与在遗产方面拥有诸多相似性的人们一同筹备展览，这一过程使我更加确定了上述解释（另参 S. Kamel, Reisen und Experimentieren, pp. 419-423）。

穆斯林作为目标受众,而不是批评性地动摇这些建议。① 最终我们采用了一种备选方法,我的同事克里斯汀·格尔比奇(Christine Gerbich)创建了"博物馆沙龙"(Museum Divan),作为展览策划的配套小组。② 考虑到地区性和社区特点,该沙龙聚集了一群多元的观众、对博物馆感兴趣的非观众和柏林相关学术界人士。当然,它的成员也包括穆斯林,无论他们是否虔诚。博物馆沙龙成员帮助我们重新解读博物馆藏品,并测试了媒体平台。因此,我们为"萨马拉"展创作了七部视频,从不同角度展示作为首都的萨马拉——从文化、艺术史角度或历史等学科的角度,从当代伊拉克的角度,从一个来自柏林的德意志-伊拉克家庭的角度,从一位伊拉克流亡作家和一位绘制历史名城萨马拉的书籍插图的插画师的角度。展览期间,每部视频轮流放映三分钟,观众也可以通过博物馆的网站观看这些视频。③

总之,关于伊斯兰艺术馆的项目,可以说我们成功地为展览带来了新的内容和形式(如当代伊拉克看待萨马拉的视角、柏林的伊拉克-德意志家庭的视角)。然而,诸如佩加蒙博物馆的历史及其帝国主义内容,以及将伊斯兰艺术构建为民族叙事工具等批判性内容并没有进入媒体平台,因此也没有进入展览。

此外,我们还希望了解例如儿童或残障人士如何在 9 世纪的萨马拉生活等主题,它们无疑被学术研究调查过,然而却不会被

---

① 利耶姆·斯皮尔豪斯(Riem Spielhaus)在她的书《谁是这里的穆斯林?》(*Wer ist hier Muslim?*)中考察了定义的多样性,以及德国穆斯林的民族自决和他律性的转变。
② C. Gerbich, Partizipieren und evaluieren.
③ 参见 http://www.smb.museum/museen-und-einrichtungen/museum-fuer-islamischekunst/forschung/samarra-und-die-kunst-der-abbasiden.html,最后浏览日期:2015 年 8 月 19 日。

图 35　作为"萨马拉"展中元素之一的"媒体平台"

视为杰作历史的一部分,为博物馆策展人所认可和推崇,或者尚未被视为与伊斯兰艺术史相关的研究主题,因此陷于沉默(无论有意还是无意)。

小结

与博物馆岛上的其他大型国家博物馆相比,是什么使得费里德里希斯海因-克罗伊茨贝格地区博物馆成为"新可及之处"展等具有制度批判性展览的场所,又是什么阻碍了我们在伊斯兰艺术馆的"萨马拉"展的工作?

为了理解我们在本文中概述的两个项目,一个关键因素是"新可及之处"展的实施和展示方式只会发生在费里德里希斯海因-克罗伊茨贝格地区博物馆,我们可以认为它是克罗伊茨贝格博物馆的传统，被捧上神坛的专家、备受重视的知识以及与名著相关的概念则会遭到质疑。伊斯兰艺术馆仍然更加看重"展示的姿态"①，而不是追求"代表而非代理"的后表征性策展形式。②"萨马拉"展览必然会吸引具备先进知识、通晓历史的艺术鉴赏家，然而，批判性和自省的参观形式却被消除，或者说被中和了。

我认为，正如尼古拉·劳尔·阿尔-萨穆莱（Nicola Lauré al-Samurai）所描述的那样，特别是费里德里希斯海因-克罗伊茨贝格地区博物馆，由于其社会意义和工作人员，有望成为一个（积极意义上的）"小众"博物馆。它具有避开霸权主义叙事的能力："对我来说，这些地方是与历史建立联系的实际接触地带……更重要的是有机会了解生存和抵抗。"③

然而，伊斯兰艺术馆作为一个政府机构和研究伊斯兰艺术的学术权威立于中心位置（被政治所关注），这意味着它只能在一个非常狭窄的框架内独立运作。此外，伊斯兰美学很少被"自我反省意识"渗透。正如温迪·肖（Wendy Shaw）所展示的，策展人作为"学术策展人"的教育来自对博物馆传统学术的理解和观念。④ 最后，作为保留普鲁士文化遗产的国家博物馆机构，它仍然坚定地致力于构建国家认同，这意味着结构性变化和体制改革可能难以实现。

---

① R. Muttenthaler/R. Wonisch, Gesten des Zeigens.
② N. Sternfeld, Postrepräsentatives Kuratieren, p. 181.
③ B. Kazeem et al., Das Unbehagen im Museum, p. 173.
④ W. Shaw, The Islam in Islamic Art History.

图 36　佩加蒙博物馆

图 37　位于柏林克罗伊茨贝格区的费里德里希斯海因-克罗伊茨贝格地区博物馆以其参与性工作而闻名

图 38 柏林伊斯兰艺术馆的入口

图 39 在视频采访中,柏林居民谈论他们的物品

参与式的城市博物馆

简·肖格　索尼娅·泰尔

法兰克福历史博物馆（Historisches Museum Frankfurt，简称 HMF）在其 150 年的历史中经历了一次又一次的改头换面：从一座城市的普世性博物馆（1861）到"帝国自由城市"（Free Imperial City）的纪念地（1878），从与新法兰克福抗争的老城区博物馆（1924），到虚拟的"纳粹故土博物馆"（1938），从区域应用美术博物馆（1954），到 1972 年最终成为"为了民主社会"的（历史）博物馆。①

如今，由一项重大的建设项目引发的另一场变革正在悄然发生。2008—2012 年间，不仅美茵河岸边的博物馆历史建筑，包括萨尔霍芬城堡（Saalhof，建于 12 世纪至 19 世纪间）都进行了全面而细致的翻修，而且标志性的裸露混凝土建筑于 1972 年遭到了拆除。博物馆新馆的初步建设工作已经完工，并于 2017 年开放。HMF 的新定位面向过去和未来：它渴望再次成为一座城市（法兰克福）的普世性博物馆，正如 1861 年成立时那样，专

---

① 参见 Historisches Museum Frankfurt, Die Zukunft beginnt in der Vergangenheit。

注于这座城市的过去、现在和未来。① 它也意图以一种新的方式将城市社区融入博物馆工作，并且反过来使其自身成为面向城市及市民开放的多元视角的博物馆。②

随之而来的是博物馆关注重点的转变：1972 年，博物馆的概念框架围绕当时新兴的"批判社会史"（critical social history）展开。HMF 成为德意志联邦共和国的第一家历史博物馆（与文化史、艺术史或风格史等博物馆相对），同时，在德国国会大厦陈列了永久性展览"向德国历史发问"（Fragen an die deutsche Geschichte，1971 年）。"民主社会博物馆"（Museum für die demokratische Gesellschaft）是对 1968 年颁布的紧急状态法限制公民基本权利的回应，"全民文化"（Kultur für alle）是对"教育危机"的回应，"学习场所或缪斯神庙"（Lernort contra Musentempel）是对受过良好教育的中产阶级"统治"的回应：这些都是 1972 年博物馆的核心观念。③ 1972 年，HMF 是德国第一批将教育和推广使命提升为衡量其业绩的重要标准，并以此为出发点设计展览的博物馆之一。④

虽然截至 2015 年，上述很多概念尚未实现，但它们仍然具有重要意义。然而，目前博物馆的项目并没有将关注点放在教育、推广或是历史的主题上，相反，更侧重于参与性和城市主题。这一调整的缘由是 21 世纪初对法兰克福城市人口的统计分

---

① 参见 J. Steen, Das Historische Museum Frankfurt am Main。
② 参见 J. Gerchow et al., Nicht von gestern。
③ E. Spickernagel/B. Walbe, Das Museum.
④ 参见 J. Gerchow, Stadt- und regionalhistorische Museen; Historisches Museum Frankfurt。

析。2014年,该市48%的居民拥有"移民背景"。① 这一趋势正在迅速增长:2010年,这一数字仅为42%,其中超过50%的人在2014年尚未获得德国国籍。法兰克福居民没有统一的民族情感、宗教信仰或共同语言,也没有共同的历史或文化遗产意识,他们唯一共同点是都生活在法兰克福,分享和"使用"着这座城市。出于这个原因,博物馆现在倾向于将其工作重点放在城市(法兰克福)上,不仅关注它的历史,还要考虑它的现在和未来。博物馆的目标是成为与这座城市(包括整个法兰克福的莱茵-美茵大都会地区)的所有居民"相关的地方":一个促进对法兰克福城市议题进行讨论的地方。未来,博物馆的项目将更多地关注法兰克福与"城市"一词的概念本身。鉴于法兰克福的"世界性"[社会学家萨斯基亚·萨森(Saskia Sassen)曾将其描述为德国唯一的"全球性城市"(1996)],博物馆并没有因为专注于这座城市而限制自己,反而能够在城市历史、文化和城镇规划等领域建立国内、欧洲和全球主题之间的联系。随着从历史的"专门兴趣"到城市的"普遍兴趣"的转变,博物馆希望触及和联系到21世纪的法兰克福大都会地区的居民。法兰克福是德国文化最为多元的城市。从博物馆的角度看,这对现有的文化机构来说是当下和不久的将来所面临的最大挑战,而聚焦共享的、社群丰富的城市,正是博物馆面对这一挑战的回应。

博物馆的另一回应是开始采用新的工作方法和视角。随着互

---

① 根据2005年的微观人口统计,联邦移民局将具有移民背景的人定义为"所有自1949年以来移居德意志联邦共和国领土的人,以及在德国出生的所有外国人和在德国出生的德国人,其父母中至少有一位在1949年后移居德国或以外国人身份出生在德国"(德国联邦统计局)。

联网,特别是互联网2.0(web 2.0)的出现,20、21世纪之交产生了一种新的知识文化。知识不再仅仅由学术机构或政府授权的机构(如大学、档案馆和博物馆),又或者由记者及其组织(报纸、广播和新闻机构)提供。相反,越来越多的外行人成功地在互联网上生产并传播知识。这通常以参与性项目(维基百科、博客等)的形式发生。HMF从城市的微观层面(相对于国家、欧洲或世界的宏观层面)以及城市主题(地形学和建筑、传记、事件/历史、经验/故事)上看到了巨大的潜力。城市里有许多"专家"乐于分享他们的知识,他们的知识对于博物馆的核心——藏品有着切实的价值。与此同时,通过整合这种形式的知识,博物馆得以在21世纪对其受众(主要是当地居民)保持吸引力。在博物馆重新定位的过程中,HMF旨在成为一座重视观众知识,并允许"用户"设计生产内容的博物馆。根据尼娜·西蒙的理论,我们可以将博物馆参与形式分为贡献、协作、共创和招待。① 用博物馆的专业术语来说,它们可以表现为提供藏品、为藏品和展览记录提供协作或联合举办活动和联合策划展览。博物馆与参与者合作时不应站在学术或权威的立场上,而是居于平等地位,这意味着需要在双方协商的条件下,把参与者的知识融入博物馆工作的各个步骤。博物馆为方便社会参与提供了几条通道。其中一条主要通道是博物馆的全新门户网站,它不仅对博物馆的整个项目进行了说明,而且为"来自外部的专家"提供了访问入口——无论是博物馆的藏品还是博物馆正在进行的研究项目。博物馆认为,与法兰克福市的"专家们"共同策展是

---

① N. Simon, The Participatory Museum.

一个特殊的挑战。为了实现这种共同创作的模式，博物馆的新馆将顶层一个极具吸引力的空间划为新展厅。该空间位于常设的"法兰克福模型"（Frankfurt-Modell）和"世代图书馆"（Bibliothek der Generationen）之间，拥有参与式通道，是一个约 500 平方米的多功能展览空间，有 80 个可以眺望城市景色的窗户。从 2017 年开始，博物馆每年在此展出两个不同形式的参与式博物馆项目。

然而，博物馆并不希望在未经"试验"的情况下推行这样的新形式。出于这个原因，自 2011 年以来，博物馆一直在市内的不同地点与来自社区不同部门的伙伴轮流试验"移动城市实验室"（Mobile City Lab）项目。

"移动城市实验室"的策展和教育模式

受益于 2011 年起的五场"城市实验室"展览，我们在 2010/2011 年提出并归纳的概念性想法才得以通过"实验室"的形式实施，"实验室"允许试错和改进，从而使我们距离参与式博物馆的实现更近了一步。①

迄今为止，我们采用的全部是馆外展出的方法，"城市实验室"大多位于城市中的非博物馆场地。每一场展览都是法兰克福市民与 HMF 历时一年合作策展②的成果。出于这一目的，整个区域［如奥斯坦德（Ostend）、金海姆（Ginnheim）、加鲁斯

---

① 参见 J. Gerchow et al., Nicht von gestern。
② 合作策展的概念指的是在展览上进行合作并应用了尼娜·西蒙（2010）概括的不同参与形式的展览组合。

(Gallus)]或特定场所［如斯坦巴德（Stadionbad）室外游泳池或城墙公园（Wallanlagen）]都被选为研究和展览的场地。① 选址的建议往往来自当地城市居民，因为所在区域或场所的展览需要与当地的社会政治或历史教育相关，又或者是因为该地曾举办过类似的展览。在正式展出之前，有一个邀请公众参与的开放性探索过程，概念、程序、过程和设计都是公众和博物馆共同决定的。② 在这一过程中，博物馆将自己定位为公众的陪伴者，负责统筹展览，整合专业知识。③

这些项目的参与者和共同策展人（通常人数约为100人）都是城市居民，他们希望塑造自己的社区，揭露当地历史和生活中不为人知的方面，或者让他们的关注点为更多人所知。对于博物馆来说，转向参与式工作的决定是复杂的：首先，基本理念是法兰克福人民可以塑造并共同设计他们的城市博物馆。根据参与式博物馆工作的方法论，博物馆走近城市的当代议题：通过收集和展示（通常是无形的）城市文化，HMF旨在确立更多元化的定位，增强其在城市中的关注度，并且形成一个可以长期融入博物馆工作的社区。在这一新策略的背景下，HMF主动转向博物馆学话语，将自身定位为"接触地带"④；根据"新博物馆学"⑤ 的概念，建立博物馆与城市社区之间的互惠关系；其重点是发展出

---

① 除项目博客外，每场展览都包含一份纸质的详细展览记录，其中描述了展览概念、个人的贡献和过程。参见 Historisches Museum Frankfurt（ed.），2011；2012；2013；2014。博客可在线访问，参见 http://blog.historisches-museum-frankfurt.de/，最后浏览日期：2016年4月13日。
② 参见 O. Bäß/A. Canzler, Der Prozess der partizipativen Gestaltung。
③ 参见 W. Hijnen, The New Professional Underdog or Expert?, p. 16 f。
④ 参见 J. Clifford, Routes。
⑤ 参见 S. Macdonald, Museen erforschen。

一个开放的社区①,并讨论参与在文化历史博物馆中的可能性及其影响。② 基于对2014年第四场"城市实验室"——"建设中的公园：城墙公园的移动城市实验室"(Park in Progress：Stadtlabor unterwegs in den Wallanlagen)的分析,并结合以往项目中的案例,我们可能看到藏品被采取特殊的形式用于展览,而这些展览被置于无形的交际网络知识的背景下,被放在"社区建设"的层面上,还可能作为"社会包容"的元素之一。③

案例研究："建设中的公园"展

通过"建设中的公园"展,"城市实验室"在一个公共空间内举办了一场展览：法兰克福城墙公园是在原城墙遗址上修建的一条5.2千米长的绿化带。它的特色是呈"之"字形交叉,延伸到法兰克福市中心的七个区域,连接了多条街道。最具争议性的问题围绕着20世纪70年代的《城墙意义声明》(Wallservitut),该规则约束并限制了公园用地的开发。由于地处市中心的边缘,城墙公园如今被用作住宅和集散区域。法兰克福的文化史透过诸如纪念碑或其他形式反映在公园的方方面面。第四场"城市实验室"展的灵感主要来自一位市民,他希望就目前公园的管理和维护展开一场公开辩论。此外,大约一百位参与者给出了不同的叙述：关于重要历史建筑不为人知的故事〔如法兰克福水屋（Frankfurter Wasserhäuschen）及其经营者、罗斯柴尔德宫殿（Rothschild

---

① 参见 L. Meijer van Mensch, Von Zielgruppen zu Communities。
② 参见 J. Gerchow et al., Nicht von gestern。
③ 参见 R. Sandell, Museums as Agents of Social Inclusion。

Palais）的犹太博物馆或摩尔小屋（Maurisches Haus）的新摩尔式建筑］加深了人们对公园的历史发展与重要性的认识。通过回忆这座城市里被遗忘的事物，原本无形的东西重新变得可见，正如一般关于消失或重新安置的纪念碑的叙述是对法兰克福不断变化的历史见证；其他叙述则将公园呈现为讨论和辩论城市新旧"边界"的公共空间，这些"边界"出现在曾经的防御工程周围。其中60人的想法被活动组织者标黄，做成了一个步行路线，大胆的颜色是为了让人们联想到警戒线。每个点位上都布置了视线引导标志，将观众导向下一站。

我们将通过参与式方法论展示出来的特定知识称为"专家知识"，从而建立了博物馆与市民之间的"共享知识"的概念。

这两种知识包括了关于城市运作模式的结构性知识：关于市民或街区的历史知识、非物质传统，对城市发展的意见和态度、批评或愿景，还有关于"城市内在逻辑"的经验知识。[1] 它可以指代对城市居民日常行为的描述，以及由此而产生的具有特定含义的身份构建的组织网络。"城市实验室"展所收集的知识是一种非物质文化的形式，它代表了一个短暂而复杂的研究对象。参与"城市实验室"的社区成员涵盖从专业建筑师、当地历史学家，到学校的班级、协会、艺术家、政治活动家和少数群体等各类人群。因此，"专家知识"这一术语蕴含着不同性质参与所带来的不同结果。所有"城市实验室"展都针对这些方面进行了具体的调查分析，并展示不同的发现和意见。然而，这些调查并不一定是完全一致的，而是反映了参与者的差异。

---

[1] M. Löw, Eigenlogische Strukturen.

"专家知识"交流和社区建设

为了传播这些知识，除了展览之外，每场"城市实验室"展还实施了一个总体规划。城墙公园展的教育和推广项目就结合了路线图、一个提供语音导览的智能手机 app 和一个覆盖整个公园的游戏。①

此外，博物馆只承担了一部分的教育和推广工作，在很大程度上，是参与者自己主动与观众讨论他们的研究和立场。对于这样一个多视角的展览，运用和传播知识的过程尤为重要。在理想的情况下，参与者对博物馆的认同度很高，这构成了可持续社区建设的一个重要前提。参与性项目的倍数效应会使参与者通过他们的社交网络带来新的观众，而社交网络通常也正是他们第一次接触到城市博物馆的理念和工作的途径。强化博物馆与社会之间的关系是社会包容理念的一部分。它可以应用于三个层面：访问、参与和呈现。② 理查德·桑德尔指出，博物馆工作的社会包容性可以在不同层面上发挥作用——无论是在个人层面上提升自信和创造力，还是在社区层面上鼓励人们相信他们有能力评估并塑造这座城市。他还定义了呈现的层面，凭借城市的多元视角，以一种积极、可取的方式，重申对不同观点和生活方式的理解。③ 在"城

---

① 城墙公园展的智能手机 app 在展览结束后也可以访问（适用于 Android 4.1 和 iOS 5.1），参见 http://one.delius books.de/alias/wallanlagen-app，最后浏览日期：2016 年 4 月 13 日。
② 参见 L. Meijer van Mensch, Stadtmuseen and "Social Inclusion", p. 83。
③ 参见 R. Sandell, Social Inclusion: The Museum and the Dynamics of Sectoral Change, p. 45。

市实验室"展的许多子项目中,都在呈现的层面上体现了对社会弱势群体的关注,例如,这体现在与弱势青年中心、戒毒机构、收容所或帕金森自救小组的合作中。(在博物馆和参与者之间建立关系的)可持续性社区建设形式便从中诞生。

这一点可以在具体的案例中得到体现。譬如,一位明信片收藏家在五场"城市实验室"展中都展示了他的法兰克福藏品;一位来自国家移民协会的女性(2013年)分享了对于金海姆地区移民生活的看法,参与了后续项目,并且加入了"世代图书馆"的长期项目。这个为期一年的项目是市民与博物馆,以及参与者之间建立友好关系的过程。

然而,"社区建设"不仅指城市社会与博物馆之间的关系,也指参与者之间的交流。"城市实验室"变成了一个会面场所,例如,一位艺术家和一位戒毒救助小组的负责人可以在这里初次碰面,并敲定一个共同项目。案例"雕刻废品雕塑"(SkulpturMüllSkulptur)项目参照约瑟夫·博伊斯(Joseph Beuys)的作品,通过堆叠收集的垃圾,组成一座不断增长的雕塑,于是公园附近的戒毒救助小组的日常工作进入人们的视线。允许持相反意见的参与者出席讨论会有助于将博物馆打造成一个"接触地带"。

金海姆的展览(2013年)阐明了"城市实验室"是如何形成某种力量去支配城市的公共空间的。这个案例通过一个小型城市园艺项目,提高了人们对教堂广场(它是曾经村庄的中心,如今是城市的一个郊区)尚未得到充分的社会利用的认知。这样,自发组织起来的临时社区花园成功地勾勒出了一幅未来的愿景,并创造出了一个可以讨论该地区未来的空间。该项目的发起者之一——扬·雅各布·霍夫曼（Jan Jacob Hofmann）用下面的话总结了他最重要的收获："我开始明白城市是属于我的空间，它不必保持原样。"①

博物馆作为社区建设、包容和政治化的场所

综上所述，在2011—2015年"移动城市实验室"展的背景下，参与的各项功能得到清晰的凸显。其社会功能被定义为"社区建设"，与博物馆长期的"观众发展"相关联。这一新增的功能试图不断提出以下问题：博物馆是面向谁的展示场所？博物馆应该如何反映城市社会？当城市博物馆提供关于这座城市的多种叙述，并开放市民参与讨论时，它更接近于众人期待的博物馆。多视角叙事的不断汇集形成了千变万化且持续改变的城市形象。因此，展览成了法兰克福生活的一个重要方面。最后，"城市实验室"还具有政治功能：从文化层面来说，政治意识始终积极地参与其中，它借此开启了围绕公民角色及对其所属地区政府机构意识的讨论。

迄今为止，已经开展的五场"城市实验室"展都鼓励将这种形式带入博物馆空间，并且从2017年开始继续"走出博物馆"。

与此同时，这也带来了许多未来将困扰博物馆的问题，包括可行性问题，因为参与性工作的人员成本很高，还有博物馆学和理论方面的问题。我们还需要重新思考博物馆策展人的新角

---

① 引自2014年10月29日城墙公园"城市实验室辩论"中对汉诺·劳特贝格（Hanno Rauterberg）的口头陈述。

色——博物馆偏离了它所宣传的科学方法和策展/创作责任,并允许通过合作策展做出重要决定。此外,对于新形式、在其他领域的应用、精准的行动方式和参与的社会意义,都需要进行审慎的思考。

在数字化的背景下,如何进一步收集过去无形的专家知识?就参与的角度来说,可以在何种程度上收集到实物展品?博物馆参与的明确界限能否得到解释和证明?"城市实验室"的社区结构在未来能否得到可持续发展?以及"社区建设"如何在战略上继续发展?最后,当一个具备跨国文化形象的社会中发生了参与性转变,在此背景下,我们有必要对创造身份认同的博物馆有一个更全面的了解。

图40　1972年,法兰克福历史博物馆新馆开幕

图 41 沿城墙公园的步行地图,标注了途中的展品

图 42 "城墙公园的人们",一种基于经验的故事讲述法,格罗西·谢伊特尔(Groncy Scheitterer)提供

图 43 观众的作品可以被附在场馆周围的"边界谈判"（Border Negotiations）的围栏上

位于第六区博物馆核心的教育

博妮塔·班尼特

缺席的博物馆是一个有趣的研究对象。它引发人们思考:那些没有多少物质财富或社会政治影响力,没有受到过正规教育,并遭受过一段不被诉说的历史的人,如何通过一座专门讲述他们故事的博物馆向世界展示——被摧毁的第六区。

虽然第六区博物馆于1994年作为南非第一家后种族隔离时代的博物馆正式成立,但它真正的起源可以追溯到20世纪80年代的反种族隔离斗争时期。1989年,一场名为"保留第六区"(Hands off District Six)的会议被认为是公众呼吁创建一座博物馆的起点。无论在工具主义的层面,还是作为公众饱受创伤的人性的一个重要组成部分,博物馆成了这个被毁坏社区的记忆守护者,与公众一同探索如何调动相关记忆来支持他们的土地宣言,帮助他们争取铭记这段历史的权利。无论是物质上的还是精神上的重建生活,都是博物馆建馆的核心。

早在19世纪,第六区就是开普敦一个文化多元、充满活力的中心社区。它以活力和丰富的文化生活闻名,成为这个国家的海岸上迎接新移民的第一个落脚点。它因此成为早期移民的家园——其中一些是躲避欧洲大屠杀的犹太人,而另一些人只是为了寻求更好的商机。除了移民之外,这里还居住着于1834年得到立法解放的开普敦奴隶(来自印度尼西亚、印度、安哥拉、马来西亚、莫桑比克)以及当地居民。正是由于该社区的多样性,自1905年前后起,它被种族隔离政府定为消灭的目标。种族隔离制度需要人们普遍相信分而治之的体制,相信差异的共存是不可取的,甚至是不可能的。而第六区就是显而易见地证明这一预设是错误的例子。1966年,该地区被宣布为"白人专属区",居民被划分为不同的种族类别,然后根据他们的种族分类被转移到不同的地区。他们的家、街道和社区的记号都被清除了。

尽管经历了破坏,但这片土地依然空置着,在废墟中重建"白人专属"城市的种族隔离梦想从未实现。它见证了一段旷日持久的土地归还过程,一些家庭已经开始返回这里。

为什么要建一座博物馆?

将博物馆作为疗愈和复原的工具,这本身就是一个有趣的抉择,而且一直是许多辩论和讨论的主题。这一决定是在博物馆与南非殖民和种族隔离的历史紧密联系的情况下做出的,它本身就代表了一种历史:不仅讲述了种族隔离制度的故事,而且以公开和心照不宣的方式证明了其曾经存在。在当时的开普敦,原住民只能存在于自然历史博物馆的立体模型中,而白人却是自然历史博物馆中的观赏者。博物馆既不友好也不吸引人。博物馆的概念完全超出了南非黑人日常会话的范畴,所以博物馆需要花些时间,让那些没有参与决策的人去理解博物馆的范畴。视觉艺术家、教育家、第六区博物馆创始策展团队的杰出成员佩吉·德尔波特（Peggy Delport）说道："我经常思考，在第六区的背景下，'博物馆'一词最初是以什么样的精神、出于什么样的意图被使用的。"① 她认为，"博物馆"这一术语代表着"一种稳固性、连续性和持久性，它甚至可以承受推土机的破坏，以及那些意图消灭地方和社区的政治势力。呼吁声中有一个共同要求是建立一个记忆之所，而不是一座纪念碑，它以恢复和重建第六区曾经的社会和历史为目的而存在"②。很明显，研究并思考这座博物馆的意义和影响力，从一开始就是博物馆策展工作的核心。

博物馆的整体概念不是要建立一所博物馆，然后教授别人他们所不知道的东西，相反，是要通过讲述他们以前闭口不言的故事，来理解自身这段流亡经历。同时，博物馆邀请他人沉浸于该社区的故事，并且以这种沉浸感影响或改变受邀者。这正是博物馆所期望的学习体验。

> ……第六区博物馆的"收藏"概念与传统博物馆中"收藏"的概念是截然相反的，在这里，"收藏"的目的是分享、动员、倡导正义并引导人们认识到创伤。在这种情况下，分享故事（口头和书面）的驱动力是与邻居重建联系，以及将第六区的记忆作为城市良知的一部分。③

---

① P. Delport, Museum or Place of Working, p. 11.
② Ibid.
③ C. Julius, Participative Strategies, p. 1.

开端

　　创始成员中包括被毁的第六区的原居民,因此博物馆几乎不担心之后的"观众发展",许多自觉与之相关的人都热衷于参与其中。参与者、观众、教育工作者、策展人和述说人之间的界限经常是模糊的,很多人的身份在这些不同的角色之间转换。目前的工作人员和志愿者已达成共识,将参观博物馆看作所有参与者的沉浸式学习。

　　建立叙事是至关重要的,它赋予博物馆生命:目的塑造方法和形式。在我看来,第六区博物馆因其明确的目的性,避免了策展、展览制作和教育这独立的三方之间一些最激烈的冲突。这也是我们目前努力坚持的方向。在某种程度上,组织委员会制定了自己的规则,因为他们不打算建立一座传统的博物馆。在南非当时的状况下,推动变革和为全体人民争取人权是当务之急,第六区博物馆的驱动力也正在于此,而非坚持既定的博物馆实践惯例。所有的项目在执行前,都必须确认是否符合以及如何更好地恢复和保护公民的人权要求。博物馆的创始人们汇集了他们的专家资源,包括艺术家、活动家、学者、宗教领袖、研究人员和作家,组成了一个充满活力的团队。该团队提供了一个绝妙的模型,以一种有意识的方式特立独行地思考,而博物馆空间的开创就是这一过程的成果。

　　最初博物馆没有藏品来支撑它的诠释工作,但人的客观存在附带着他们的故事,还有他们的物品。这些物品大多是日常用品,有时会出现缺损、生锈甚至破碎的情况,它们构成了人们生活档案的一部分。在一片被破坏和重新塑造的土地上，人们生活的物质痕迹的缺席成为一种颇为有力的结构性隐喻（从具身性方法论来看）——马哈茂德·达尔维什（Mahmoud Darwish）[1]称之为"缺席的展示"。人们生活中点点滴滴的碎片正是我们收藏的核心，我们必须以下列方式自我叩问：铭记人们是在何种情况下离开家园的；他们生活的物质痕迹、他们的街道、他们的家园和其他相关地点都已被摧毁；许多人离开时，推土机在他们四周徘徊，他们不得不抛下家庭相册和其他纪念品，以携带在别处重新开始生活需要的财产；那么，物件的缺席是否会削弱他们在博物馆语境中向全世界讲述故事的力量？保罗·威廉姆斯（Paul Williams）[2]提到了纪念博物馆的一个基本难题："精心策划的暴力是为了破坏，且颇有成效。而给受伤的、一无所有的和被驱逐者留下的是物质的贫瘠。"在某种意义上，第六区博物馆的创建回应了这一挑战，表明学习和缺席并不相互排斥。

变革性教育

第六区博物馆诞生于南非向民主过渡的时间节点上。1994年，该国举行第一次民主选举，纳尔逊·罗利赫拉赫拉·曼德拉（Nelson Rolihlahla Mandela）当选总统，这一年也是博物馆的诞生年。这是一个人们对变革感到欢欣鼓舞的时期，教育

---

[1] M. Darwish, In the Presence of Absence, p. 71.
[2] P. Williams, Memorial Museums, p. 25.

作为一种激发南非人以权利为本的新理念的方式占有重要的地位。近来,教育作为斗争的经验仍然十分突出,这一时期产生的启发式教学方法促进了包括博物馆在内的许多行业和文化参与进来。"一师一生"(Each one teach one)曾是20世纪80年代学生运动的响亮号召。保罗·弗雷勒(Paulo Freire)① 也提出了相同的目标,并将传统意义上的教育概念进行了更为系统的描述,他提倡教师和学习者的角色互换。他是"每个人都有东西可教,每个人都有东西要学"这一概念的核心支持者。他认为在学习的情境中,学习者不应该像一只空瓶子,被专业知识的教授者填塞各种信息。他批判了"银行式"教育的模式:这是一种保守的模式,老师向学生灌输"知识储蓄",就像任何人都可能将有价值的资产存入一个空的银行保险柜或账户一样。② 在这种方法中,但凡不是教授者,就注定只能是被动的接受者,而非主动的知识创造者。

在种族隔离制度下,"臣民"被压迫到任人摆布的地步,被迫接受限制性法律、条例和禁令。反抗建立在主张话语权和反对被动的基础上。这一思想贯穿于大众民主运动的所有形式:包括公民、青年、宗教团体、劳工和教育宣言。恢复代表权是反抗运动中的重要议程。弗雷勒③指出,要打破"沉默的文化"——是用一种恰当的方式来思考这一特定障碍,以获得自我表达的人性完满。

---

① P. Freire, Pedagogy of the Oppressed, p. 59.
② Ibid., p. 58.
③ Ibid., p. 30.

关于策展和教育的反思

博物馆教育主管曼迪·桑格（Mandy Sanger）在一场意大利博洛尼亚举行的会议上对博物馆的教学框架进行了反思。[①] 她的观点在很大程度上基于弗雷勒的教育学理论，对我们大有裨益。她强调，我们的教育项目旨在：

> 开发对话式或协作式学习方法，打破学习者知识和经验的沉默；设计鼓励边做边学和体验式学习的过程；通过博物馆的青少年发展计划和项目，开发批判性探究工具；用一种政治批判的反思来支撑我们在博物馆的工作——以"永不重蹈覆辙"的精神和勇气面对政治创伤经验；挑战支持主流文化机构的专制论述；打破受压迫人群的沉默。

创始理事克莱恩·苏迪恩[②]（Crain Soudien）在分享他对塑造博物馆观众体验的看法时，将博物馆的教学方法分为两大类："……两种——当然还有更多——截然不同的教学方法可以在博物馆中得到描述。我将第一种称为'站在我的立场上'方法，将第二种称为'这意味着什么'方法。"第一种方法指一种移情式邀请，使人们改变置身事外的观众视角，尝试从见证者的角度看待过去，从而学习和理解。苏迪恩所描述的第二种方法是相信教育的目的是带来改变，邀请观众反思这种新的理解可能会带来的

[①] M. Sanger and S. Abrahams, Places of Memory.
[②] C. Soudien, Memory and Critical Education, p.115.

态度或行动上的改变。

上面概述的框架和方法共同作用，产生了一系列身临其境的结果，引发了人们对于诸多问题的思考。反过来，观众和参与者的反馈告诉博物馆什么是有效的，什么是无效的，以及最重要的，这些体验激发了怎样的联系。随之而来的是，那些教育项目的推动者会有一种强烈的感受：他们能从自己所倡导的教育项目中得到收获。这种收获包括作为参与者倾听观众的分享，从不同背景中学到新知识，或是了解团队如何介入运作，作为引导者如何基于反馈激发观众的创意，最重要的是观察到人们的学习方式。

两个项目案例

很多计划和项目都为博物馆方法论提供展示的渠道。我选择了其中两个作为案例。其中一个项目是以青年为重点的"遗产大使项目"（Heritage Ambassador Program，简称HAP），而另一个项目名为"围炉"（Huis Kombuis），该项目针对的是当地和其他地区流离失所的老人。①

"遗产大使项目"：与青年合作

自从该项目十多年前首次启动以来，已经培养了许多"遗产大使"。大多数是从周边的高中招募的15—19岁的青年，偶尔也

---

① "Huis Kombuis"一词来自南非荷兰语，字面意思为"家庭厨房"（home kitchen）。

会有一小部分失业青年和刚毕业的中学生加入。和博物馆的许多项目一样，主要参与形式遵循一种工作坊结合实地调查的模式。教学大纲的核心是培养成体系的技能，每期项目都会依据当时的背景因素、主题兴趣、参与者的优势和当时博物馆的整体重点而调整。批判性思维和研究方法是每期项目的关键组成部分。项目负责人曼迪·桑格①在回顾 2010 年的系列项目时，就项目的产出之一（展览的组成要素）做了以下说明：

> 该项目强调了建设性领导、公民权利和未来责任的必要性。博物馆向青年介绍展览工作的各个方面，让青年负责展览过程中的各个阶段。通过合作学习活动，他们研究了展览的内容，负责设计和施工。一项由青年们运营的媒体活动也是项目的一部分。最后，青年们还为他们所在社区的小学生设计并实施了一项教育计划。

参与者被要求回顾自己的项目学习经历，收集到的数据表明他们获得了超越事实记忆和内容信息的理解水平。他们展示出强烈的意识，认识到作为自我学习旅程中的主导者应具有的自身态度和个人注意力。他们讲述了自己如何从头脑风暴、规划，尤其是倾听他人的意见中获得启发；谈到了自己的学习方法，包括集中注意力和个人文献记录；谈到了所犯的错误和自我纠正的价值。他们认识到参与和沟通不同意见的价值，也提到了其中的乐趣和享受。②

---

① District Six Museum, Reflections, p. 21.
② District Six Museum, The Heritage Ambassador, p. 31.

"围炉":与年长者合作

"围炉"是博物馆展览部门策划的一个项目,参与者是一群曾经居住在第六区的年长者,他们热衷于加入这项基于工作坊的项目。该项目的重点是用讲故事的形式呈现老城区的家庭和家政礼仪,以及人们对食物的记忆。它将家中的壁炉定位为一个凝聚情感的空间,而对于家庭安全舒适的怀旧记忆中,充满了流离失所留下的伤痛。项目负责人、博物馆展览主管蒂娜·史密斯(Tina Smith)表示,参与者加入了展览的设计和制作过程,这种体验对他们来说是一种疗伤和宣泄的过程。

项目通过使用流动的方法框架,以参与者讲述的故事作为展览开发的关键工具,"围炉"项目试图以叙事的形式,利用诸多反思性视角,再现参与者在特定环境,尤其是特定时期的生活,但最终它讲述的是一个关于失去、记忆和象征性的重建故事。[1]

由工作坊诞生的叙事构建了一个不断扩大的、关于鲜活记忆和档案资料的储藏室。随着人们学习、分享和实施设计,基于怀旧工艺设计的手工产品也在产生。[2]

---

[1] T. Smith, Huis Kombuis and the Senses of Memory, p. 156.
[2] 怀旧工艺设计是指一种基于过去引起的感官刺激来制作手工产品的方法,该方法可为设计过程提供信息和启发。这包括视觉、触觉和听觉刺激。

对项目的反思

第六区博物馆的项目优势,在于每个项目都是由教育部门或展览部门其一主导的。两者的不同之处与其说是内容和形式的不同,不如说是两者具有不同的侧重点。在展览部门主导的项目中,教育的成分非常明显,而教育部门主导的项目则刚好相反。博物馆的人员配置结构反映在其组织架构中,给人一种各个部门作为独立单位运行的印象。然而实际上,工作是以一种更具组织性、相互协调的方式进行的,部门划分只是划分了主要职责所在,承认并非所有工作人员都对一切事务负有同等责任。

艾伦·布朗(Alan Brown)和史蒂文·塔普(Steven Tepper)① 这样描述 21 世纪策展人角色的变化:他们"不仅需要挑选和组织艺术项目,还需要了解他们所在社区的需求,寻找新的、不寻常的场地,与各种截然不同的利益相关者建立伙伴关系,在某些情况下,放弃一定程度的艺术控制权,以获得更广泛的影响"。在许多方面,第六区博物馆是幸运的,因为它诞生于 20 世纪七八十年代标志性的非政府组织合作框架之下,它不需要开辟新的道路——如果它在一开始遵循了传统博物馆的惯例,以一种单一的策展模式作为标准,它或许就不得不这样做。第六区博物馆缘起于对所处社区需求的诊断,尽管这种诊断永远不可能完成或是一成不变的,但良好的出发点已经奠定了扎实的

---

① A. Brown & S. Tepper, Placing the Arts at the Heart.

基础。

在"围炉"项目中，参与者在一个轻松的环境中相互交流、学习，激发彼此的记忆，填补彼此故事中的空白。他们作为研究人员与档案互动（通常是第一次），得到了一种奇妙且真实的体验。同时，他们的项目所输出的成果——无论是转录成文字的口述历史、以明信片形式呈现的食谱、烹饪演示、美食盛会或是在创意工作室里设计的纺织品，都为过程之外的人提供了信息和渠道，以更亲近的方式理解第六区的社区风气。

在"遗产大使项目"过程中，青年可以接触到超出种族隔离制度的事实和数据[1]以及关于流亡的历史和遗产。他们面临的挑战是将他们的思维扩展到生硬的历史日期和受难人数之外，将它们作为理解的工具，而不是自我学习的最终目标。再现与创造一些具有创新性的东西，从而向世界展示他们所学，构成了他们学习旅程中的重要组成部分。项目中经常有的反思机会要求他们思考自我学习的过程。

挑战

对于博物馆教育和策展方面令人舒适且相互共生的描述，可能会给人留下这是一项简单工作的印象。而我使用"幸运"一词来描述这一组织成立之初所打下的良好基础，或许证实了这一点。但这并不是一成不变的！环境已经发生了重大变化。工作过

---

[1] P. Freire, *Pedagogy of the Oppressed*, p. 72.

程必然是缓慢的，而且需要大量人力资源的投入——但这两个特征目前并未受到重视。博物馆面临着服务即时化和任务自动化的压力，而这些以前是由人力驱动的。尽管这是一种存在于博物馆世界之外的普遍倾向，消费驱动型社会已成事实，博物馆行业也未能幸免。缓慢递进的学习方式可以帮助我们更好地建立身份认知并更进一步地学习，但它很难获得资金支持。这种学习方式的影响是渐进且可衡量的，但其所需的时间比项目资助者通常所要求的单一财政年度更长。

关于项目细节的许多谈判都是在季度策展会议上进行的，参会人员包括工作人员、董事会成员，有时也包括其他具有相关领域专业知识的人员。我认为，这一惯例在博物馆中已经根深蒂固，在今后很长一段时间内仍将是机构运作的主导模式。博物馆发展的方法是真实地（包括批判地）面对其组织的过去，但也需要进一步思考如何超越在现有状况下获得的进步，并致力于激发集体的创造力。

这就引出了最后一个挑战。上述跨学科的工作方式几乎完全是可行的，因为现有的工作人员，特别是策展人员都具有特定的技能组合。目前的团队很乐意以跨学科的方式工作，成员们在一些超出其正式工作职责范围的领域也拥有熟练的技能。博物馆在团队建设上投入了大量时间，虽然寻找具有同等专业水平的后继者并非没有可能，但也绝非易事。

图 44　流离失所展览中的一部分，互动桌，由"遗产大使项目"的参与者策划，2013 年

图 45　第六区博物馆入口,常设展"深入挖掘"(Digging Deeper), 2000 年展出

图 46　策展人蒂娜·史密斯与曾经的居民为一场横穿第六区的步行活动提供指导,2013 年

位于第六区博物馆核心的教育

图 47 常设展"深入挖掘"的肖像画廊

第三部分
作为社会干预的策展与博物馆教育

导 论

卡门·莫尔施

关于博物馆和美术馆社会角色的争论并非始于 20 世纪 70 年代关于博物馆是"学习场域"还是"缪斯殿堂"① 的辩论。事实上，这一争论自博物馆/美术馆诞生之初就存在了：博物馆应该把资产阶级精英的代表性利益和为民族的"想象的共同体"② 服务放在首位吗？精英们将博物馆的收藏、研究和保存视为自身阶级的文化遗产并以此作为身份的象征。博物馆是否应该关注艺术商品市场的建立与服务？是否应该关注殖民竞争下的工人教化以及大众品味的培养？它们的职责应该是更广泛地为工人们提供关于"民主"的教学，还是煽动工人们的不满情绪？③ 就像艺术家、社会主义者威廉·莫里斯（William Morris）在写给曼彻斯特安科斯博物馆（Ancoats Museum in Manchester）创始人的一封信中提到的：至少在英国，从一开始，人们就从教育工作的视角对博物馆及其乌托邦式的愿景产生了强烈的批判冲动。与此相关（且现在仍然相关）的是，关于博物馆的合法参观者、使用者

---

① E. Spickernagel and B. Walbe, Das Museum.
② B. Anderson, Die Erfindung der Nation.
③ N. Kelvin, The Collected Letters of William Morris, p. 17.

以及合作者是谁的争议。

卡门·莫尔施的文章关注当代艺术机构的排他性行为,通过抓取历史冲突中的关键时刻来追溯历史。这始于18世纪前30年伦敦第一批艺术机构的出现。即使是在这一时期,也有一部分特定的观众以他们的社会地位和习惯被标记为合法观众。莫尔施认为,这些被排除在外的观众的出现和持续存在,是对文化机构霸权逻辑的一种暂时的(部分长期的)干预。

其他文章则从不同层面上说明了上述历史背后的潜在张力在当下可能产生的影响。所有作者的专业立场——他们所运用的知识和经验——同样在策展和教育之间摇摆。

诺拉·斯特菲尔德[Nora Sternfeld,"变革者K"(trafo. K),艺术教育与知识生产维也纳办公室的联合创始人,赫尔辛基阿尔托大学(Aalto University Helsinki)策展人、策展管理与媒介艺术硕士课程(CuMMA)主任]基于"后表征性策展"(post-representative curation)① 理论(她对这一理论的建立做出过重要贡献),为当代实践提供了概念性基础,策展和教育被视为动态领域,其中的各种解释都具有争议性,权力关系无法被复制,而只能被质疑或改写。正是在这一理论框架下,她分析了实际案例中的相互关联性。

詹娜·格雷厄姆(Janna Graham)曾任伦敦蛇形画廊(Serpentine Gallery London)可能性研究中心(Centre for Possible Studies)主任,现任诺丁汉当代艺术中心(Nottingham Contemporary)学术策展人,她的文章是一个反思的过程。她的

---

① N. Sternfeld/L. Ziaja, What Comes after the Show?, pp. 62-64.

分析揭示了艺术市场的"全球参与者"与运动人士联合，反对同一地区中产阶级化及其中存在的利益冲突、隐患与局限性。在这里，艺术机构走上街头，以政治参与者的身份介入城市空间，在这个过程中，艺术机构本身几乎隐形的。然而，在下一阶段，机构重新利用了空间中发生的一切，将其融入展览运作，期间该社区的利益相关者则从他们所代表的领域中消失了。

艺术家、策展人和教育家塞勒斯·马库斯·韦尔（Syrus Marcus Ware）的文章反思了一个社会干预朝着相反方向发展的案例：多伦多安大略美术馆青年委员会（Youth Council of Art Gallery of Ontario）的作品。其中，我们可以看到一群年轻人介入国家级美术馆的策展实践，以直接地表达他们的政治和艺术理念。这动摇了策展、教育和推广工作之间的传统关系。现有的等级制度浮出水面，并且时而（伴随着大型机构典型的迟缓性）发生变化。

这些例子都描绘了不同文化机构在策展与教育实践中"变革与稳定"的紧张关系。当前，艺术领域和文化机构正在进行有关分类、定义和建立人类共同价值的争论，当代案例正在关注可以进行抗争和履行社会责任的"反霸权空间"的开辟。问题是作为象征性资本的博物馆和美术馆能否以及如何在增进平等的社会斗争中发挥作用。进一步说，这甚至是一个在艺术和博物馆领域争夺霸权的问题。① 这也是一个关于谁被允许发声说什么、如何说，（更加重要的是）对谁说的问题。因此，"后表征性"（post-representative）并不像通常使用前缀"后"（post）时那样，指

---

① O. Marchart，Hegemonie im Kunstfeld.

代表征（representation）结束之后的做法。即使展览空间被设想为反霸权空间，博物馆也会继续展览。例如，他们甚至可能为解放性实践指明前进的方向。

（未）实现的接触地带

——"他者"观众作为展览空间的介入者

卡门·莫尔施

2015[①]

2015年，苏黎世艺术大学（Zurich University of the Arts）艺术教育研究所（Institute for Art Education，简称IAE)[②] 发起了一个项目，约三十位年轻人在两位研究所工作人员的陪同下，通过参观瑞士各类展览和剧院等活动，学习有关艺术领域的知识，并与艺术家合作，分享他们的经验和观察。参与该项目的大多数年轻人几乎都没有瑞士社会公认的象征性资本。[③] 就像在西欧其他

[①] 参见 https://www.journal21.ch/because-its-2015，最后浏览日期：2016年4月13日(本文全部网页同)。

[②] 在IAE进行的研究综合了当前的文化理论、艺术过程和该学科的教学理论。它审视艺术和教育之间的关系、艺术生产和程序的相关性，以及社会变革背景下的思维模式和方法论。通过这种做法，它同时关注到了基础研究和应用研究。指导思想之一是将一种形式的文化教育作为社会公正的重要实践(参见 iae.zhdk.ch)。

[③] 布尔迪厄认为，象征性资本对于社会和经济的成功与金融资源一样至关重要，它包括正规教育、特定的言语、举止和穿着礼仪，审美偏好（"品味""修养"），兴趣、社会交往和生活方式等方面（参见 P. Bourdieu, The Forms of Capital, pp. 241-258）。

国家一样，日常的种族歧视和结构性种族主义阻碍了这群年轻人接触到相应的文化资源，而这些资源原则上应该是普遍享有的。他们每天都面临着各种形式的种族歧视，例如因为姓氏，他们比其他人更难获得住房的机会，同时不得不支付更高的租金。① 在教育方面，他们也面临着结构性种族主义。② 在这样的情况下，他们发展出了自己的行事策略来保护自身权利——虽然参观艺术机构通常不在其中。③ 项目的目标之一是与这群年轻人一起打破艺术领域的条条框框，并在潜移默化中使这些年轻人积累象征性资本。④

在参观完一家当代艺术机构（当时该机构正在展出一件由135个独立部件组成的大型装置）的一周后，这家机构的一名工作人员联系了负责该项目的同事之一，并告知他装置中一个微小而普通的纸质部件不见了。据机构人员说，他们是在项目小组到访后的第二天发现部件丢失的。房间里有视频监控——他们还没有检查当天完整的8小时录像，只检查了记录有这组青少年画面的片段。从录像中无法判定该群体中是否有人偷了部件。然而，艺术机构还是联系了项目小组，理由是"小组是他们唯一可以联

---

① Fachstelle für Rassismusbekämpfung, Rassistische Diskriminierung in der Schweiz, p. 22 ff.
② S. Hupka-Brunner et al., Leistung oder soziale Herkunft?
③ 参见 http://www.babauslender.ch/; http://www.nzz.ch/panorama/menschen/einschwamendinger-konkurrenziert-mergim-muzzafer-1.18480222。这里有两位文化生产者，对于群体中的一部分人而言，他们被视为模范。
④ 2006年，一部分青少年还在继续这个项目，为苏黎世布里克费尔德（Blickfelder）艺术节开发新的模式（参见 http://www.blickfelder.ch/）。该项目由瑞士苏黎世市墨卡托基金会和苏黎世州基础教育办公室支持（参见 https://www.zhdk.ch/index.php?id=95062）。它是 IAE 为基础教育办公室学校与文化部门进行的一项研究的结果（参见 https://www.zhdk.ch/index.php?id=96200）。

系到的观众"[1]。当时，机构正试图与艺术家沟通是否需要将此事通知保险公司，或者艺术家是否愿意提供一个新的部件用于替换。如果通知保险公司，机构还必须对目前尚未确认的疑犯提出指控，而目前尚不清楚警方接报后将具体采取何种行动。

最初，这引起了项目小组中青少年的担忧——对他们中的一些人来说，警察的介入将带来不可估量的后果。此外，还有对项目失败的恐惧——如果小组中再出现一个被指控的成员，那么项目建立信任的尝试就将彻底宣告失败。除此之外，小组中还出现了一种压倒性的无力感和对该艺术机构的愤怒，尽管机构采取了不甚肯定的口气，但它仍使这群年轻的观众遭受了集体性的怀疑。显然，我文章标题中提到的作为展览空间"介入者"的"他者"指的就是这群年轻人。尽管他们遵守了展览空间的行为规范——作为项目的一部分，他们对此做了精心准备，但就他们的习惯而言，他们并不能与所在场合相适应。经过仔细考虑，项目小组决定采取避免冲突升级的办法，即不明确回应艺术机构的歧视性行为，因为保护项目参与者才是项目的首要任务。项目小组要求同艺术机构的代表私下谈话，这样避免了警察的调查。他们向该机构保证会同年轻人们谈谈这个"插曲"，如果是他们中的某人拿走了这件小而普通的纸质部件，请给他们一个归还的机会。这一举动在年轻人们中引起的唯一回应是惊讶和礼貌的同情。

---

[1] 引自与该机构员工的对话记录。本文将对所涉及的机构和人员保持匿名，因为我们的目的不是谴责某个艺术机构甚至个人，而是报告这些历史性歧视形式的当代表现。

"他者"观众作为展览空间的介入者

担任艺术教育学院负责人的七年来，我观察着各大文化机构（特别是在德语国家）为使其观众多样化而做出的全面努力，以及各机构的不同特征。① 对于专注于当代艺术的机构来说，这种努力似乎常常遇到特别的困难。当代艺术机构往往意图展现当前或未来的艺术界明星及其高度发达的市场。在某种程度上，他们中的相当一部分人对霸权结构持批判立场，但正如彼得·比格尔（Peter Bürger）在《先锋派理论》（Theory of the Avant-Garde）② 中提出的核心论点，这种批判停留在艺术体系之内，对展览机构本身没有任何影响。展览面向的是有经验的专业观众和有经济能力的消费者，这些群体十分具有代表性，以至于仅仅依靠这些群体就能带来足够数量的观众，并满足公共文化及其所在城市的资助要求。③ 当我偶尔去观察机构所提供的针对"家

---

① Institute for Art Education at the Zurich University of the Arts, Zeit für Vermittlung.
② P. Bürger, Theory of the Avant-Garde.
③ H. Munder and U. Wuggenig, Das Kunstfeld. 本文引用的研究基于对2009、2010年苏黎世米格罗斯当代艺术博物馆（Migros Museum für Gegenwartskunst）五场当代艺术展的810名观众的随机抽样调查。它表明苏黎世当代艺术展览的绝大多数观众都接受过高等教育并且/或者生活富裕。因此，正如引文中一位作者在一篇研究文章中所言，艺术展览与精英阶层的"金色脐带"相连（P. Jurt, An der 'goldenen Nabelschnur' der Eliten）。然而，这对于瑞士的艺术机构而言并不一定构成问题，因为在瑞士的城市中，受过正规教育和高收入的人口比例通常很高。作为案例的机构为学校提供的授课是有限的，尽管这是许多机构的"常规任务"之一。在撰写本文时，我浏览了当时正在实施的相关教育和推广活动网页，只看到六个月前的一项学校工作坊，而专业研讨会的信息则是最新的。

庭"的教育项目时,我总会遇到几组富裕白人观众群体。① 总的来说,如果我们遇见偏离上述描述的观众,这种情况对机构来说反而是不寻常的,而且并非机构所期望的。

到目前为止,一切都还不错。在西方式的资本主义民主社会里,人们没有理由批判一家展览机构挑选它的观众,只要这样做符合政府部门的规定,那么这种情况的存在就有其合理性。这是由社会形式所承认的一种自由。然而,我所感兴趣的是在我所描述的案例中存在的两点矛盾:第一,该机构对年轻观众的反应不是冷漠的,而是反感的,机构怀疑年轻人盗窃和蓄意破坏,而不是像对其他遵守展厅规定的付费观众那样,允许他们入馆并度过一段时光,随后离开。第二,拥有潜在当代艺术品买家观众的机构更倾向于独善其身,即便他们不会在网站和小册子上省略"多样化的观众""不同的世代""促进对话""创造新的参观形式""相遇的场所"等表述。因此,他们没有试图通过明确机构的目标观众是(或者不是)谁来避免误解和随之而来的不愉快,而是提出了开放性和非特定受众的主张——然而,这一主张并未能兑现,因为"知识和非知识"恰恰是该机构的组成部分。②"知识和非知识"指与艺术相关的专业知识,包括认知和习惯方面的知识,知识存在于此类机构之中,并由这些机构负责培养,但机构未能注意到相关的排他性维度。而这些排他性维度组成了机构维持现状的基础。我从心理学上的字面意义来理解这里的"矛盾",在心理学

---

① 我在这里用楷体书写"白人"一词以表达它是一种身份归属,暗示这一范畴下固有的历史、概念、社会和文化建构过程的作用。
② M. Castro Varela, Verlernen und die Strategie des unsichtbaren Ausbesserns.

中，"矛盾"概念强调排斥和吸引的同时性。① 霍米·巴巴（Homi Bhaba）引用爱德华·萨义德（Edward Said）的作品，将对东方主义的刻板印象描述为种族化的"他者"，它唤起了一幅同时以恐惧和欲望为特征的矛盾景象。② 巴巴的观察之所以富有成效，是因为它使得支配者和被支配者的二元论述复杂化。正是通过这种排斥和吸引的矛盾，"他者"不再仅仅是被征服者，而且占据了一个能够满足支配者欲望的有力位置。因此，"他者"既具有稳定的作用，也具有动摇的作用。③ 具体到上文中年轻人的例子，他们的群体被解读为"巴尔干人"（Balkan），属于"下层阶级"，这种解读可以直接套用当下的这个案例：一方面，在监控摄像头的记录下，年轻人们在展览空间内的出现就像一个"东方"的异族，代表了机构对于观众身份包容性的神圣承诺；另一方面，它又引发了宝贵财物会被偷走、博物馆/美术馆会被玷污的幻想。在这个意义上，"他者"的干预像是其拉丁语原义——一种事件式的介入，一种中断，它让美术馆的霸权结构和内部的紧张关系问题逐一暴露出来。④ 那些对艺术机构开拓新观众的尝试持怀疑态度的人们常常指责新自由主义对于观众数量扩大的影响。根据他们的观点，这些尝试会引发以挑战性和高品质内容为代价的商业化和"事件化"。在本文中，我不想深究这一批评的含义，只希望简要指出这些批评背后的出发点，以及它们希望最

---

① E. Bleuler, Die Ambivalenz.
② K. Struve, Zur Aktualität von Homi Bhaba, p. 73 ff.
③ 在该案例研究中，青少年群体也代表着机构向新受众开放的愿望。因此，青年人不仅要面对强大的机构，还构成了同一机构剩余价值的潜在来源。
④ Der Taschen Heinichen Lateinisch Deutsch, p. 239.

终实现的诉求。① 我在这里想说明的是，上述面对"他者"观众的矛盾态度在艺术机构的早期历史中已经有所体现。关于谁有权利进入这些机构，遵循什么规则，谁有权代表他们、展示他们以及谁拥有发言权的争论，在不同的历史时期和不同的条件下已然反复出现。因此，艺术机构并不能脱离社会关系，它们产生的艺术性本应受到保护。相对的，艺术机构对艺术性、艺术的构成以及艺术受众的定义，从过去到现在始终是这些关系的组成部分和动力。在下文中，我想以英国为例，通过历史上英国艺术机构的四个重要时刻来说明这一点。②

1760

1754年，画家兼社会改革家威廉·希普利（William Shipley）建立了英国第一家由会员费资助的公共艺术机构：艺术、制造和商业促进协会（The Society for the Encouragement of Arts, Manufactures and Commerce，以下简称艺术协会）。艺术协会为自己设定了一项任务，那就是尽可能广泛地向公众传播审美所需的知识，即什么是好的审美，协会认为这一知识可以

---

① 在这种情况下，比较乌尔里希（W. Ullrich）的《停止陈腐化》（Stoppt die Banalisierung）和马思泰（J. Mastai）的《没有观众这种东西》(There Is No Such Thing as a Visitor) 中的视角和相关论证将是有效的。

② 以下各节是基于我对英国艺术教育发展所进行的更广泛的历史研究而得出的，专著的名称是《通过艺术教育他者》(Die Bildung der Anderen durch Kunst，于2017年出版）。在本文中，我将仅讨论那些旨在有计划地展示"艺术"的机构，因此省去了关于历史博物馆观众的大量讨论和案例（如大英博物馆或1851年的伦敦世界博览会）。

通过艺术欣赏和艺术训练获得。"品味"是评判谁能够在英格兰民族和大英帝国的概念中获得公民身份的一项核心标准。在殖民竞争的背景下,艺术协会将艺术知识从身份的标志转变为一个教育项目。艺术协会开办了一所绘画学校,向车间里的工人们教授纺织装饰品的艺术准则,与此同时,艺术家们也可以学习和传授绘画和雕塑技艺。这种"应用"和"美学"、"艺术家"和"业余爱好者"的共栖,被艺术协会的代表们宣传为真正的英国式的艺术互动方式,并将其与欧洲大陆特别是法国贵族们建立的艺术学院区别开来。从1760年开始,艺术协会每年面向公众举办一次当代英国艺术展览,免费入场。第一届展览观者如堵,在开展的前两周内就有大约两万名观众前来。一些艺术家抱怨"有些人的身份地位和教育水平不够资格评判雕塑和绘画作品,他们的入场参观使展览变得闲散而吵闹"[1]。随后,艺术协会的工作人员接到指令,要求控制观众的数量和构成。展览中"不适当的"人和行为将受到处罚。这包括"步兵、穿制服的仆人、搬运工、带孩子的妇女以及抽烟、酗酒等各种不规范的行为"。艺术家们要求收取展览的入场费,以"排除无法无天和潜在的暴徒"[2]。然而,艺术协会的创始人拒绝在收取入场费的情况下继续为展览提供场地。这导致了一群艺术家的割席,他们后来成立了大不列颠艺术家协会(Society of the Artists of Great Britain),皇家艺术学院(Royal Academy of the Arts)由此于1768年诞生。皇家艺术学院不招收女性成

---

[1] B. Allen, The Society of Arts and the First Exhibition of Contemporary Art in 1760, p. 266.
[2] Ibid., p. 265.

员,将展览局限于绘画和雕塑,并制定了限制性的入会条件。它代表了以西方古典美学原理为范本的艺术观念,因此它自称英格兰民族艺术真正且唯一的代表。事实上,该协会得到了王室的支持,无须依赖捐助获得资金。在这两家早期的英国艺术机构中,已经存在着与"他者"间相互冲突又相互依存的关系——一方面,出于对民主化、教育和控制的渴望,"他者"被纳入其中;而另一方面,为了保护那些试图建立艺术家身份的社会阶层,以及鉴赏家和买家等特权观众的利益,"他者"则被排除在外。艺术协会的负责人想要通过展览吸引到尽可能多的观众,他们认为,很重要的一点是这是许多观众与艺术的第一次接触。皇家艺术学院的艺术家们想要吸引的观众——这里指的是皇家艺术学院所定义的观众——是资产阶级的观众,他们通过品味对雕塑和绘画做出堪称专业的评价,也有能力购买这些作品。两家机构都通过他们的策略,宣称自己代表了一种符合英格兰民族身份的艺术概念,并与艺术展览进行相应的合法互动。

1762

1762年,三场展览同时在伦敦举办——分别由艺术协会、大不列颠艺术家协会和"胡说俱乐部"(Nonsense Club)［在画家威廉·荷加斯(William Hogarth)家中］举办。胡说俱乐部由五名作家组成,他们出版期刊,创作讽刺诗歌,并参与当时的政治辩论。他们所宣扬的美学包含着"矛盾、道德与审美相对主义，还有对既定形式的反叛"①。展览用滑稽的图像展示了伦敦都市圈的商店广告招牌。在画家的职业等级中，广告招牌画家拥有的象征性资本最少。② "广告招牌画家展览"（Sign Painters' Exhibition）的发起人提倡广告牌的多元视觉语言，它源于街头，没有学术规则和标准限制其发展，因此展现了真实的英国：荷加斯在1753年的《美的分析》（Analysis of Beauty）中假设，根本性的矛盾和怪诞的讽刺与多元性和宽容性相适应，因此在英国自由主义的意义上，广告招牌具有典型的英国特征。这个展览发生于政府以"美化"（Butification）为口号对伦敦城市空间加强管控的时期，在社会和公共健康卫生方面都得到了清肃和整顿。展览是对政府全面禁止彩绘招牌（继巴黎的先例之后）的回应。荷加斯和胡说俱乐部拒绝这一要求，认为这不符合英国的风格：就其本身而言，广告招牌展览将爱国主义与反建制的态度结合在了一起。③ 此外，该展览还通过评论同期的另外两场展览的展品说明和图录设计，调侃了它们的入场规则与艺术理念。例如，他们模仿大不列颠艺术家协会对展出作品滔滔不绝的描述（协会称其为对"审美"概念的追求），同时高唱艺术协会展品的配套说明文字所强调的实用性和教育性。它通过一种象征性和讽刺性的方式将争议扩大，并批判其他两个展览的复杂化，从而破坏了大不列颠艺术家协会极富争议的排他性定价策略：他们给出的门票有

---

① L. Bertelsen, The Nonsense Club: Literature and Popular Culture, p. 119. 胡说俱乐部的成员包括查尔斯·丘吉尔（Charles Churchill）、博内尔·索尔顿（Bonnell Thornton）、乔治·科尔曼（George Colman）、威廉·库珀（William Cowper）和罗伯特·罗伊德（Robert Lloyd）。威廉·荷加斯有时也会参与活动。
② E. Kernbauer, Der Platz des Publikums, p. 229.
③ B. Taylor, Art for the Nation, p. 15 f.

多个票根,需要持不同的票根进入不同的展厅,并且威胁观众,如果不按指令,或者不凭票根进入展厅,将面临皇家法令的严厉惩罚。从讽刺的角度来看,胡说俱乐部的展览针对的是看过且能够理解其他两场展览的公众,而事实上,那些被排除在另两场展览之外的人们也涌进了胡说俱乐部的展览空间。通过强调展览多重解读的可能性,"广告招牌画家展览"的发起者们在预期和非预期观众之间确立了一种基本的流动性。对于他们来说,正是这种流动性、多样性和多义性的意识构成了真正的英国态度。

1838

1838年,英国国家美术馆(National Gallery)在伦敦开馆。[①] 它的选址位于蓓尔美尔街/特拉法加广场(Pall Mall/Trafalgar Square),是当时正在进行的城市规划领域中教育、学科和公共卫生综合体的一部分。1832年,英国爆发了第一次霍乱,造成5万人死亡。一个值得怀疑的原因是日益严重的空气污染和城市贫民窟的卫生条件。国家美术馆的建筑配套有崭新的设施和对称的林荫大道,而这里曾是伦敦最贫穷的街区,居民们被驱逐到城市的东部边缘。泰勒(B. Taylor)提到,当时由国家委派进行的一系列城市健康与卫生检查,恰逢国家美术馆建立过程中策展人形象的职业化。因此,这些艺术机构及其策展人的任务之一就是"把这个国家(美术馆)的形象重新设计为干净、无污

---

① 国家美术馆成立于1824年,此前由俄罗斯银行家安格斯坦(Angerstein)所有,于1838年迁入专门建造的场馆。因此,观众无须再进入私有房产参观。此外,入场是免费的,参观也没有正式的限制。

染的——就像人们所看到的图片那样"①。国家美术馆的成立是一次公开辩论的结果,辩论中有人提出英国没有一家全国性的艺术收藏机构是一件丑闻。当时,"排他"的概念正盛行于英国(这是该概念第一次与艺术领域产生联系),被用于谴责上层阶级对文化资产的垄断。② 相比之下,国家美术馆面向全体阶层开放,认同下层阶级也是这些通过殖民掠夺获得的财富的共同所有者——这使得美术馆成了阶级之间和解的场所,而不是要去争夺资产阶级的特权。③ 这些特权在当时是不容置疑的,而且必须得到相应的保障:十年后,《共产党宣言》(Communist Manifesto)发表,在许多殖民地,被殖民者都发动了起义。而仅仅在此之前六年,投票权才刚刚扩大到了更大比例的男性人口,进一步的改革显然是势在必行的。④ 在这一背景下,国家美术馆首先关注的是作为资产阶级美德的"大众品味"教育,它被视为一种必备的参与形式。展览空间是按照时间顺序排布的,这样可以产生一种超越阶级且具有教育意义的民族情感叙事。根据发起者的设想,通过这样的展厅设计,无论人们原本的传统或信仰如何,每个人都能够在此获得自我提升,从而成为资产阶级理想中的未来(具有投票权的)公民群体的一员。这就是国家美术馆的任务。为此,它必须设法触及尽可能广泛的受众。

然而,观众们并不总是在国家美术馆里做他们应该做的事。

---

① B. Taylor, Art for the Nation, p. 43.
② C. Duncan, Civilizing Rituals, p. 44.
③ B. Taylor, Art for the Nation, p. 43; C. Klonk, Spaces of Experience: Art Gallery Interiors from 1800 to 2000, p. 20.
④ C. Duncan, Civilizing Rituals, p. 45.

当时的资料描述了哺乳的奶妈、原本计划野餐却被雨淋湿的家庭进入美术馆,美术馆声称这样的观众危及到了展览空间和正在展出的艺术品。照这个说法,那些只是因为下雨才选择来博物馆参观的人,那些将博物馆视为休闲活动好去处的人,那些用展品自娱自乐、满足自我好奇心的人,错过了通过接触艺术,进而被教育成资产阶级社会的优秀成员的机会。美术馆一方面想争取尽可能广泛的观众,另一方面又评判这些观众使用展览空间的方式,再现了一个公共艺术机构自成立之初就固有的矛盾。"虽然文化机构需要公众的概念,但是鉴于资本主义国家的经济管理、社会纪律和文化组织,这样的公众是永远不存在的。"[1] 国家美术馆出版的图录和随附的小册子也说明了这一点。这些图录和小册子虽然在前言中提到了对提升道德、福祉、民族认同和精致文化发展的承诺,但是却只提供了简单的作品清单,并没有进一步的说明。[2] 因此,国家美术馆里的"他者"认为自己遭受了资产阶级理想化教育的拷问,尽管他们必然无法实现这一理想,也对此感到失望。

1881

1881年,第一场复活节出借展(Easter Loan Exhibition,以下简称"复活节展")在伦敦东区的一所学校内举办,该校是由一对不再对官方教会抱有幻想的牧师夫妇管理的。当时,伦敦

---

[1] C. Trodd, Culture, Class, City, p. 47.
[2] B. Taylor, Art for the Nation, p. 43.

东区在经济和基础设施方面都处于贫困状态，一定程度上，生活在此的贫困人口是由于国家美术馆的建设需要，搬迁来到这里的。这里每年举办一次展览，并一直持续到19世纪90年代末，展览被特意安排在英国圣公会最重要的节日举行，从组织者的角度来看，目的是强调艺术欣赏与神圣真理之间的联系。① 每次展览展出约三百件作品，它们都是从收藏家和艺术家那里借来的。发起者形容这种安排对各方均是有利的：无论是收藏家向"贫民窟"的展览出借作品，还是"贫民窟"的居民欣赏到这些画作，他们都可以更接近精神上的自我。在为期20天的展览期间，多达7.3万名观众前来参观，由于场馆过于拥挤，警方甚至封锁了学校周围的房屋。② 大量观众表明参观展览是维多利亚时代工人阶级消费习惯的一部分，但事实上，观众众多的主要原因是展览对任何人来说都是可及的：免费入场，延长开放时间，没有对服装、种族和行为的种种限制。值得注意的是，在复活节展中展出过的作品，可以在艺术市场上卖出更高的价格，这些作品被认为和国家美术馆的藏品具有同样的价值。因此，不存在所谓实用主义的理由去担心将作品陈列在某一空间内是危险的，而在另一空间内就不必忧虑。事实上，来自东区的民众与来自西区的富裕阶层混杂在展览中，再加上展出画作的质量得到了一致的认可，这就吸引了媒体的关注。新闻界甚至要求国家美术馆从复活节展中汲取经验。③ 后者自称为"人人都能参观的艺术展馆"，这让它显得更具民族性，正如英国人所理解的公民概念。然而，来自东区

---

① S. Koven, The Whitechapel Picture Exhibitions and the Politics of Seeing, p. 34.
② L. Matthews-Jones, Lessons in Seeing, p. 388.
③ Ibid., p. 393.

的观众能否正确地解读展览的说明性信息也成了讨论的热点话题。发起人之一的亨丽埃塔·巴尼特（Henrietta Barnett）谈到了人们的防御反应："'这些全是胡扯，我不在乎！'当我试图唤醒一个九岁男孩对鲜花的喜爱时，男孩子只是模仿我的声音说：'哦，它真漂亮！'"① 很显然，"他者"观众并不具备（从组织者的角度来看）正确的"品味"，"选出你最喜欢的作品"（Voting for Your Favourite Pictures）调查的结果就是一个例子。该投票旨在从参与机会的层面上创造一种额外的吸引力，以获得被调查者的精神和心理提升的数据。② 除了少数例外，来自东区的观众几乎都选择了在展览组织者眼中艺术和道德价值相对较低的作品。针对这一点，一篇面向西区公众的月度评论称：投票的结果猛烈抨击了以机智、行动和尤其精致的细节为特点的作品。③ 在美学讨论中，对于抽象的欣赏和对于细节的热爱之间的区别再次被提及，前者与品味相关，在18世纪已经十分普遍，后者则被与粗俗和原始关联在一起。展览所面临的另一项挑战，是工人阶级的观众不断询问作品的货币价值，而展览组织者则试图淡化物质价值，追求在资产阶级的价值观看来更重要的概念价值。④ 这种"不正确"的反应使得组织者决定在复活节展中引入艺术教育人员。这些教育人员负责向观众解读作品，从而将展览的心理认知、社交和行为控制联系起来。⑤ 然而，上述矛盾不仅引发了干预措施，而且为制度性批评的介入提供了机会。譬如，活跃于当

---

① D. Maltz, British Aestheticism and the Urban Working Classes, p. 209.
② L. Matthew-Jones, Lessons in Seeing, p. 398 ff.
③ S. Koven, The Whitechapel Picture Exhibitions and the Politics of Seeing, p. 36.
④ D. Maltz, British Aestheticism and the Urban Working Classes, p. 77.
⑤ S. Koven, The Whitechapel Picture Exhibitions and the Politics of Seeing, p. 29.

时的无政府主义运动中的艺术家沃尔特·克兰（Walter Crane）在他的回忆录中说，一个码头工人在罢工期间参观了展览，事后工人评论道，回过头来看，他宁愿没有看过展览，因为从那时起，他的房子显得更加悲惨、肮脏和荒凉了。① 在资产阶级实践的档案中，还有围绕这些展览所开展的社会运动的历史记录，以及发起者针对不同受众提议建立起的横向联盟。在第一场展览举办后的六年，牧师夫妇建立了汤恩比馆（Toynbee Hall），即所谓的"社会聚居地"，在其中人们可以更加系统地阐释使命目标和横向实践。② 以该馆为基地，艺术家们积极参与支持重大罢工运动，这对于巩固当时正在发展的工会具有决定性的作用。其中，威廉·贝弗里奇（William Beveridge）在学生时代就活跃于此领域，他对社会保障体系和国有化教育体系的建议，为1945年后英国福利国家的建立奠定了基础。

（未）实现的接触地带

在贝内特关于19世纪英语国家博物馆极富影响力的研究中，他这样说道：

> 特别是美术馆，往往被社会精英有效利用，因此，它们并没有像改革思想所设想的那样，成为同质化的机构，而是继续在区分精英和大众阶层上扮演着重要角色。③

---

① S. Koven, The Whitechapel Picture Exhibitions and the Politics of Seeing, p. 39.
② D. Maltz, British Aestheticism and the Urban Working Classes.
③ T. Bennett, The Birth of the Museum, p. 28.

正是这种矛盾构成了这些机构的社会职能。这里讨论的例子既证实了这一发现，也指出了更深层次的问题。就像18世纪中期与艺术协会和大不列颠艺术家协会的两场展览并行展出的广告招牌画家展览一样，复活节展和由此发展起来的机构可以被解读为反霸权的项目，与国家美术馆相参照。根据葛兰西（A. Gramsci）的观点，反霸权恰恰不是一种将自己置于社会关系之外的反动运动，而是一种争取霸权地位（即被主流合法化）的解放斗争。这种斗争是通过审视各自现有的统治关系，并试图改变它们进行的。

在这场"艺术领域霸权"[①]的较量中，"他者"观众一直都是以既被期待又被拒绝的状态出现的。在资产阶级自由民主的演进过程中，"他者"在有关英国艺术受众组成、英国艺术观念和相应的鉴赏力概念的谈判中发挥了核心作用。与此相对的是一种以包容的心态来面对来自"他者"（他们被标记为贫穷且从始至终贴上种族化标签）的威胁想象。就其本身而言，这一文明化的目标被"他者"挫败了，因为他们没有可靠地履行资产阶级机构所要求的观众职责，而是占用空间做了自己的事。在这一背景下，复活节展同广告招牌画家展览一样，可以被解读为策展和艺术教育历史上、当代展览接触地带隐喻中的先驱。借鉴自人类学描述殖民关系中的接触[②]的概念，接触地带概念近年来已被应用于博物馆和历史教育等领域。[③] 接触地带的概念使用，唤起了在教育过程中潜在的由不平等关系所区隔开来的不同社会群体在共

[①] O. Marchart, Hegemonie im Kunstfeld.
[②] M. L. Pratt, Arts of the Contact Zone.
[③] J. Clifford, Routes; N. Sternfeld, Kontaktzonen der Geschichtsvermittlung.

享空间中相遇时的冲突。① 在两场历史展览的空间内，冲突能够以不同方式用于不同目的：在广告招牌画家展览中，因为其所提供的信息不仅与当时的社会关系有关，而且与艺术的地位有关，不满当时情况的文化生产者创造了一个可供不同群体进入，并以不同方式观赏的表达空间。这样，艺术界不断发展的价值秩序和霸权阅读形式被揭示出来，并由此受到动摇。而复活节展是因为组织者博学且意图改变，并且在此基础上不断尝试在展览空间中接纳不同观众。尽管这源于以和解为目的的社会批判、温和的社会主义和具有传教倾向的严格新教教义，但展览及随后的机构（汤恩比馆）的活动领域却足够开放，允许横向联盟的出现。

在此后的一个世纪里，成立于 1901 年的白教堂美术馆（Whitechapel Art Gallery）连续推出了许多新的学习内容和形式，如今被视为策展和艺术教育中的开创性范例。② 这得益于机构的纲领性指导，不仅要求接触当地观众和艺术公众，而且还要利用这些观众，让机构受到来自不同观众知识的影响。这个计划带来的不是消除或保留艺术机构内部的紧张关系，而是与其进行批判性的接触，尽管这种接触必然是存在冲突的。

回到开头的例子，问题在于艺术机构有多大的可行性。在"他者"观众看来，机构仍在考虑给有关部门打电话。从长远来看，机构可能有必要了解历史铭刻在自己身上的紧张关系，以便

---

① N. Sternfeld, Kontaktzonen der Geschichtsvermittlung, p. 45 ff.
② 参见 C. Mörsch, Die Bildung der Anderen mit Kunst; From Oppositions to Interstices。21 世纪初，白教堂美术馆的地位开始落后于其他机构，例如詹娜·格雷厄姆文章中提及的蛇形画廊。

认清这些是他们工作的基础。如果我们遵循这一思想,那么这一方法也必然会对机构的人员构成及其所代表的主体定位产生影响,将"他者"的知识、态度、兴趣和经验融入策划和教育实践中。

在后表征性博物馆之中

诺拉·斯特菲尔德

在过去的几年里,前沿的展览理论和策展实践领域中,出现了急速的连续"转向",朝向教育①、话语、表演②、舞蹈③和行动主义④,它们常常交织在一起,共同拓展着展览空间的功能。所有这些转向有什么共同之处呢?它们不再将展览理解为展示珍贵物品和表达客观价值的场所。相反,它们把重点放在创造可能性、社交和身体经验上⑤,面对意想不到的邂逅和不断变化的质疑,展览中的不可计划性比精确设计更显重要。展览因此变成了行动的空间。在这种背景下,策展和教育工作密不可分。在这篇文章中,我将该现象表述为"后表征性策展"。为此,我想先试

---

① 参见 P. O'Neill/M. Wilson, Curating and the Educational Turn; I. Rogoff, Education Actualised (http://www.e-flux.com/issues/14-march-2010/vom,最后浏览日期: 2015年5月31日);以及 Schnittpunkt: Educational Turn。
② 参见 B. Beöthy, Performativity, http://tranzit.org/curatorialdictionary/index.php/dictionary/performativity/。
③ 参见 B. Charmatz, Manifesto for a Dancing Museum (http://www.borischarmatz.org/en/lire/manifesto-dancing-museum)。2015年,伯瑞斯·查玛兹(Boris Charmatz)在泰特现代美术馆涡轮大厅展示,详参 http://www.tate.org.uk/context-comment/articles/borischarmatz-the-dancing-museum。
④ 参见 F. Malzacher et al., Truth is Concrete。
⑤ 参见 L. Reitstätter, Die Ausstellung verhandeln。

着去理解它是如何产生的，以及"表征危机"在当下的意义，以便进一步将其放在新自由主义的核心位置来讨论。这本身并不是目的，而是向反霸权实践提出一种建议。如果我们（与葛兰西一样）认为教育和文化是具有争议性的①，那么策展和艺术教育就可以被理解为一种努力创造诠释的行为模式——要么遵循现有的权力结构，要么向它们发起挑战。如果我们把博物馆的任务设定为寻找关键的、解放性的教育和策展实践形式，那么当论及霸权理论时，它们具有一项相同的功能（恰巧与艺术和哲学完全一致）：作为向霸权发起挑战的智识劳动②。

表征危机

长期以来，博物馆制造认同、处理"正当的"和"异质的"、制造或重新制造国家认同、展示有价值的物件和客观价值的事实，这些从未遭受过质疑。但恰恰是这些因素在博物馆内部尚未得到解决。于是，博物馆通过看似中性的"白立方"或生动的展示使自己成为隐形的代理人，以回避这个问题。然而，自20世纪下半叶以来，这一问题开始产生争议。20世纪90年代，文化研究等领域基于以下事实对博物馆进行了一系列批评：博物馆不仅应该展示存在于博物馆墙外的广阔世界中的事物，而且其本身也应该是意义的生产者。博物馆凭借物件、语境、文本和视觉表征，发展出"诗学"（poetics）和"政治学"（politics），以建构

---

① 参见 A. Gramsci, Erziehung und Bildung。
② O. Marchart, Die kuratorische Funktion, pp. 172-179; C. Mouffe, Agonistics, pp. 85-105.

社会信念。① 自此，博物馆掌握着永恒真理和普遍知识的说法也逐渐瓦解：博物馆不言而喻的前提——明显的中立性和客观性，以及明显的差异性（表现为随之而来的资产阶级的、西方的、父权的和民族的"展示姿态"②）——遭到了质疑。如今，我们不可否认博物馆纠缠于权力关系之中。

这种对于博物馆的神圣职责及其民族主义功能的信任丧失，无疑是如今时常所称的"表征危机"的一个重要方面。然而，这一现象更加广泛、层次更多，并且表现在不同的层面上：在20世纪，无论是美学还是政治意义上的表征，都受到了来自理论层面的（不仅是文化研究理论，还包括女权主义、后殖民主义与后结构主义政治理论）、来自艺术界的（我们可以想到许多转变，例如从俄罗斯构成主义运动到"发生"批判制度的转变）和行动主义（自1968年以来的新社会运动及紧随其后的"占领运动"）的全面批判。③ 表征机制因此遭到了多方面的攻击。不断出现的新"转折"阻碍了分析，究其根源，是"表征"将整体上的危机形势简化成了一种一时的趋势。相比追捧不同的趋势，我更希望将自己的分析建立在这种已经持续了数十年（甚至可能已经发展了一百多年）的转变上。在关于表征的多重危机背景下，博物馆的根基受到动摇，受到这一过程刺激的博物馆转变为一个革命性的行动和教育空间。

---

① 参见 H. Lidchi, The Poetics and the Politics of Exhibiting Other Cultures, pp. 151-222。
② 参见 R. Muttenthaler/R. Wonisch, Gesten des Zeigens。
③ 参见 S. Tormey, Occupy Wall Street, p. 133。

博物馆的程序化

博物馆的定义遭受质疑之后，会发生什么呢？博物馆的政治功能、生产真理和价值的力量、永恒不变的地位会改变吗？这种模式过时了吗？蓬皮杜中心（Centre Pompidou）的联合主任凯瑟琳·格雷尼尔（Catherine Grenier）在她的书中反对"博物馆的终结"。她解释说，博物馆作为当代机构，不仅要关注自身发展，而且要处理世界和社会的基本问题。① 这种观点不仅见于格雷尼尔的分析，在上述危机的背景下，许多创新型博物馆方法和教育论述都将社会相关性和变革提上了议程。因此，今天的博物馆比以往任何时候都更被认为是一个平台、竞技场和接触地带。然而，就像博物馆和教育等公共领域中的许多其他概念一样，社会相关性（作为一个不断变化的基于衡量性和实用性的标准）和流行词"社会变革"都是带有矛盾性的表述。因为在新自由主义的改革进程和新的政府逻辑体系中，博物馆正是出于对不安全感和灵活性的考虑而放弃了稳定，关于变革和程序化的论述会使其显得相当陈旧和古板。用《共产党宣言》中的话来说："一切固定僵化的关系以及与之相适应的素来被尊崇的观念和见解都被消除了，一切新形成的关系还没等到被固定下来就陈旧了。"② 关于这一点，巴斯卡·吉伦（Pascal Gielen）写道：

---

① "如果博物馆希望加入智识空间并发挥关键作用（而目前博物馆的存在感颇低），那么它就不应该与社会和世界的问题相隔绝。"C. Grenier, La Fin des Musées, p. 125.

② K. Marx/F. Engels, Manifest der kommunistischen Partei.

毕竟，制度在传统上代表着垂直性、历史深度、教训、传统、价值和庄重、宏伟、稳定和确定性。在一个通畅的网络社会中，这些品质也可以通过衡量产出、公众传播，以及持续的活动被量化表达出来。①

在日益去物质化和经济化的背景下，回归博物馆制度的稳定性和持久性显得十分有趣。② 因为在一切都应该不断变化的地方，问题已不再是改变的必要性，而是通过什么手段来实现社会及其制度的改变。但是，如果区别新旧博物馆并不那么容易呢？就像戏剧并不总是因为（只）具有戏剧性而成为"后戏剧"（post-dramatic）一样，博物馆也并不总是只具有表征含义。因此，后表征性的历史可以被视为博物馆本身历史的一个重要组成部分。除了表征之外，博物馆还始终是提供谈判空间的场所：它虽然守旧且僵化，但还是一个教育、辩论和接触的空间。安克·特希森（Anke te Heesen）写道：

> 从一开始，博物馆就是聚会和讨论的场所，是资产阶级家庭的教育工具，也是建立潜在新关系的空间。根据科隆柯（Klonk）的说法，它们是"体验空间"，不仅包括观看的行为，还包括行走和交谈的行为。③

现代博物馆诞生于法国大革命时期，该时期也处于社会重新分配的背景下。众所周知，在法国大革命之后，开启了一场强有力的去语境化和再语境化的政治进程，卢浮宫中贵族和教会的奢

---

① P. Gielen, Introduction, p. 2.
② Cf. P. Gielen, Institutional Imagination, pp. 11-34.
③ A. te Heesen, Theorien des Museums zur Einführung, p. 185.

华物品现在属于每一个人。哈贝马斯（J. Habermas）将其称为一段从"公共性表征"到"资产阶级公共领域"的过渡。[①] 因此，现代博物馆可能潜在地像具有"表征性"一样具有"后表征性"。博物馆的历史也应该被理解为意义和过程转变的历史，其间的价值不仅需要被铭记，也需要被转变。

参与性策展与教育

"博物馆是一个战场吗？"（Is the Museum a Battlefield）[②] 黑特·史德耶尔（Hito Steyerl）在2013年伊斯坦布尔双年展的演讲中问道。她将博物馆视为一个战场有以下几方面的原因：一方面，自法国大革命以来，这里一直是反霸权斗争和抗议的场所；另一方面，博物馆也确实在建立一种霸权，正如史德耶尔所说，博物馆深深陷入了一个军工复合体的经济关系中。尽管如此，关于表征的众多主张和斗争不能被完全搁置。由于它们是后表征性视角的基础，所以既不会被淘汰，也不会失去其合法性。因此，后表征性绝不应被理解为"在表征的斗争之后"。恰恰相反，上述表征危机只能被理解为这些斗争的结果。"后表征性"从资产阶级、无产阶级、女权主义、反种族主义和反殖民主义的角度，汲取了有关制度的强大知识。一旦它们不再保持沉默，要么就将被挪用成为制度本身（正如法国大革命那样），要么就从制度上

[①] 参见 J. Habermas, The Structural Transformation of the Public Sphere. 众所周知，这一发展经过了表达公众的文学公共领域，我有意识地跳过了这一过程，但它毫无疑问地在博物馆历史中发挥作用。

[②] H. Steyerl, Is the Museum a Battlefield, http://vimeo.com/76011774.

融入主流言论之中。

因此，博物馆的功能不仅在于维护其霸权地位，还在于质疑和挑战。如果我们希望在表征危机之后仍然呈现一个具有社会意义的博物馆，那么我们必须决定它应该偏向哪一边。参照尚塔尔·墨菲的霸权理论，我支持激进民主博物馆理论：根据墨菲所说的"竞争性方法"，其"关键在于揭露那些主流共识试图模糊和抹杀的声音，并在现有的霸权框架下给予那些被迫保持沉默的人以发言权"[1]。这种自视为公共的、智识机构的"激进博物馆学"会是什么样子?[2] 它首先必须与现有的社会斗争团结一致。从这个意义上说，参与性[3]策展和教育正是来自机构外的激进主义者的分析以及博物馆再评估自身潜力的结果。

超博物馆

通过这种方式，一种激进的民主观点点燃了博物馆与其自身关系中的爆炸性力量。它通过自我的解放——从价值的重新评估到公众参与和批判性教育——来审视博物馆的强大功能。它以自己的方式使博物馆成为博物馆。从某种程度上说，这种观点与博物馆的变革潜力以及反抗统治逻辑的社会斗争有关，它既是博物馆的一部分，也是另一种秩序的一部分，而后者可能仍在形成的过程中。这种既不与博物馆相悖、也不能完全定义博物馆的复杂

---

[1] 参见 C. Mouffe, Agonistics, Thinking the World Politically, pp. 92-93。

[2] 参见 C. Bishop, Radical Museology。

[3] 参与性策展概念的提出应归功于与苏黎世谢德哈勒美术馆的策展主管、管理层凯瑟琳·莫拉韦克（Katharina Morawek）的多次对话。

关系可以用介词"para"（超）来描述。希腊语介词"παρά"不但有着"从、靠近、在一边、旁边、并排、期间"等时间和空间上的含义，而且有着"相比之下、相反、反对"等比喻的含义。在希腊语中，它是围绕分歧而不是矛盾的，后来成了拉丁语前缀"contra"（相反）。

如果我们同时把超博物馆（para-museum）看作一个内部和一个外部，与博物馆是一种寄生的关系，那么我们会产生一种利用博物馆（其解释主权和基础设施）的颠覆性想法。因此，正如马塞尔·布达埃尔（Marcel Broodthaers）在谈到他的现代艺术博物馆（Musee d'art Moderne department des Aigles）时表示："虚构的博物馆试图窃取官方的、真实的博物馆，以赋予其谎言更大的力量和信誉。"① 事实上，许多颠覆性的挪用不仅发生在艺术博物馆，而且发生在超博物馆的教育部门内部，即在关注的视线下，教育者与观众共度的数小时里，他们扮演的分别是监视者和搬运工的角色。而周末通常是在没有记者、策展人或馆长在场的情况下，很多人是大胆的、敢说的、敢做的，事实上，这并不符合机构所定义的目的。斯特凡诺·哈尼（Stefano Harney）和弗雷德·莫顿（Fred Moten）在他们的著作《下层民众》（*The Undercommons*）② 中将这种与机构的颠覆性关系定义为下层民众的反抗，他们试图在博物馆内找到一个可以挑战该机构的空间，即使他们没有受到邀请或委托。哈尼和莫顿将这些与机构的规范和效用逻辑背道而驰的行为称为"逃避行为"。

---

① Marcel Broodthaers in interview with Johannes Cladders, p. 95.
② S. Harney/F. Moten, The Undercommons.

在某种程度上,他们的批判似乎深陷于新自由主义和(新)殖民主义的环境,而并不适用于彻底的机构民主化改革,他们写道:

> 相比之下,下层民众可能被认为对批判持谨慎态度,甚至感到厌倦,同时致力于(有可能在未来实现的)集体主义。由于普世意识和自我认识的退化,下层民众在某种程度上试图逃避批判及普世意识,正如安德里安·派普(Adrian Piper)所说,他们撤退到了外部世界。①

然而,这种形式的逃避也牺牲了任何持久和稳定的可能性。作为回应,我想提出一种超机构的立场,即不退出争夺霸权的斗争,但又不仅是单纯的颠覆性立场。从下层民众的角度来看,这类机构意味着什么?这种立场在政治理论家看来可能是幼稚且矛盾的。然而,如果我们根据福柯和葛兰西的理论分析权力关系,就会发现虽然它们是对立的,却在对立中产生了不同形式的抗力。因此,监督制度并没有完全取代纪律制度。即使在后工业时代的认知资本主义的条件下,对全球劳动力的大规模工业剥削也仍在继续。正如上文所述,后表征性博物馆本身同时受到新自由主义和解放力量的指引。我想提出的是一种可以且必须与机构本身矛盾的超机构立场。因此,我主张建立一种超博物馆,在这里,逃避性和连续性并不互相排斥,可以同时思考独特性和集体性,并且在坚持批判的同时优化重新分配的形式。为了使这种定位合理化,最重要的是将其置于博物馆内部,我建议对博物馆的传统功能进行超机构的解构。从收藏、展示、组织、研

---

① S. Harney/F. Moten, The Undercommons., p. 38.

究和教育等功能出发，我们可以推导出五种激进民主主义策展实践的策略：1）挑战档案；2）挪用空间；3）组织对立的公共领域①；4）生产替代性知识；5）激进化教育。

在我的研究中，我收集了一些关于超博物馆策略的案例研究。我有意识地不去区分艺术、策展和教育方法，因为我不是在寻找归属，而是在探究这些策略发展出反霸权功能的能力。因此，我的目的是在此阐明以下方面：

在"挑战档案"的标题下，我指的是通过对历史和藏品的审视"来起到价值编码工具的职责"②。如果用福柯的理论来思考③，那么我们的目标就是挑战那些能说、能看、能想的存在。这已经在艺术理论、行动主义、教育和策展实践中发生了数十年。在这里，藏品的类别和对历史的理解被打乱④，并且重新遭到质疑⑤。

---

① 在这一背景下，政治理论家奥利弗·马尔卡特（Oliver Marchart）用陈述和定位的方式将展览称为"前职务"。对他来说，策展人的职能在于组织公共领域，通过这种方式，公共领域才是集体的、政治的和基于团结的，即"一种旨在实现不可能的实践：霸权话语将其定义为不可能的实践"（O. Marchart, Diekuratorische Funktion, p. 174）。
② "你不是基于历史或哲学发现来决定立场的，而是基于颠倒、取代和夺取价值编码工具。"（G. C. Spivak, Outside in the Teaching Machine, p. 63）
③ M. Foucault, The Historical a Priori and the Archive, pp. 126-131 and ibid., Lecture one, pp. 1-22.
④ 在展览和研究项目"双边经济"（Double Bound Economies）中，策展人多琳·门德（Doreen Mende）以德意志民主共和国的照片档案为基础，通过艺术作品、访谈和讨论来解构东西方的二元逻辑。该项目保有在线记录，见 http://www.doubleboundeconomies.net/。
⑤ 在《从西方文化到西方以外文化的修复》（The Repair from Occident to Extra-Occidental Cultures）中，艺术家卡德尔·阿提亚（Kader Attia）展示了被战争摧毁而后修复的面孔及物品。他在传统民族志表现模式中创造了一种物质互动，并打破了二元殖民主义的表现逻辑。

替代方案与现有的叙述交织在一起。① 特别是在有关黑人解放的主题中，历史常常被回过头来以反对种族主义和暴力知识生产的方式写作。② 非裔美国文化理论家贝尔·胡克斯（Bell Hooks）将其称为"回嘴"③。这一想法是于"莫扎特年"（2006）在一场名为"让它为人所知"（Let It Be Known）的展览中，由一个奥地利黑人历史研究小组提出的。该展览旨在进一步解决人们对奥地利黑人历史书写中缺乏自主实践问题的认识。由于黑人的历史根本不存在于博物馆之中，因此无法通过展览呈现，为此，该小组通过一首嘻哈歌曲，向博物馆主导的知识形式、坚决抵抗的策略以及谈判过程发起了激烈的对抗，直面如何用不同的方式重新书写历史的问题。从这个意义上来说，艺术家梅萨科·加巴（Meshac Gaba）等人针对非洲当代艺术博物馆做出了如下评论：

> 非洲当代艺术博物馆不是一个模型……它只是一个问题。它是暂时的、易变的，是一个概念上的空间，而不是物理上的空间，是对西方艺术制度的一种挑衅，它不仅致力于当

---

① 参见 2014 年柏林 SAVVY 当代博物馆（SAVVY Contemporary）的展览和研究项目"赋予阴影以轮廓"（Giving Contours to Shadows），http://savvy-contemporary.com/index.php/exhibitions/giving-contours-to-shadows/。
② 参见 B. Hooks, Talking Back。
③ LET IT BE KNOWN! Counter Histories of the African Diaspora in Austria, Wiener Hauptbücherei am Gürtel, 17th of May until the 31st of August, http://translate.eipcp.net/calendar/1178811841♯redir。我的同事兼合作策展人阿拉巴·伊芙琳·约翰斯顿-亚瑟（Araba Evelyn Johnston-Arthur）在项目中为我提供了重要的策展策略和激励。她让奥地利黑人历史研究小组活跃了起来。我还要感谢贝琳达·卡泽姆（Belinda Kazeem）和克劳迪娅·昂特维格（Claudia Unterweger），她们都是研究小组的成员，致力于联合探索贝尔·胡克斯在展览史上的重要作用。

代非洲艺术,而且质疑为何在最初就存在着边界。①

"挪用空间"和"组织对立的公共领域"处理的是利用展览空间创造公共领域的情况。在这种情况下,人们经常会谈到"接触地带""集会空间"和对抗空间。② 近年来,许多展览和教育项目都侧重于这种意义上的谈判形式和行动。③ 艺术教育家克劳迪娅·胡默尔(Claudia Hummel)以"这是一栋美丽的房子,它应该被利用"(Es ist ein schönes Haus. Man sollte es besetzen)④ 为标题讨论了该话题。基于教育实践的具体案例,她将此类"利用"置于第12届卡塞尔文献展(Kassel Documenta)和第6届柏林双年展等大型展览的中心。同时,她批判性地反思了这样一个事实:正在发生的大多是公共空间和利用的表征,而非事物本身。

尽管如此,她还是成功地在谈话和日常生活的记忆中创造了激进知识转移的重要时刻。然而最重要的是,胡默尔叙述了一场针对柏林的博物馆的真实"冲突":

---

① M. Gaba, Tate Shots. Museum of Contemporary African Art, http://www.tate.org.uk/whats-on/tate-modern/exhibition/meschac-gaba-museum-contemporary-african-art.

② 参见"变革者K"维也纳办事处的"例如,这和我有什么关系?纳粹过去的跨国历史形象"(Und was hat das mit mir zu tun? Transnationale Geschichtsbilder zur NS-Vergangenheit, http://www.trafo-K.at/projekte/undwashatdasmitmitmirzutun/),我就此撰写了题为《历史教育中的接触地带:学习关于后纳粹时代移民社区的大屠杀》(Kontaktzonen der Geschichtsvermittlung. Lernen über den Holocaust in der postnazistischen Migrationsgesellschaft)的论文(维也纳,2013年)。

③ 参见我和蒂姆·麦基(Teemu Mäki)一起于2013年冬天在赫尔辛基奥古斯塔画廊(Gallery Augusta)策划的"谈话时间"(Talking Time)项目。我们与表演理论家朱利亚·帕拉迪尼(Giulia Palladini)就项目的可能性和局限性进行了对话,详见 G. Palladini, Taking Time Together, https://cummatudies.files.wordpress.com/2013/08/cumma-papers-61.pdf。

④ C. Hummel, Es ist ein schönes Haus, pp. 79-116.

2001年11月6日，三十多个脖子上挂着大画幅照片的人占领了柏林太子宫（Kronprinzenpalais）。正在展出的"出埃及记：飞行与无家可归 1994—2000"（Exodus：Flight and Homelessness 1994-2000）展览展出了巴西摄影师塞巴斯提奥·萨尔加多（Sebastiao Salgado）的作品。……占领博物馆的人是勃兰登堡难民倡议（Flüchtlingsinitiative Brandenburg）的成员，这是一个1998年成立于柏林附近的寻求庇护者协会，一些来自柏林的激进倡议者为其提供支持。勃兰登堡难民倡议的目标是在勃兰登堡地区和整个德国废除强制性的居住法规，并反对种族歧视。之所以选择这个行动时机，是因为联邦内阁将于翌日通过一项有争议的法案，内容涉及移民和外国人的权利，以及第二套反恐法。他们带来的黑白照片描绘了柏林郊区的小镇拉特诺（勃兰登堡州）的难民宿舍中寻求庇护者的日常生活。他们住在组装的房屋里，等待着他们的申请被接受或拒绝。……激进分子前来是为了在"出埃及记"展览中增加一个与主题相关的展览。他们已经做好了专业的准备，为展览的开幕式写了一份新闻稿，并试图背诵它——虽然这最终没能实现，因为他们被博物馆管理人员赶了出来。在随后致塞巴斯提奥·萨尔加多的公开信中，激进分子向他寻求支持或至少是他的态度，激进分子指出，博物馆报警的行为可能导致至少三十名寻求庇护者被逮捕（因为他们参加这次行动是违反居住限制的）。①

尽管在这种情况下，博物馆是为了应对骚乱而报了警，但对

---

① C. Hummel, Es ist ein schönes Haus, pp. 105-110.

于克劳迪娅·胡默尔来说，它代表了更新博物馆理念的一个关键时刻。事实上，这种情况只代表了挪用博物馆空间的众多例子之一——从"占领博物馆"开始，2013年的秋天，维也纳美术学院（Akademie der bildenden Künste Vienna）也被激进难民占领。因此，批判教育家克劳迪娅·胡默尔认为，正是由于占领博物馆的可能性，博物馆作为行动和经验空间的内在功能才可以得到描述。

"生产替代性知识"的目的是使博物馆在知识生产和研究方面具有关键的潜力。"激进教育"聚焦本文中提及的作为批判教育实践的项目，这些项目近年来已在国际上获得了重要地位。准确地说，这涉及博物馆、参与性行动研究和激进调查的交集——"无纪律的知识生产"。詹娜·格雷厄姆（Janna Graham）在艺术教育的语境中提到了一种"寄生计划"（para-sitic agenda）。

> （它）并没有声称自己是完全独立的，而是要求主动占领该领土，将其作为批评和冲突的场所。从这个角度看，"寄生"行动可能从文化机构这一营养丰富且问题严重的领域中获益，然而，它们把自己的意图、空间和受众定位在"这里"，而"这里"可以同时存在于其他地方。这个"其他地方"不应只被认为是一个地点，而应被视为一幅亲密关系的地图，将所有争取从排斥和剥削的暴力中解放出来的人们联系起来。①

它们总是对自身所处的环境做出反应，表现出批判、挑衅、深思、颠覆性、断然、高效和不服从。在它们的矛盾特性中，这五个策略是同时属于机构和超机构的。它们既诞生于机构自我理

---

① J. Graham, Para-Sites, p. 131.

解的中心，又有机地构成了机构外主张的一部分。它们把挑战经典的情况集合起来，创造出另一种基础模式。通过这篇文章，我认为这种有组织的智识劳动不仅是一种可以反抗博物馆的力量，而且是一种内在的能力。因此，后表征性博物馆是一种服务于知识经济的新自由主义转型模式，但如果我们重新评估其公众价值的潜力，它也属于一种超博物馆。

图48 "冲向战斗！参加战斗！"（Frisch zum Kampfe! Frisch zum Streite!）［引自《后宫诱逃》（Die Entführung aus dem Serail），第二幕，第13号咏叹调，佩德里洛］。维也纳斯图瓦维尔蒂尔（Stuwerviertel）的一个涉及标准化、叛乱和排斥的项目。由柳博米尔·巴拉蒂克（Ljubomir Bratic）与诺拉·斯特菲尔德作为"隐藏的历史/重塑莫扎特"（Verborgene Geschichte/n-Remapping Mozart）展的一部分策划，该展是维也纳莫扎特年（2006）的项目之一

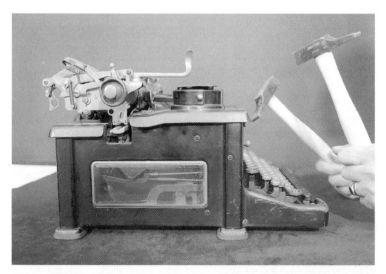

图 49　莫尼尔·法特米（Mounir Fatmi），"历史不属于我"，2014 年，古董打字机、锤子、桌子、台灯、打字纸、录像带和棒接球游戏

图 50　"这是一栋美丽的房子，它应该被利用"，克劳迪娅·胡默尔在教育转向系列工作坊上的演说，施尼特朋克特（schnittpunkt）提供，2010 年 9 月 19 日

图 51 "谈话时间",赫尔辛基奥古斯塔画廊,2013 年 3 月,由诺拉·斯特菲尔德、蒂姆·麦基(Teemu Mäki)与朱利亚·帕拉迪尼(Giulia Palladini)合作策划

"与"的解析

詹娜·格雷厄姆

作为"与"的美术馆及博物馆教育

尽管近年来,尤其是在英国,美术馆和博物馆教育越来越受到重视和关注,但是在许多文化机构中,人们仍然经常将教育放在"与"的位置上。这种"与"的功能既可以被视为一座沟通公众和藏品及展览的桥梁,也可以被视为一种附加,用来创造更大、更吸引眼球的精彩效果。这些"与"的功能通常被描述为美术馆的立馆之本,然而到了削减预算的时候,它们常常是第一个被砍的项目。不过,"与"的意义依旧重大,它介于展品和观众、主题和结果、观念及其支持者、文化经验的公共性以及塑造它们的物质和情感条件之间。通常,美术馆和博物馆教育的"与"需要去应对和弥补解放文化的承诺,以及佳亚特里·斯皮瓦克(Gayatri Spivak)所说的文化生产的矛盾模式之间的鸿沟,还有资产阶级与品味制造、殖民主义和国家的和平计划与新自由主义的管理逻辑的深刻纠缠关系。

教育作为"与"成了当代文化创造的一个组成部分。它不仅为特定部门或专业人士所关注，而且与文化组织的各方面都相关——从公众到艺术家，从清洁工到策展人，从教育工作者到会计师。尽管这些关系有着深远的历史基础，但是它们仍在继续发展，在日常文化工作中往往潜移默化且不为人知。

有条件的思考：暗藏的术语

最近，有关策展和教育的问题越来越趋同[1]，人们通常将重点聚焦于"谁被称作什么""谁该对什么负责"以及"谁有资格做什么"的细节。这些细节遮蔽并分散了人们对于更宏大的议题，即文化机构解放教育的花言巧语及其组织实践之间的矛盾的关注。这里存在两方面的危险：一方面，它会分散教育工作者、策展人和其他人的注意力，使他们无法专注于支持（如曾经在倒退的城市和社会政策中）与解放相悖的过程，然而目前，艺术委派和教育都发挥着越来越重要的作用。另一方面，解放教育往往缺乏实践或理论上的联系，它可能超越了普通工作描述的范畴，更依赖于解放性社会变革的共同承诺。

在日常文化工作的细节以及教育人员和策展人员之间官僚主义的关系中，充斥着各种冲突和对立，如何命名和应对这些冲突和对立？如果围绕解放教育学、社会利用和后资本主义存在的共同承诺进行规划，将会出现什么样的文化领域？谁会成为盟友，谁又不会？解放教育的历史给我们提供了哪些工具来分析和应对这些情况？

---

[1] P. O'Neill and M. Wilson, Curating and the Educational Turn.

本文试图通过一些从激进教育实践衍生出来的工具回答上述问题。我在其他地方以共同的标题"有条件的思考"概述了这些激进教育。"有条件的思考"是我根据自己的经验得出的，它呼吁我们关注文化制造的表征（通常是乌托邦式的）方面所显示出来的内容与其生产模式中经验的不连续性。① 或许正如英国概念艺术团体"艺术与语言"（Art and Language）曾经建议的那样，我们应理解"我们真正处于何种历史条件中，而不是我们想要、需要、相信或者被迫支持什么样的历史条件……"② 我要介绍的第一个工具是由制度教育学（Institutional Pedagogy）的实践提供的。它由吉恩·欧瑞和费尔南德·欧瑞（Jean and Fernand Oury）在 1958 年创立③，旨在理解制度中发生的、超出其预期学习范围之外的学习活动——另一位解放教育家伊万·伊里奇（Ivan Illich）称之为"隐性课程"（Hidden Curriculum）④——制度教育学为精神病学科从业者提供了一个框架，以分析制度及其中产生的超出其明确架构或官僚组织的情况，他们让从业者将制度理解为一系列发生在其内外的行为教学法。这里介绍的第二个工具来自流行于拉美教育工作者中的作品，他们基于《被压迫者的教育学》(*The Pedagogy of the Oppressed*)⑤ 开发出了一套"命名冲突"的方法，揭露并处理了殖民主义和资本主义生活经验产生的矛盾。第三个工具来自一个"寄生场所"（para-site）的形象，是从哲学家米歇尔·塞尔（Michel Serres）的作

---

① J. Graham, Between a Pedagogical Turn and a Hard Place.
② C. Harrison, Conceptual Art and Painting, p. 27.
③ F. Oury & A. Vasquez, Vers une pédagogie institutionnelle.
④ I. Illich, Deschooling Society, p. 56.
⑤ P. Freire, Pedagogy of the Oppressed.

品和我自己与当代社会活动家的工作中提取出来的①，它代表了一种栖居于不认同的组织机构中的寄生者，通过采取和表现出不同的行为来重组机构的实践。

这三种有条件的思维模式是"可能性研究中心"（Centre for Possible Studies）在成立的头五年中所经历的紧张局势和冲突的背景下得到的探索。该中心是蛇形画廊的一个馆外教育和策展项目②，其中艺术家、教育家和激进分子展开了针对伦敦埃奇韦尔路（Edgware Road）街区的城市不平等问题的"可能性研究"。这些不平等问题是由埃奇韦尔路街区所在的伦敦中心位置产生的——该地区位于威斯敏斯特（Westminster）区，这里曾是16世纪留给教会和当地贵族的土地，居住着伦敦的富有家庭。同时，该地也是汇聚着世界各地移民的中心区域。埃奇韦尔路南端的水烟咖啡厅和移民经营的店铺——毗邻著名的"演讲者之角"，这里曾是公开实施酷刑的地方——为新移民提供了就业和文化生活的空间，尽管他们不太可能负担得起在该地区长期生活的支出。无论如何，这些地方是非正式教育、政治组织、文化生产和娱乐的场所。③ 威斯敏斯特议会中的保守党代表提出将该地区"提升"为属于富裕居民的区域，明确要求整顿移民店铺，使之符合当地的规划。"整容"和"卫生"两词都经常被用来描述这

---

① 参见 M. Serres, The Parasite, and the Manifesto by Media Activist Collective CAMP, https://pad.ma/texts/padma:_Theses_on_the_Archive/，另参本文中引用的与性工作者权益组织"x:对话"（x: talk）的采访节选。
② J. Graham, et al., On the Edgware Road.
③ 有关移民企业的历史及其与该地区地方政策的互动的更多信息，请参阅 CAMP, A. Khalaf, & J. Graham, Pleasure: A Block Study.

一地区的乞丐以及当地商业的形象和特征。① 沿着埃奇韦尔路再往前走，一个名为"教堂街"（Church Street）的区域正经历着一场典型的中产阶级化进程。该地区居住着白人工人阶级、新移民，以及生活在社会保障房中的难民。在地方议会和私人开发商的共同推动下，这些高楼将以"重建"的名义被拆除。加上住房福利制度的计划性改革，贫困居民不得不转移到伦敦的其他区域，甚至英国的其他城市。② 埃奇韦尔路两边的开发势力都将蛇形画廊和其他主流艺术组织看作发展过程中的资产，不仅因为他们有能力为公共委员会引荐"重要"的艺术家，而且因为他们在城市规划的美学维度上具有权威性。尽管可能性研究中心尚未从开发商和议会成员那里获得直接资助，但是却收到了可以用作办公场所的空楼等赠礼，这让我们与发展过程联系在一起，使我们有必要了解情况并站队。可能性研究中心的名称本身就是对这些过程的回应。许多感到迫近的迁移压力的当地居民表示，开发商和政府进行的当地"研究"未能反映出他们对该地区可能发展的看法。

这篇文章源自我任埃奇韦尔路项目指定策展人时的亲身经历，记录下美术馆工作人员、当地官员、年轻人、自发组织的性工作者和参与其中的反种族主义的剧院工作人员围绕该项目的言论，本文将重点介绍在文化领域将"有条件的思考"付诸实践的过程中产生的紧密关系、冲突和脱节现象。

---

① 该地区的官方计划和用语请参见 www.edgwareroadpartnership.co.uk/。
② https://www.westminster.gov.uk/church-street-neighbourhood-regeneration。

迈向制度教育学

违背人们意图的文化创造实践能教会我们什么？

多年来，我始终就这个问题与现在和未来的文化工作者们讨论，从概念基础出发，通过他们的组织实践，对政治艺术和教学计划的构成进行剖析。通常文化创造始于一个良好的意图和崇高的目标，例如"分享环境破坏的信息""反对边境管制"或"创建一个挑战新自由主义的平台"。随着我们对于生产流程的描述，一种模式开始浮现：馆长或董事会创建语境，作为回应，策展人或教育家（通常与艺术家合作）提出一种想法，随后这种想法被通过一套程序、营销手段、行政人员、制造商与安装人员、保安、餐饮服务人员、清洁工，以大众的方式传递给公众。有时，通常在项目的后期阶段，人们会寻求与当前主题相关的赞助商或团体的参与。与参与相关的时间往往会被缩短，受可利用的资源与分配给该项目的时间段限制，该主题还没来得及引起人们的兴趣就沿着生产流程往下走，工作条件变得更加岌岌可危，生产过程的透明度对相关人员来说也变低了。

在这种剖析中，关注和讨论的焦点——即使是通过像制度批判这样的批判方法——都集中在呈现或交付的时刻，而没有对其他无数涉及文化产生的实践进行审视和讨论。

1958年，吉恩和费尔南德·欧瑞在法国提出了制度教育学，试图理解其核心——制度生活的前表征性（pre-representational）、表征性（representational）和后表征性（post-representational）三者之间的动态关系及其更容易辨识的呈现层面。制度教育学的从业者在精神病诊所和学校等"大型架构"中,将教师、学生、父母、精神病医生、清洁工、服务使用者和艺术家纳入一种认知过程,明确了制度的运作、学习和教学方法——无论是机构内部的,还是它们在与家庭、社区的关系及其社会历史地位中表现出来的。他们将制度理解为砖石和水泥,官僚机构、体系架构和规则明显地加强了这样的结构,而且通过塑造它们的欲望和时常相互矛盾的叙述,认为其跨过并超越了一般被视为的"制度",成了"生活的场所"。他们不仅致力于分析制度所产生的显性和隐性的学习实践,而且采取干预的措施,打破这些实践,替代以能够围绕社会正义原则从根本上重塑制度的其他形式。制度教育学源自两种现象的相遇:其一是19世纪四五十年代在法国现代教育复兴运动[Ecole Moderne,或称弗雷内特运动(Freinet)]① 中,学生被鼓励通过合作使用印刷出版和学校理事会,来评论或改变学校的组织;其二是将这些技术应用于居民精神病诊所的住院部。制度教育学同时属于教育学和精神分析学的领域。它在不同教育领域发挥作用,产生了费利克斯·加塔利(Felix Guattari)所说的对不言而喻的结构设施②的"横向"分析,"使不再为了一块肥皂而吵架变得可能",以及"定义什么'可以做或者不可以做'的全部规则"。③

制度教育学认为,我们除了需要对于制度及其内外配置的整体性理解,还存在着制度化实践,即"基于欲望和爆发性关系的微观利益群体以及涉及亲和与厌恶的微观政治"。从微观政治学

---

① A. Vasquez & F. Oury, The Educational Techniques of Freinet.
② F. Guattari, The Transference, p. 63.
③ Fernand Oury quoted in J. Pain, Institutional Pedagogy.

的角度来看，机构不会向资助人或者其他任何人妥协，而是服从更广泛的利益、主体性和期待，从而成为社会性的、创造性的和生产性的场所。

从以下三个方面思考文化机构变得非常重要：第一，通过市场调查等方法以反对社会在某种程度上处于文化生产与艺术呈现之外的观念；第二，驳斥文化机构中的同质化解读，这些解读——无论是批判性的还是肯定性的——都倾向于言听计从，几乎没有空间来拆解形成这种制度相互冲突的利益，以及学习的需求；第三，关注那些最不显眼的学习方面，因为文化机构通常有极大的权力通过强制、服从和沉默的文化确保其霸权结构。

从方法论上讲，制度分析包含了"微观专题研究"的使用，它由在机构扩展领域工作的人们，以及受到影响、因而形成了干预基础的团体实行。其中的核心工作概念是通过文本或参与制定者的言行来判断的。正如雅克·佩恩（Jacques Pain）在他对制度分析及其与暴力的关系的评论中所说："只要有倾听的地方，制度就会说话。"① 倾听制度如何说话的实践使得他们的概念得以揭露、转换和调整，从而介入它们所产生的"生活场所"。

如果我们以这一扩展定义来理解文化机构，即将其作为生产性的制度教育学的场所，那么该如何进行这样的分析呢？

---

① Fernand Oury quoted in J. Pain, Institutional Pedagogy.

以扩展的形式谈机构:"它们将为社区带来强大的策展愿景"

2008年,我受蛇形画廊的邀请,在埃奇韦尔路街区开发了一个艺术项目。该项目基于画廊与社区居民之间的长期关系,其形式既包括标准的美术馆教育(例如与展览相关的学校和社区参观),也包括特殊项目,最近的是艺术家在当地学校为期两年的入驻。该地区的人们表示希望这种关系能继续下去。① 于是,我们计划在公共委托策展模式和美术馆教育模式之间进行试验。该项目也源自蛇形画廊作为"中东"代表的兴趣,成为吸引国际艺术家和中东地区机构的门户。后来,该项目被重新配置,成为本文引言中所述的、反抗该街区中产阶级化斗争的代理人和盟友。项目在早期阶段就显露出了相互矛盾的利益关系。因此,对于我本人以及参与项目概念化的艺术家和活动家来说,有必要创建非正式的"倾听场所(或实践)",以记录美术馆和社区中人们眼中和脑海中出现的制度性讨论。通过这些倾听的方法,出现了许多关于扩展机构形式的言论:

- 民主化的言论:我们将"改变社会","为那些最边缘化的人服务","不将重点放在美术馆的推广,而是放在为社区提供服务上",成为"临时自治区","改变对该地区的看法","改变艺术实践","消除教育家与策展人之间的分歧",以"横向"和"自下而上"的决策过程对抗美

---

① S. Tallant,'School of Thought' in Dis-assembly, pp. 9-14.

术馆和地方政府"自上而下"的文化政策；
- 官僚主义的言论，暗示该项目并非必要，为当地移民社区提供"整合"，"重建"该地区，并为社区提供"强大的策展愿景"；
- 先锋的言论，特别关注那些"崭露头角"的艺术家，他们可能通过自身在艺术界的突出表现，为参与性或"社区"工作吸引更多关注；
- 围绕品牌的言论，询问"人们如何知道这是蛇形画廊的项目"以及如何知道"我们所付出的努力"。

上述不同言论中的矛盾表明，此类项目在这个高度新自由主义的时刻占据了一个奇特的交叉地带——它既是民主化的，又是家长式的，既是社会导向的，又是市场产生的，既充满理想主义，又包括了让步。它们由过去争取社会正义的集体斗争，以及当代霸权侵占和私有化模式的二元论所支撑。例如，其中一些表述与19世纪90年代美术馆教育家的论点相呼应：如爱尔兰现代艺术博物馆（Irish Museum of Modern Art）馆长德克兰·麦戈纳格尔（Declan McGonagle）曾言及的实现"庙堂合一"①；艺术家自身已经转向了参与性的、教育学的或"关系式的"内容，因此教育是实践这些新形式的重要场所，且理应冠有策展的头衔；教育项目可以带来额外的国家、基金会或公司的资助；这些项目还将为未来美术馆的常客和支持者带来重要的经验。

这些言论还与19世纪七八十年代的转型过程中实施的城市

---

① D. McGonagle, The Temple and the Forum Together, pp. 21-24.

政策转变中的要素产生了共鸣。这一时期，伦敦的政客们将城市解放艺术运动描述为使当地人的视线聚焦于发展的"积极方面"的行动。① 他们利用这种逻辑从"艺术是为'公共利益'而存在的"的悖论中获益，在肯定阶级等级和社会精英主义的同时，政府和开发商经常将艺术家和艺术组织纳入发展过程的各个阶段，大卫·哈维（David Harvey）将其描述为后现代时期城市政策中的一场从伦理到美学的运动。② 如上所述，可以从代表性美学的角度理解地方规划者认为美术馆参与可以为社区带来一种"强大的策展愿景"，但这也反映了围绕机构的艺术委托实践美学的"策展愿景"是脱离公众的同义词。在这里，艺术教育学的"与"被置于民主进程中的"乌合之众"所关心的事物（如保障住房的急剧减少、工人阶级市场价格的可持续性）之上，它是应对发展的强制性所采取的软性外交的委婉表达，产生了一种围绕已确定并且将通过议会、开发商和警察的勾结得到暴力维护的参与的幻象。

在这些不和谐的声音中，还可以听到社会正义运动的反复低语——它们呼吁发挥艺术的社会功用，与穷人的利益保持一致，并将艺术和教育的责任融入他们所服务的斗争中。然而，它们之间亦存在着紧张关系，汉塞尔·恩杜姆贝·埃约（Hansel Ndumbe Eyoh）将19世纪七八十年代激进社区剧团的作品描述为激进文化运动的"驯化"，这些团体为了获得人们对自身作品

---

① 参见 GLC, State of the Arts or the Art of the State; LCC, An Arts and Cultural Industries Strategy for Liverpool; URBED, Developing the Cultural Industries Quarter in Sheffield.
② D. Harvey, The Condition of Postmodernity, p. 6.

的认可，常常忘记项目更远大的目标：从压迫中彻底解放社会。① 忽视后一个目标使得从业人员始终为解决官僚组织实践所产生的问题苦苦挣扎，而不是专注于现有逻辑之外的"不可能"的要求，并呼吁进行根本性改革。这种对需求和欲望的管理是新自由主义治理策略的核心特征。

命名冲突，并不仅仅只在名字上

按照恩杜姆贝·埃约的描述，导致专业人士与社会运动疏远的缘由之一，是他们无法在特定空间中进行实践。在这种空间中，为了社会正义，人们似乎提出了不可能得到满足的要求。从这个描述来思考，那些对社会不公具有最深刻认识和智慧的人们被重新塑造为"听众""参与者""用户""弱势群体"，通过这种命名行为，他们变成了各种机构目标——哪怕是最具解放性的那些——的"他者"，因而需要被"吸引""捕获""作为目标""纳入"等。

如果我们通过建构的话语和微观环境来理解机构的拓展和教学形式，那么倾听那些被视为在外界的社会空间里塑造机构的人们的观点就至关重要。

除了聆听埃奇韦尔路项目奠基人的发言外，2009年，我们还建立了"可能性研究中心"，它位于埃奇韦尔路的废弃建筑中，作为档案和社区资源，坚定地致力于社会公正。对于参与这个动态项目的社区团体和艺术家来说，大众教育的研究和实践已成为

---

① N. H. Eyoh, Beyond the Theatre.

项目的典型特征。这项研究引导我们思考如何对塑造我们工作的矛盾性力量进行深刻反思和批判性的干预。与制度教学法一样，大众教育实践亦邀请团体分析并重新定义命名世界的术语。在《被压迫者的教育学》中，巴西教育家保罗·弗莱雷（Pablo Freire）概述了一个过程，在该过程中，人们将他们对权力经验的集体分析作为创造理解和干预术语的基础。这种同时涉及表征和非表征的方法（弗莱雷将其描述为"编码"和"解码"），旨在矛盾的条件下命名并采取行动。在弗莱雷关于行动与对话的辩证概念中，不进行对话的行动就是"激进主义"，即草率的回应，而不采取行动的对话则被认为是"疏远的废话"。① 尽管弗莱雷本人的著作更多地聚焦于意识培养的过程，而较少关注团体如何从这些活动转向采取革命性行动，但是弗莱雷的著作启发了桑地诺解放阵线（Sandinistas）、20 世纪 80 年代末的反北美自由贸易协定运动等事件。这表明命名（和强调）关于压迫的冲突构成了大众教育的一个重要方面。这里的命名不只是创造新术语，而是进入了孕育行动的层面。在这里，可以将解放教育工作者与"参与者"和"实践的行动者"区分开来理解：对于后者而言，大众教育提供了一系列工具，他们用大众教育的方法和工具来确保国家和企业的权力，以及全球资本的分配。② 而对于解放教育工作者而言，"命名冲突"是对压迫性制度进行激烈反抗的承诺，与那些感受到最深刻压迫的人们站在同一边。

---

① P. Freire, Pedagogy of the Oppressed, ch. 3.
② 在拉丁美洲，大众教育已经被进步政府借鉴，在不质疑国家权力的基本结构或资本的全球分配的前提下，参与创造工具，关于这一点的敏锐分析可见 R. Zibechi, Territories in Resistance, ch. 4.

在埃奇韦尔路项目实施的五年中，我们与参加剧院工作坊的移民和非移民一起进行了"命名冲突"的实践，后来被称为"纠缠剧院"（Implicated Theatre）。作为可能性研究中心一个长期的核心小组，纠缠剧院采用改编流行文学与戏剧的策略，来分析小组中不稳定的移民和文化工作者所面临的各异和重叠的问题。该小组的名称"纠缠"来自奥古斯都·波瓦（Augusto Boal）的"被压迫者剧院"（Theatre of the Oppressed），用以塑造一种形象（波瓦对身体造型的称呼），这种形象清晰地显示了被压迫者/压迫者的形成未能充分反映群体经历自身权力的方式，也未能反映压迫的力量。在波瓦的作品中，这些实体常常被认为是有区别的，而在当代语境下的工作坊里，压迫者往往是多元的，面孔众多，存在于每个小组成员之中。当被翻译成项目参与者的多种语言时，"纠缠"这一术语既描述了这种情况，也表明了小组渴望通过团结的行动、"纠缠"到彼此的生活中。

该小组列举了一些与移民经历有关的冲突，以创作戏剧作品支持伦敦当代的运动，包括"反突袭网络"（一个由移民领导，同时开发工具和直接行动干预，以反对国家批准的针对移民的突击检查的联盟）、"为家庭佣工伸张正义"（Justice for Domestic Workers）（一个致力于为移民家庭佣工创造更好条件的组织），以及"酒店工人联合"（Unite Hotel Workers）工会（作为联合工会的一个分支部门，其工作包括从移民劳工中汲取经验，开发适用于酒店部门的新组织工具等内容）。

同样重要的是，该小组也借助命名的实践来质疑自身内部的权力关系，以及与"主办"机构——蛇形画廊的关系所引发的资源分配。这些命名实践的发生源于不同的立场，有些成员并不熟悉蛇形画廊和伦敦当代艺术的背景，而另一些成员则清楚其角色并持高度批评的态度。这种活力在该项目涉及的不同群体的表演中得到体现：文化工作者、美术馆员工、中产阶级观众、移民权利组织开始思考这种关系中相互冲突的领域。

其中一项名为"大使馆舞会"（The Embassy Ball）的演出，着眼于美术馆的资产阶级品味制造与其中清洁工和机动的餐饮服务员之间的互动。通过夸张地模仿这些活动的着装、气氛和演讲程序，观看表演的观众（他们被重新定位为这场私人舞会的来宾）见证了一场基于工人经验的小规模"叛乱"，并引发了关于此类冲突计划得以实施的讨论。

这出戏剧的创作依据，是几周的工作坊中我们对这些矛盾的解读。通过质疑权力和资源的分配，我们开始厘清美术馆组织原则的微观影响——策展人和艺术家以"培训"的名义为参与者策划项目；相应地分配资源；相比那些通常不被认可的"参与者"，艺术家在项目中的地位更加突出；"参与者"提供故事，而艺术家和代理人承担着审美责任。虽然人们在有意识地平等合作，但是这些微观影响往往会悄无声息地融入小组的工作习惯之中。

由于这一命名内部冲突的变化过程，我们开始重新塑造实践。集体预算确保了公平的报酬和任务组织，参与者通过学习成为推动者，决策因此得以集体化。这个过程并不简单，而且引发了许多核心辩论：美术馆的资金是否应该用于资助成员（例如提供应急食品和住房保障）？是否每个成员都应该支持我们的政治"事业"（例如团队成员中有人与警察有着亲密的私人关系）？这些问题使我们正视该项目的框架是"教育"。在更广泛的压迫性背景下，对权力的质疑敦促我们反思小组的制度化实践，以及维系它们的欲望和必要性。例如，大多数教学项目的资助者都提前要求为他们的选民定制一个"问题"，大多数委托项目都要求将资金分配给那些被视为"艺术"的作品，而不是像该小组期望的那样能够重新分配财富、审美责任和组织权力。为了抵抗这些要求，小组必须积累足够的信任，以便在集体对话中显得格外坦诚。

认识和处理冲突的过程对美术馆产生了一些（虽然很小）边缘影响，其中最相关的是工作人员（具体而言，是项目部门的工作人员）的政治化，他们致力于振兴美术馆工会，并且开始更明确地质疑其霸权主义组织的做法。这当然不会引发针对这些实践的革命性变革，但却为集体讨论和行动开辟了空间，在直接与美术馆的核心捐助者就移民工人所处条件开展对话的方面，仍有许多工作要做。

这一过程所揭示的机制是复杂的。它的形态不仅体现在它对个体的影响上（如"分析压迫和小组间的关系""学习关于权利和他人经验的东西"或者"在你无能为力的极端困难处境中找到希望"），而且体现在被美术馆（蛇形画廊）框定的集体经验中，一些人认为这种集体经验呈现了一种"完全去人性化的、野蛮而暴力的文化生产模式"[①]。这也暴露了具有世界艺术经验背景的小组成员之间利益的分歧，对他们来说，参与项目的人与艺术界毫无关系，美术馆的框架问题更加切中要害，而提供相互的支持更为重要。对于小组成员而言，各种批评、驱动因素和基本条件的断裂也是项目的一个组成部分，反映了

---

① 引述自"纠缠剧院"成员在 2014 年 9 月举行的小组讨论中的发言（未刊稿）。

此类项目在实施时所依据的矛盾性条件。正是通过不断反思压迫的动力如何产生这种不连续性——而不是试图摆脱它们——我们为在艺术界有经验的文化工作者和那些局外人之间创造亲密联系和团结行动打好了基础。这种团结开始勾勒（一位小组成员称之为"预演"）另一种文化建制模式的轮廓。

机构作为轨迹：寄生行业

在我所说的文化机构的扩展经验中，"局外人"通过实践中产生的矛盾和冲突来理解机构，机构的不连续性在漠不关心和毫不赞同的轨迹上运行。

可能性研究中心的另一个团体小组——"x：对话"（x：talk）项目记录了这一轨迹。这是一个由性工作者领导的工人合作社，为该地区的外来性工作者提供免费的英语课程。"x：对话"采用流行的识字方法教授英语，英语成为性工作者的组织工具，而他们在城市中产阶级化的过程中逐渐受到警察的监督。该项目由外来性工作者创建，并为该群体服务，它支持围绕移民、种族、性别、性和劳动等问题的关键干预措施，并参与女权主义和反种族主义运动。

"x：对话"在可能性研究中心成立了五年多，过去主要以医院为基地，其中一家恰恰位于埃奇韦尔路。从历史上看，19世纪80年代性工作者团体就曾参与了关于减少艾滋病毒传染的社区运动，该团队加入中心，是希望摆脱"对妓女身体的医学污名"，"为了理解其社会偏差，这种污名必须被揭穿"[1]。转向艺术领域,团队的发言人艾娃·卡拉当娜(Ava Caradonna)谈道:"不应再强调性工作者的身体,以及性工作仅限于身体形式等观点。"[2]

尽管如此,"x:对话"仍然对依附于蛇形画廊和艺术界过分强调表现形式持怀疑态度。正如艾娃所说:"我们不会简单地为那些想要开展关于性工作项目的艺术家、研究人员和记者表演……我们的工作与这场运动是一致的。"

艾娃对比了文化机构的结构与自上而下运作的性工作者组织,并提出建议:

> 我们熟悉这种单向的动态,在性工作者的组织中也是如此,它往往有利于某个知名的发言人,而不是大量的实际工作者。我们的回应是创造代表性的有机模式,将它们应用于各种组织形式,即创造一种组织的实验室。

相较于随着主题的改变直接与所谓的文化机构合作,"x:对话"将自己定义为一种寄生行动的宿主,为组织试验提供环境。

> 这意味着我们能够获得第一笔大额资助,因为我们可以利用可能性研究中心提供的伦敦市中心的免费租赁场地……通过这种方式,我们获得了足够的稳定性,可以继续下一步,在东区开放一个自治空间……因此对我们来说,这是一个落脚点和实验室。

---

[1] 引述自 2015 年 1 月对阿娃·卡拉当娜的采访(未刊稿)。
[2] 同上。

对于许多参与美术馆解放教育项目的人来说，将自身形象描述为寄生虫的行为，是一种非英雄主义且具有批判性和抵抗性的媒介，也是一种重要的先锋政治主题的重新定位。他们试图在艺术和英雄主义政治的壮观语境之外，为自己的表达寻求空间。根据自身对女权主义意识的提升和反殖民项目的解读，"x：对话"将寄生场所形容为对一个他们根本不认同的组织的占领。[①] 他们与宿主组织相对立，拒绝其逻辑，采用抵抗而非改革的方式，利用组织的资源，进行更为激进的社会变革。正如卡拉当娜所说："这种寄生策略被许多激进分子使用，他们在与更大的机构打交道时，挑战其本质的身份类别。"

这种对文化机构角色的评估并不排斥制度变革的概念，而是通过拒绝文化组织提出的参与其中的宏大术语来干预其话语，比起这些，更重要的是它们的再分配能力。在变革的过程中，寄生场所不是一种理想的类型，但它提供了一种对于高度妥协的文化环境中可能发生什么情况的意识。它还提供了对于埃约所描述的寄生行为（para-site）中"寄生"（para）层面的见解，即解放文化实践能够维护对于社会正义的承诺，而不是服从于它们在文化或其他机构中的官僚主义角色。

这并不是说要对政策改革、公平薪酬、围绕文化机构的解放责任进行根本性的重组、成立多元化的社区委员会、反对企业参与艺术活动，而是建议将寄生活动作为一个学习的场所，重塑文

[①] 案例请参阅"关爱工作与普通人"（The Commoner, No.15, www.commoner.org.uk/）刊物中"x：对话"成员用以框定其分析方面的内容。

化机构，并且坚定奋斗的目标。

从"与"的解析到"与……与……与"的解析

多年前，吉尔斯·德勒兹（Gilles Deleuze）在他对戈达尔（Godard）的系列片《六乘二/传播面面观》(*Six fois deux*)的评论中区分了两种"与"。一种是肯定了连词两边的东西的"与"，它证实了不可避免的自然化概念及其现状。另一种是作为"创造性口吃"的"与……与……与"，这是一种"关于生活和思考"的复数力量，能够让人们看到界限并超越界限。①

在仔细研究"与"对于教育学的作用时，关键是扩大我们对文化机构生产的内容的结构性理解。尽管已有很多关于文化机构与权力勾结方式的重要著作，但关注参与其中进行反权力活动的人、外部代理人、微观政治力量，以及将美术馆教育学激活作为冲突和斗争领域的经验条件同样重要。制度分析，即冲突和寄生场所，正是用"它山之石"思考文化机构当前状况的另一种途径。

---

① G. Deleuze, Trois questions sur 'Six fois deux', p. 271.

图 52 大使馆舞会（1）

"与"的解析

图 53　大使馆舞会（2）

图 54　大使馆舞会（3）

图 55 大使馆舞会 (4)

谁的美术馆?
——"#白板"项目和"天才青年联盟"

塞勒斯·马库斯·韦尔

当被问到我们可以从博物馆中学到什么时……博物馆在我们脑海中是一个充满可能性的场所,一个蕴藏潜力的空间。①

2011年,我受邀为苏黎世艺术大学的硕士课程"策展与博物馆教育"做讲座,讲述我在安大略美术馆(Art Gallery of Ontario,简称AGO)的工作,特别是其中负责协调AGO青年委员会(AGO Youth Council)的部分。演讲时我已经与安大略美术馆的青年人一起工作了八年,开发根植于多伦多社区社会和政治议题的设计与装置。多伦多是加拿大最多元的城市之一,人口超过270万。整座城市的文化行业非常活跃。安大略美术馆是其中的一部分,拥有超过79 000件永久收藏的艺术作品,是北美最大、最著名的艺术博物馆之一。作为多伦多社区的一部分,安大略美术馆具有创新的政策、规划和展览,能够反映城市中多元的人群。AGO青年委员会植根于社会正义的行动主义,是美

---

① I. Rogoff, Turning.

术馆中最具政治参与性的项目之一,已有 15 年的历史。在一次会议上,我介绍了青年委员会及其开放的青年主导项目后,有人问我:"如果他们集体选择不'产出'某个项目呢?它还会这么'开放'吗?"从那以后,我一直在反复思考这个问题。这个问题突出了青年艺术领域的一个关键问题:资助者往往要求青年成为(源源不断的)项目和良好情绪的生产者。在教育和策展转向的背景下,这些压力进一步加剧,因为在经过二十多年的青年艺术实践之后,如今多伦多期待青年生产出基于教育的、有展览级别质量的项目,并且在更传统的策展活动中提供品味和观点。

在美术馆工作期间,我见证了策展和教育部门之间越来越密切的联系。这种合作允许社区的声音传入展览空间,也让社区开发的内容在教育空间内获得了认可。在阐述这种跨部门合作时,加布里埃尔·摩泽(Gabrielle Moser)解释了她所描述的策展化教育的内涵:

> 策展不是一组离散的任务、职责或职位,而是当代艺术领域的一系列话语姿态和展示策略,反映了策展人的假设:即向教育学的转向中,涉及教育的"策展化",教育的过程因此经常成为展示的对象。①

如果策展是一系列话语姿态和展示策略,那么教育和策展的合作是否总会导致教育的过程成为展示的对象?这些策展作品是否始终是更广泛的新自由主义项目中的一部分?正如詹娜·格雷厄姆解释的那样:

---

① G. Moser, Book Review.

面对最近艺术实践和策展领域中有关"转向"教育学的说法,我们有必要回答一下这样的转向是如何以及为什么被创造和产生的。在主题的产生之外(就像"政治""档案"和"空间"的产生一样,它进入了一个转向的旋涡,结果是以新的专业、新的职业、新的著作、新的展览和双年论坛的形式产生价值),将这种"教育学转向"定位为与一种令人十分不安的发展(将创新和教育与新自由主义的政策和实践挂钩)相关联似乎也很重要。①

　　对于我来说非常重要的一点是:在以青年为主导的教育性展览项目中,规避资本化的可能性。这既阻断了新自由主义,又推动了机构内的系统性变革。为了进一步探讨这一问题,本文将讨论两个合作案例,由青年领导的"♯白板"(♯BlankSlate)项目和"天才青年联盟"(Unified Geniuses Living Young,简称UGLY)。我将分析这两个项目的过程及其对参与者和机构的影响,并思考以下关键问题:1)教育中日益增长的策展维度如何影响"教育知识"②?譬如,是通过增强教育在展览空间中的可见性,还是将教育作为协同策展实践的结果? 2)项目参与者如何应对合作、自我赋权和工具化之间的张力?这一考察使我们反思尝试开发真正的合作项目的意义,以及我们③需要相关项目实现什么,以便促成能够推动整个机构(包括员工、志愿者和观众

---

① J. Graham, Between a Pedagogical Turn and a Hard Place, p.125.
② 在这一语境中,我指的是教育学背景下的实践发展,以及认知和行动的方式。
③ 我在本文中都会使用"我们"的提法,设想了一个由艺术教育家、艺术家、积极分子和博物馆工作人员组成的,致力于社会公正,并且对博物馆变革感兴趣的文化社区。

等）多元化的结构性变革。我们看到，目前有越来越多关于"教育转向"的文章，本文亦是对此的应和。卡门·莫尔施解释说：

> 美术馆教育（尤其是那些结合策展的"教育"或"教育学"的转向）位于艺术领域以及学者关注的边缘。①

因此，我们需要写下更多关于我们在美术馆教育方面经验的文章，特别是记录那些激进分子的企图和抱负的文章，他们倡导从行业内进行结构性和系统性变革，要求将项目逐个落地。

AGO青年委员会是"丑陋"的

AGO青年委员会由一群年龄在14岁至25岁之间的青年人组成，他们与客座艺术家和其他社区成员合作，为整个大多伦多地区的同龄人开发项目和程序。参与者承担领导的角色，指导团队的过程和产出。2013年，委员会发起了一场头脑风暴，萌生了一个想法：创建一项基于展览的持续性倡议，以探索青年人在公共空间的经历。2013年秋，委员会与驻地艺术家项目经理（Manager of Artist in Residence Projects）合作，在AGO社区美术馆中占用了一块空间，为期三个月。基于艺术家过去结合艺术与行动主义的经历、公共空间项目的作品，以及他们在美术馆背景下发展出的社会互动，委员会邀请了艾珂·雷尔顿（Echo

---

① C. Mörsch, Alliances for Unlearning, p. 5.

Railton)① 和玛丽·特雷蒙特（Mary Tremonte）② 作为项目的首席艺术家。玛丽·特雷蒙特有着多年与激进主义涂鸦团体"只是种子"（Just Seeds）③ 合作的经验，而艾珂·雷尔顿和她的团队"模拟相似物"（Analog Analogue）④ 多年来将行动主义美学带入艺术空间。他们合作开启了重新设计美术馆空间的过程。2013年9月至2014年1月，渐进式展览"项目"——"天才青年联盟"（UGLY）展出。展览期间，团队每周对空间进行一次改造，更换装置以反映他们每周关于公共空间的讨论成果。数个星期下来，这一空间变成了一个公共论坛：墙上贴满了牛皮纸，鼓励观众做出回应以扩大对话。在剩余几周里，艺术家们与委员会合作，利用墙面记录他们的工作过程——会议记录、分配给每个成员的任务和指定工作都被直接记录在墙上。委员会在空间里进行实验：它成了灵感的孵化器。他们以一种相对即兴的方式绘制壁画，直接在墙面上进行涂鸦，在几周内把整个空间变成了一个迪斯科舞厅，他们还创造了镜面迷宫一般的房间供观众探索。委员会还利用展览空间举办有关公共空间中的青少年公众论坛。为此，他们与多伦多大学（University of Toronto）的城市规划教授、艺术家和其他青年人合作开展小组讨论和辩论。这些活动对公众开放，将青年人、高中生、美术馆观众、城市规划师和教育工作者聚集在展览空间内。他们对"原始"的美术馆空间的干预并不总是"美观"或"完整"的。他们提供了一种想象空间用途的新方法——将其作为一个实验室，甚

---

① 参见 www.echorailton.com。
② 参见 www.marymacktremonte.org。
③ 参见 http://justseeds.org/。
④ 参见 www.analoganalogue.org/。

至或许是一个"失败实验室"①。他们创造了一个空间来试验各种想法，制作出伟大或是不起作用、没有达到预期效果的东西，甚至可能做出失败的东西。② 正如莫尔施所解释的，这一空间允许出现对美术馆空间的美学魅力而言的"灾难性后果"。莫尔施指出：

> 另一项必要前提是在"反学习特权"的意义上在美术馆中腾出空间，而占领空间的行为应该由行动主义的立场所驱动——尽管它可能会给此前参与其中的同侪的美学和智识魅力带来灾难性后果。③

该委员会项目的首字母缩写"UGLY"（丑陋），开辟了一个挑战美术馆的审美期望和礼仪的临界空间。在完成每周的创意工作后，委员会会在首席艺术家的推动下进行下一轮的讨论，探寻"这足够 UGLY 吗？"④ 委员会在整个展览期间都挑战着美与丑的二分，并且在一晚的演出中高兴地大喊"看看我们 UGLY 的腰带和徽章"。但是，委员会所做的不仅是美化丑陋的概念和挑

---

① 此处借用了丹佛当代艺术博物馆的青年计划中的术语。请参阅 http://mcadenver.com/index.php（2015 年 8 月 15 日）。
② 例如，委员会尝试根据他们的绘画创作伪装墙纸。他们制作了大量印刷图像，并把它们贴在墙上。这些设计得到了委员会的普遍喜爱，然而这些印刷品太重了，无法固定在墙上超过一周的时间。在掉落了几次并且在过程中变皱后，委员会决定转向一个新的想法。他们对过程进行了反思，并决定两个月后重启这一想法。他们复盘了设计，并选择尝试将设计通过丝印直接印到展厅的墙上。我们以这种方式允许"失败"的发生，并从中吸取教训。我们没有推出一款"完美"的经过测试的产品，而是在空间内尝试，并允许部分想法"不"成功。这使得我们可以自由地将想法发挥到极致，而不是仅仅局限于尝试那些马上就能"奏效"的想法。
③ C. Mörsch, Alliances for Unlearning, p. 13.
④ 译者注：此处的"UGLY"为双关语，意为"这足够丑陋吗"或"这足够具有'天才青年联盟'的特点吗"，译文难以表达双重含义，故保留英文缩写。后文同此。

战美与丑的界限。委员会将他们的工作视为对空间的干预,该空间优先考虑美学设计,并通过可衡量、可控制的方式与观众互动。然而,这些青年人提出了一种与观众更加平等互动的途径——邀请观众参与评论委员会的会议与有关项目的头脑风暴,以此参与到展览当中。除了美术馆典型的观众意见箱的概念外,委员会还邀请观众自己制定展览项目,并且每周更新观众们反映的建议。虽然我们曾担心墙上是否会写满与展览无关的内容,但是美术馆观众为我们的作品提供了深思熟虑且精心独到的见解。观众在墙上留言,就装置的变化提供反馈,并对从展览内容到委员会成员在万圣节主题化妆舞会上穿什么等各种提示做出回应。他们全情投入其中,提出许多慷慨建议。

2014年春,紧随UGLY项目之后,委员会开始与美国国家冰球联盟(National Hockey League)明星、政治家、学者肯·德莱登(Ken Dryden)以及AGO的加拿大艺术策展人安德鲁·亨特(Andrew Hunter)合作。在六个月的时间里,委员会与亨特和德莱登审议了以下问题:"在接下来的150年里,我们希望这个地方/加拿大/海龟岛①变成什么样子?"这一问题源于德莱登对即将到来的加拿大建国150周年纪念日的兴趣。考虑到加拿大在海龟岛上的殖民计划,委员会与德莱登和亨特一起探讨了该问题的多层含义,他们花了几个月的时间探索和研究过去150年间在这片土地(许多委员会成员直到最近才将其视为故乡)上发生的事情。最终,委员会开始围绕以下问题提出一种预设性的政

---

① 位于北美。参见"The Creation Story-Turtle Island",https://gc.net/wp-content/uploads/2008/01/creation_story.pdf。

治设想：我们要共同在这里建设什么？他们希望为下一个千年中植根于社会正义的社区做好规划。与德莱登和亨特一起，他们开发了一个基于展览的短期社会研究项目，其中包括对 AGO 观众的采访和美术馆当代艺术之夜上的公开表演。该项目名为"♯白板"（♯BlankSlate），表达了多个想法，分别是：1）青年人不是大规模政治对话的一部分，他们只是等待着通过被教育（通常是正规教育）来填补的"白板"；2）挑战未来是明确且不变的观点；3）消除对加拿大的既定理解，挑战殖民计划，摒弃关于"加拿大"的含义和"加拿大人"的民族修辞。在现场表演中，参与者被问到在提到"加拿大"的"国家计划"时，他们想要保留什么、抛弃什么。参与者将答案写在他们受访时拍摄的拍立得照片上，这些照片则被放在加拿大的彼得斯投影地图①上。这场对话通过社交媒体在全国范围内传播，参与者在推特上用"♯白板"的标签发布照片。

安德丽·史密斯（Andrea Smith）为我们提供了宝贵的见解，有助于我们深思国家的理念，在谈到关于"♯白板"这样的项目时，她说：

> 思考我们生活世界之外的问题，需要对当前基于民族国家模式，以及相信国家可以通过权力、暴力和控制实现治理的现状提出批判。这就是我认为原住民可以发挥关键作用的地方——尤其是在拉丁美洲——他们可以质疑民族身份等于民族

---

① 彼得斯投影是一种分区精确的地图，描绘了地球上大陆和国家的相对大小。这与传统的地图制图/墨卡托投影形成了对比，后者侧重于陆地地图的形状，而牺牲了大小/面积。有人认为，这些更传统的投影将国家大小与政治权力、制图师的偏见等联系起来。

国家的假设。我们不能将民族理解为一种种族清洗模式——"我们在里面,你们在外面,世界上的其他地方无关紧要"——我们试图培养与土地的根本关系,土地不再是由一群人持有的商品,而是我们所有人都必须关心的东西。①

我们试图通过该项目推动这种"与土地的根本关系",在过程中挑战彼此,并在表演中挑战观众,让他们认识到这片土地"不再是由一群人持有的商品,而是我们所有人都必须关心的东西"。虽然该项目是在2017年加拿大建国纪念日的背景下进行的,但无论是现在还是未来,它都让我们对国家地位与自己在这片土地上的工作和生活有了更广泛的思考。

在这个项目中,委员会与"加拿大艺术策展人"(Curator of Canadian Art)全面合作。亨特没有主导项目的发展方向,而是利用自身的角色在美术馆中创造了一个具有概念性和文字性的空间,在策展-教育合作的名义下探索这些想法。这种全面的合作并不常见,但在整个过程中都得到了认可。我们与策展伙伴平等合作,挑战美术馆传统环境中策展决策的等级制度。我们与策展伙伴致力于这一合作与共创的过程。然而,在与美术馆其他利益相关者的合作中,策展人的声音往往会获得更多尊重。尽管我们的策展伙伴是全方位的合作者,但是他们无法改变时间和空间,也无法改写美术馆内现有的等级和社会结构,至少长期看来是这样的。值得注意的是,虽然在我们的项目合作期间,策展人能够与青年参与者分享其职位带来的相对权力,但这种权力并不会长久地保留在委员会手中。当项目完成后,我

---

① S. Khan, D. Hugill & T. McCreary, Building Unlikely Alliances.

们又回到了各自在美术馆中的相应位置。

天才联盟

回到我的主旨问题，我希望思考这两个截然不同的案例所呈现的教育在策展维度中发挥的日益显著的作用、其对博物馆空间内合作的影响，以及参与者处理合作、自我赋权和工具化之间张力的方式。两个项目都拥有策展元素。"♯白板"涉及与策展人的广泛合作，或许是因为它发生于教育的"主场"，其合作方式是互惠的。由于"♯白板"是由教育部门所领导的一场美术馆空间内的活动，因此合作的元素从过程到实施阶段都贯穿始终。不过，仍有这样一种看法，即我们之所以"成功"，是因为我们与策展人合作，并以这种方式反复强化了等级制度。因为从外部看起来，我们的合作是由策展人设定的，无论实际运作过程如何，我们都只是应邀参加。换句话说，年龄歧视和相对边缘化在一定程度上阻碍了人们认识到青年参与者才是项目的创新者或领导者。

UGLY 项目对美术馆环境的功能提出了挑战，美术馆成了在某种程度上超出策展范围的艺术孵化器，同时将委员会定位为空间策展人。我们的工作植根于行动主义实践——委员会和客座艺术家对博物馆内外的系统变革充满了兴趣。通过这种方式，我们尝试坚持"对空间的占领行为应该由行动主义的立场来推动"[1]。这一立场也受到了挑战，因为我们需要在平衡试验和挑战制度的同时，为参与者的探索和创造提供安全和支持的机会。青年参与

---

[1] C. Mörsch, Alliances for Unlearning, p. 13.

者渴望变革，这与我们的想法相呼应，但是他们更加脆弱，更加担心可能"惹上麻烦"。我们和客座艺术家作为倡导者的职责是鼓励创新，同时为委员会成员缓和来自机构的、对项目中最具有冲击性的创新元素的反应。例如，当收到关于墙壁上公开流程工作看起来"混乱"或"不完整"等负面反馈时，我们调整了与委员会分享反馈的方式。我们借助讨论博物馆该如何使用展示材料的机会，并利用该讨论所创造的空间来质疑这些展示实践的根源。我们思考了需要所有事物都变得"体面"的意义，以及"体面"的理念是在何种框架下被评估的。接着，我们集思广益，探讨了如何继续在美术馆语境下工作，同时确保我们所创造的空间是对观众开放的——这才是我们的最终目标。

该项目完成后，我们受邀在爱沙尼亚塔林的"试验！"（Eksperimenta!）青年艺术三年展上再次展示成果。该作品被作为加拿大馆的一部分展出，这意味着我们的作品成了字面意义上的国家"成果"。委员会对他们的工作在国际上得到认可感到非常兴奋，他们很高兴能够参加展览，但是也存在着关于在这种背景下，展示我们的作品意味着什么的争论。我们引用了阿麦德（S. Ahmed）[1] 的描述：

> 制度的现象学可能关注的是如何就这些目标达成共识，从而使个人成就成为制度成就。而当"应该完成什么"和"完成意味着什么"达成一致时，制度就产生了。

艺术家与青年委员会通常会在合作结束后举办一场展览——某种程度上，在合作结束时"必须"要有一场展现他们共度时光的展

---

[1] S. Ahmed, On Being Included, p. 24.

览,一种对于他们共同产出的描述。必须有一种不仅限于感觉或想法的成果。这成了青年参与者不成文的准则:必须要有一些有形的成果。我们努力挑战过这一准则,UGLY项目的本质也冲击了该理念。然而在过程的最后,我们还是重新包装了项目,并在国外进行了展示。为了平衡这种妥协,我们选择了创造一种尽可能开放和自由的"展示"。我们创造了一部"可选择"的冒险式电子游戏作为项目的展现形式,观众/玩家几乎拥有无限的选择,每个选择都再现了我们的过程和重新构想美术馆空间的一种可能性。

  我对这两个特定项目进行了反思,因为它们都是在传统策展过程中对教育提出挑战的例子。作为文化教育工作者,我们可以通过类似的项目动摇博物馆权力结构的根基,从而打破部门之间的界线,甚至如奥德烈·罗尔蒂(Audre Lorde)[1]所建议的那样,"跨越差异,建立联系"。然而,我们仍然被束缚在一个充满代码和符号的结构与环境中,这些代码和符号从来都不是良性的,而且在工作的开始阶段就发挥着作用。在这样的背景下,通过美术馆和博物馆的营销、开发和策展过程,以青年为主导的教育展览项目的资本化似乎是不可避免的。然而,对于委员会而言,他们正在学习这些空间内部的运作方式,并计划如何最大限度地利用这些资源为社区服务。作为一个集体,他们是真正团结的:是为长期变革制定策略的天才联盟。对于委员会而言,填平策展和教育间的鸿沟是更大规模行动的一部分,该举措致力于消除"♯白板"项目中的陈词滥调,通过创建新的方式将人们与创意、行动主义和社区理念联系在一起。

---

[1] A. Lorde, Age, Race, Class, and Sex, p. 6.

图 56 #白板（1）

图 57 #白板（2）

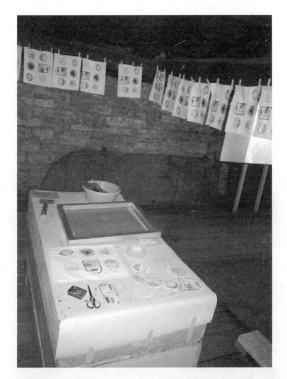

图58　USPN 徽章，"试验"，爱沙尼亚，2014 年（1）

图59　USPN 徽章，"试验"，爱沙尼亚，2014 年（2）

第四部分
作为去殖民化工具的策展与博物馆教育

导 论

诺拉·兰德卡默

殖民世界是一个被划分为若干区块的世界。然而，当我们仔细观察划分区块的制度时，就能够揭示其中暗藏的力量。这种对待殖民世界及其秩序和地理布局的方法，将允许我们划出重组去殖民化社会的边界。①

博物馆是在基于事实、保留事实的原则基础上对世界进行划分、归类和编目的机构之一，这一点在民族志博物馆及其后继者身上尤为明显且无可否认。即使是在反殖民理论家弗朗兹·法农（Franz Fanon）博士所著的《全世界受苦的人》（*The Wretched of the Earth*）的出版已过去整整五十年的今天，这部著作也依旧在提醒着我们，社会的去殖民化势在必行。相较于充分回应后殖民主义批判所需要的改革逻辑或防御逻辑，在当代正在发生的辩论和改变的背景下，以建立一个去殖民化社会为目标，能够为民族志博物馆的定位提供一系列不一样的可能。《关于普世性博物馆的价值及重要性宣言》（*Declaration on the Importance and Value of Universal Museums*，2002 年）就是一

---

① F. Fanon, The Wretched of the Earth, p. 37f.

个例子。这份由大英博物馆（British Museum）、柏林国家博物馆（Staatliche Museen zu Berlin）等机构签署的宣言，已然揭示了法农所述的后殖民世界的分裂：一方是扮演着保护世界各地文化资产角色的"普世"的西方博物馆，另一方是那些明显不在"普世"价值中的博物馆，因为他们买不起机票或者没有签证。①

这一部分收录的文章以不同的方式提出了一种假设，即当代策展和教育工作的发展作为博物馆的转型与延伸，是一种不能独立于去殖民化运动之外的社会干预。正如法农所言，它们使我们得以洞察若干不同的领域，在这些领域中，博物馆需要对殖民制度、分类和区别进行精确的分析。划分制度在博物馆中发挥了何种作用？它揭示了去殖民化的何种趋势？

这里讨论的第一个领域是藏品系统。民族志藏品反映了物与人的分类系统，而这些制度是当今的博物馆必须去质疑的，质疑的声音已经在博物馆外的社会层面产生了影响。阿德里安娜·穆尼奥斯（Adriana Munoz）在讨论"尼诺科林"（Niño Korín）藏品及其重新诠释时，对藏品的管理系统进行了严厉的批判，揭示

---

① S. O. Ogbechie, Who Owns Africa's Cultural Patrimony?, http://dx.doi.org/10.1080/19301944.2010.10781383 (accessed Apr. 13, 2016).关于谁拥有并且可以获取非洲的艺术和文化资产这一问题，奥格别切尔解释说："西方博物馆所藏的非洲艺术品不会被转运到非洲去，关于非洲艺术的展览只会在其他西方博物馆和文化机构之间流传。通过这一过程，非洲人被剥夺了与他们祖先创造的文化作品发生重要互动的机会，非洲艺术的话语在很大程度上是在这样的情况下进行的：仿佛这些作品的非洲创作者的意图和文化关心对于理解它们的形式、象征性和意义毫不重要。使这种糟糕的情况进一步恶化的是，西方国家还时常通过强制性的本土化和阻绝国际传播阻挠非洲人获得这些艺术品：非洲人需要过境签证才能通过任何西方大城市的枢纽机场（这意味着他们必须乘坐一架去往欧洲的飞机的权利支付费用），没有一个西方国家会为非洲人发放签证，仅仅是让他们去参观欧美博物馆，这会使得他们在普世性博物馆中收藏非洲艺术品的权力无效化。"

了博物馆忽略的知识，而这有可能摧毁殖民制度。

与此相关联的是博物馆强大的话语权，决定了谁可以在博物馆中发表意见，谁可以被讨论。智利卡涅特马普切博物馆（Ruka Kimvn Taiñ Volil-Juan Cayupi Huechicura）馆长胡安娜·帕拉列夫（Juana Paillalef）写道，当博物馆所代表的、所"纪念"的人们将藏品视为己有时，可能出现的情况和冲突。

并不是只有我们身处博物馆时，博物馆所暗藏的殖民制度才产生作用。亚历山大·塞巴洛斯（Alejandro N. Cevallos）和瓦莱里亚·加拉尔萨（Valeria R. Galarza）在厄瓜多尔基多博物馆的社区调解（Mediación Comunitaria）工作中指出，很显然，城市的利用和博物馆在城市中所扮演的角色本身就是殖民历史的产物，博物馆和文化机构集中在城市中，而这些地区的原住民的历史却不被重视。

以基于合作的博物馆学方法重新审视藏品，打破了民族志博物馆所塑造的范式。虽然对于自身文化遗产被保存在博物馆中的族群来说，也对于当地居民代表来说，他们使用博物馆的权利都获得了越来越多的承认，但是反思以合作和包容为基础的制度仍是有必要的。伯纳黛特·林奇（Bernadette Lynch）通过她对英国博物馆现状的研究，提出了合作和参与性项目可以导致对各种利益相关者权力的再次划分——尽管这将博物馆机构置于中心和边缘的逻辑悖论之中。去殖民化显然也是一个机构的体制问题。

诺拉·兰德卡默的文章介绍了博物馆学、教育及其拓展工作中合作策略的盲点，并针对那些阻碍博物馆去殖民化前景的机构性和推论性制度，进行了批判和补充。

威 帕 拉
——身份与冲突

阿德里安娜·穆尼奥斯

导言

在过去的几十年中,哥德堡世界文化博物馆(Museum of World Culture in Gothenburg)一直在尝试将后殖民实践作为理论框架加以应用。在展览中,我们多次试验了这种做法,部分试验取得了良好的结果。而在博物馆的其他工作中,我们的结果则不尽如人意。例如在藏品管理方面,最初的进展就很缓慢,这可能是由于策展人和藏品保护人员的经验不足。

整个过程并不顺利的原因有很多,但其中最关键的原因或许是博物馆作为一个国家机构,牵涉到许多与国家政治相关的问题。

哥德堡世界文化博物馆由瑞典政府于20年前创立,至今已向公众开放11年。博物馆藏品的历史大多可追溯至20世纪初期,最初是城市博物馆的收藏,后来并入民族志博物馆中,于1996年成为国家资产。

在建立新的世界文化博物馆的过程中,出现了许多问题和困境。第一个问题是关于我们建立一座收藏非欧洲藏品的世界文化博物馆的决定。瑞典政府将非欧洲藏品和哥德堡民族志博物馆（Ethnographic Museum of Gothenburg）的藏品合并进国家博物馆，这导致世界文化由非欧洲藏品所代表，由此产生了"他者"效应。这项政治决定带来的另一个问题是世界文化仅仅由历史物件代表，而当代议题却没能成为收藏的一部分。

正如博物馆第一任馆长杰特·桑达尔（Jette Sandahl）指出的那样："当一个机构不是基于基层民众时，它就会置身于两难的困境。"①欧洲民族志博物馆面临的主要困境之一是没有社区向他们提出更好地处理这些藏品的要求，因此博物馆没有这方面的压力。而对于哥德堡世界文化博物馆而言，移民群体可以迫使这类机构做出改变。然而，他们中的一些人还没有制造压力和舆论的政治和经济手段。而其他群体对此并不特别感兴趣，或是对这些藏品缺乏了解。

改变藏品的展示方法是一个转变观念和工作方式的漫长过程。例如，在博物馆最初的展览之一"地平线：来自全球性的非洲之声"（Horizons: Voices from a Global Africa）中，机构、策展人、社群和普通员工之间的协商就很艰难。② 用负责该展览的策展人之一劳雷拉·林松（Laurella Rinçon）的话说："在博物馆外部，不同背景的人之间缺乏联系，同样的情况在博物馆内部再次上演了。"③ 我完全同意林松的观点：博物馆工作人员没有

---

① J. Sandahl, Fluid Boundaries and False Dichotomies, p. 7.
② C. Lagerkvist, Empowerment and Anger; L. Rinçon, My Voice in a Glass Box; L. Rinçon, Visiteurs d'origine immigrée; H. Thörn, Har du förståelse för att andra.
③ L. Rinçon, My Voice in a Glass Box, p. 4.

与来自不同背景、种族、社群和性别取向的人合作的经验。和许多其他项目一样，该展览再现了博物馆中的等级关系，展览参与人员被描述为"工作人员、顾问、合作者、社区"——正如莫拉纳（M. Moraña）所指出的，这些名称在许多方面代表了等级（殖民）关系，而这种关系往往会再现知识分子的傲慢、家长式的作风或殖民的罪恶感。①

这次展览深受公众和各界人士好评。在最初的几年里，博物馆得到的最有趣的收获之一就是"博物馆必须允许冲突，并允许自己的失控"②。

与藏品打交道则是另一回事。藏品通常在保管员和策展人的手中，随着时间的推移，藏品的处理已经成为知识生产（由接受欧洲传统训练的策展人生产）中的传统要素，其中，由西方白人策展人③主导的主流种族历史创造了一种中立且规范的氛围环境。此外，我们还必须注意对保管员自然科学知识的培养，以促使他们提出客观地处理藏品的想法。④

在不同的项目中，我一直在反思藏品分类是如何在历史上产生的，以及西方范式是如何成为中立的代名词的。⑤ 在这篇文章中，我想讨论一个2007年至2010年的展览项目。我希望揭示一个具备众多想法，并尝试实践去殖民化模式的项目，及其中仍然

---

① M. Moraña, et al., Coloniality at Large, p. 16.
② J. Sandahl, personal communication with author.
③ M. Berger, Sight Unseen; P. McIntosh, Unpacking the Knapsack of White Privilege.
④ M. Clavir, The Social and Historic Construction of Professional Values; M. Clavir, Preserving What Is Valued.
⑤ A. Muñoz, From Curiosa to World Culture.

屈服于霸权主义范式的典型缺陷。

审视藏品

本文介绍的案例是哥德堡世界文化博物馆收藏的玻利维亚藏品的历史，特别是所谓的"尼诺科林"收藏（1970年）。我们第一次开始讨论展出这部分藏品是在2005年，当时，杰特·桑达尔启动了一个名为"廷库"（Tinku）的项目，展示哥德堡所收藏的南美藏品。

"廷库"项目持续了16个月，在此期间，来自南美洲不同国家的学者、玻利维亚和其他国家的各大民族团体成员，以及哥德堡的拉美社群成立了一个工作组。"廷库"项目的想法是讨论和展示来自其他范式、宇宙哲学和语言的物质文化。

然而，杰特·桑达尔辞去了博物馆馆长的职务，随着她的离开，展览项目宣告失败。从世界文化博物馆的成立到桑达尔的离开，政治项目和政治体制之间的意识形态冲突是显而易见的。1996年，简·莫林（Jan Molin）在《哥德堡邮报》(*Göteborgs-Posten*)上撰文谈到新博物馆创建时说，这"关乎愿景与阻碍的对抗"[①]。桑达尔辞任馆长后，紧张局势得到缓解，而展览也变得不那么极富争议。取代"廷库"项目的，是一个关于帕拉卡斯（Paracas）纺织品的展览，名为"被偷走的世界"（A Stolen World）。"廷库"项目的理念是探索其他认识论方法，改变对话，并且用安第斯人的宇宙哲学方法展示物品。相反，在"被偷

[①] J. Molin, Trist döma ut museiflytt, *Göteborgs-Posten*, 4.11.1996.

走的世界"展中,展品是按照传统的考古学方法呈现的,但特别强调了掠夺和殖民罪行的问题。有趣的是,这场展览以秘鲁政府要求归还纺织品而闭幕,这表明殖民主义的紧张局势在今天仍是无法避免的。

自世界文化博物馆开馆以来,拉丁美洲的藏品从未成为人们关注的焦点,尽管它们在数量上占据了藏品总数的75%。而所谓的帕拉卡斯纺织品却经常展出,它们被认为是博物馆中的杰作。

在短暂的"廷库"项目中,更新和重新诠释玻利维亚藏品的迫切性十分突出。

大部分玻利维亚藏品是在1915—1979年间入藏哥德堡的。其收藏高峰出现在20世纪40年代。大部分藏品都是瑞典学者,尤其是斯蒂格·里登(Stig Rydén)的科学调研成果,其他藏品则来源不明。

有些藏品是在博物馆以"展示来自远方的异国人"为目的的时期收藏的。到了民族志博物馆时期,美国(或南美)印第安人成了深受公众期待的博物馆展览的典型主题。这些藏品抵达哥德堡时,城市里几乎没有玻利维亚人居住,而如今(根据瑞典统计局的数据)[1]大约有三千人来自玻利维亚或具有玻利维亚血统。[2]

2007年,在埃沃·莫拉莱斯(Evo Morales)的首个总统任期内,玻利维亚政府提出了一份声明,要求瑞典国家博物馆归还全部玻利维亚文物。对于哥德堡而言,玻利维亚文物占藏品总数的17%。[3]

---

[1] www.scb.se/.
[2] A. Muñoz, When the Other Become a Neighbour.
[3] A. Muñoz, The Power of Labelling; A. Muñoz, Bolivians in Gothenburg.

当时，瑞典政府由自由派右翼温和党（Moderat Party）执政，两国间的对话没有成功。瑞典政府认为归还文物是不恰当的。"对于一个新独立的民族而言，夺回过去的历史是重获政治主权的必要因素"①，而瑞典政府和世界文化国家博物馆的管理者们并无法理解上述主张。

归还问题在第二年宣告失败。然而，玻利维亚政府的要求为我们提供了围绕"尼诺科林"收藏开展研究的可能性。

"尼诺科林"藏品是1970年由斯德哥尔摩民族志博物馆（Etnografiska museet）前馆长亨利·瓦森（Henry Wassén）本人到访玻利维亚后掠夺并入藏博物馆的。②

2006年，面对可能的归还问题，我们得以获取资源再次研究这批藏品。瓦森③曾对这批藏品进行过研究，我们"知道"它们来自蒂瓦纳库（Tiwanaku）。④ 这也是为什么在获得了研究这批藏品的许可后，我们决定专注于如何围绕这些物品构建知识。为此，我们邀请了杜克大学的沃尔特·阿尔瓦雷茨·奎斯佩〔Walter Alvarez Quispe，卡拉瓦亚语（Kallawaya）博士〕、卡门·比阿特利兹·洛萨（Carmen Beatriz Loza，历史学博士）和沃尔特·米格诺罗（Walter Mignolo）。在两周的时间里，我们一起研究了这些藏品，并举办了多场公众讲座和一场在哥德堡汉

---

① K. Mulcahy, Combating Coloniality, p. 2.
② A. Muñoz, The Power of Labelling; A. Muñoz, Bolivians in Gothenburg.
③ S. H. Wassén, A Medicine-man's Implements.
④ 安第斯山区的一个时期，即公元500—1000年，基于安第斯山区过去的传统分期法确定。进一步的讨论可以在玛玛尼·孔多利（C. Mamani Condori）的作品（1989年）中找到。History and Prehistory in Bolivia: What about the Indians? Conflict in the Archaeology of Living Traditions, pp. 46-59.

玛库伦（Hammarkulle）社区的活动。① 该项目被称为"标签的力量"（Power of Labelling），它是由探索分类学与反思博物馆历史中分类是如何建构的期望所驱动的。

这一过程中最重要的部分是围绕物品建构知识范式的改变。上述文物是在一座距今一千多年的蒂瓦纳库墓葬中被发现的，19 世纪 70 年代，瓦森将它们解释为巫师的祭祀用品。② 阿尔瓦雷茨·奎斯佩修改了这一解释，认为它们是医生的工具，可能是妇科医生的工具。③ 两种解释之间的差异是深刻的，因为它们起源于两种不同的释读方式。瓦森将这些物品置于异类、异文化的背景下，所看到的是祭祀用品、巫术和药物；而阿尔瓦雷茨·奎斯佩提出的框架则将这些物品置于医学的语境中，卡拉瓦亚人被视作医生。

在这个新的框架下，我们逐步尝试使用沃尔特·米格诺罗关于"脱钩"的想法④——它被用来改变术语，而不仅仅是对话的内容。

接下来的展览筹备又是另一项事业了。这花费了我们三年的时间。在世界文化博物馆，举办展览的过程就是融合许多不同声音的过程。策展人、教育工作者、项目管理部门和设计师从一开始就在一起工作。然而在这个问题上，我们花了三年时间才对局势达成了政治性共识。

---

① https://vimeo.com/10319288，塞尔吉奥·胡塞洛夫斯基（Sergio Joselovsky）围绕该项目拍摄了一部电影。
② S. H. Wassén, A Medicine-man's Implements.
③ B. C. Loza & W. Quispe Alvarez, Report on the Niño Korin Collection at the Museum of World Culture.
④ W. D. Mignolo, DELINKING.

世界文化博物馆是由瑞典社会民主党创建的。然而在2006年，右翼联盟赢得大选，博物馆的目标也随之发生了变化。在此情形下举办"威帕拉"展需要一定的磋商。

策划展览

展览将机构划分为不同意识形态的阵营：用于保存和展示的阵营，以及用于公众教育的阵营。[①] 展览始终是一个不同参与者和部门之间协商的漫长过程。就世界文化博物馆而言，与其他机构不同的是，策展人无权决定展览叙事，通常是由博物馆馆长来创建叙事，有时会与政治主管合作，但更多的时候，是由教育工作者、项目和营销部门组成的团队来决定展览的最终内容的。威帕拉展中的一种复杂情况是，最了解展览内容的人不在哥德堡，而在玻利维亚。此外，举办一场只展出一件藏品的展览对博物馆来说是一种全新的工作方式。以前的展览总是聚焦某些特定主题，展出来自世界各地的展品。在关于威帕拉的展览中，我们从一件藏品开始，将话题引申到身份和冲突的问题上。展览标题囊括了这两个充满困难的词，而这可能是最后一次展示和讨论冲突的机会了。

接受藏品中殖民主义的根源经历了一个漫长的过程。对于外部经济主体的殖民依附问题可以很容易地被转化为机构、人民和国家之间的文化不对等关系问题来讨论。[②] "尝试"对物和收藏

[①] A. Blackwood & D. Purcell, Curating Inequality, p.240.
[②] K. Mulcahy, Combating Coloniality.

内容"去殖民化"的过程在博物馆里已经持续了很长一段时间，而且在许多情况下是令人痛苦的。①

就世界文化博物馆而言，启动去殖民化实践的困难是错综复杂的。首先，成为国家机构意味着当2006年政府换届时，我们不能延续杰特·桑达尔在机构成立时采用的做法。机构未能像她试图创建的那样，成为冲突和讨论的场所，相反，一种强调"感觉良好"和"我们分享的东西"的印象颇为显著。其次，用于邀请欧洲以外的艺术家、学者等进行合作的预算大幅削减。最后，作为博物馆从业者，在某种意义上，我们可以回归更舒适的工作状态。知识的去殖民化是一个失去权力和控制的过程，这对于管理层和员工来说是一种痛苦和高成本（在时间和资源方面）的成长。

举办一场关于威帕拉的展览引起了人们对以下具体问题的关注：第一，在玻利维亚，关于威帕拉尚未达成共识；第二，博物馆与哥德堡的玻利维亚社区之间的关系并不平等；第三，关于如何叙述故事以及如何向公众展示内部讨论的想法。

当时，瑞典民主党（Sverigedemokraterna，简称SD，一个实行严格的反移民政策的民族主义右翼政党）已成为国家政治领域中的一支重要力量。他们提出的最主要文化政策之一，就是回归真正的瑞典民族身份（即回归19世纪创建的关于民族国家的浪漫主义观点）。瑞典民主党批判的第一件事就是世界文化博物馆的存在。因此，在此框架下讨论该藏品的展示方式时，讨论的本质是（本地、国家或全球的）身份问题。

---

① L. Rinçon, My Voice in a Glass Box; L. Rinçon, Visiteurs d'origine immigrée.

我们之所以产生了将威帕拉作为展览中心的想法，是因为在研究藏品的过程中，沃尔特·阿尔瓦雷茨·奎斯佩（Walter Alvarez Quispe）注意到一个被归类为装古柯（coca）的小袋子上有着威帕拉的颜色和图案。这个小袋子在博物馆的历史上是微不足道的[①]，但它成了对许多人来说象征着很多事物的威帕拉。在南美洲，威帕拉已成为原住民运动中团结的象征。在布宜诺斯艾利斯等一些大城市，人们可以在政治示威中看到它。在厄瓜多尔，它可以被用于代表女同性恋（而非彩虹）。对于居住在哥德堡的部分移民群体，尤其是拉丁美洲人而言，这面旗帜是身份认同和反全球化的象征。

展览、任务和误区

展览的叙述由策展小组、教育工作者和项目管理部门共同决定。其首要任务之一是讨论和反思"民族志"的概念，以及一件被归入该类别的物品（被沃尔特·阿尔瓦雷茨·奎斯佩重新发现的威帕拉）的使用方式，从而探讨改变其"分类"的可能性。在展览中，我们希望反思自己的实践，并尝试进行去殖民化的诠释。

另一项任务则是审视文化遗产和遗产使用的概念：谁是遗产的所有者？谁来决定如何使用它？在本案例中，从威帕拉出现在蒂瓦纳库——一处联合国教科文组织文化遗产（因此它也是全人类的文化遗产）开始，我们就想明确该符号如何表征当下人们的

---

① A. Muñoz, From Curiosa to World Culture, pp. 136-137.

权利。其中一个讨论是在"人类"这个抽象概念中，我们可能并没有囊括那些基于该遗产使用、实践并构建日常身份的真实的人们。我们还介绍了威帕拉如何从"原住民"的象征符号变成了玻利维亚多民族国家符号的一部分。然而，我们也将这一隐喻扩展到了针对哥德堡现状的讨论中，不仅涉及非瑞典文化遗产，而且涉及"多数"（pluri）的而非"多元"（multi）的概念。

此外，我们还指出本次展览中的"社区"不仅是安第斯山区、玻利维亚、拉丁美洲社区，而主要是那些具有跨国身份和背景的社区，这为全球本土化（glocal）的讨论和观点打开了视角。

我们利用身份认同和冲突的问题来创造可能性，借助"考古"物件说明文化遗产始终处于一个关键的位置。我们想要展示的是，遗产不是某一个国家的，遗产的象征性具有跨越国界的力量。我们的基本理念之一是利用这一符号来挑战西方文化价值观的霸权主义假设［引用马尔卡希（K. Mulcahy）的释义①］，并且在日益增长的、瑞典白人极端民族主义中表明并不存在真正的民族认同。

出于展览的需要，我与身处哥德堡和威帕拉有关的人们积极合作。我最初的计划之一是瓦解在我们的领域中经常被使用的"种族社区"的概念，并试图阐明"社区"是用来共享兴趣、经验、创伤和梦想的。同时，我的一个想法是说明在这些"社区"内部存在多种声音、冲突和困境。以城市中所谓的玻利维亚社区为例，在如今的三代人中，只有年长者那代人出生于玻利维亚，对于"玻利维亚人"的理解在几代人中存在巨大差异。

---

① K. Mulcahy, Combating Coloniality, p. 3.

尤其是在哥德堡,"玻利维亚人"参加了城市狂欢节,然而,在一些团体中,"传统玻利维亚舞蹈"的最佳舞者来自罗马尼亚、尼日利亚、瑞典等国家,所以我们也想将这些人的声音吸收进来。

为了本次展览,我们对不同人群进行了五次采访,其中两次采访的是年长者那代人:一人是威帕拉和埃沃·莫拉莱斯的支持者,另一人则来自低地,与威帕拉并无历史关联。此外,我们还采访了一位在玻利维亚工作多年的瑞典人,当他回到瑞典时,他已与威帕拉建立了密切的联系,并对古柯也有一定的了解。对于第二代年轻人来说,他们虽然对威帕拉有着强烈的认同,但从未到过玻利维亚,因此威帕拉象征着反全球化和另一种生活方式的可能性。最后一位是玻利维亚驻瑞典大使,他提供了官方的声音。我们还制作了一部介绍狂欢节的短片,威帕拉在其中随处可见。

在展览中,藏品需要被完整地展示,在我看来,这里出现了第一个问题。跳出药物和巫术用具的叙述逻辑来展示藏品是至关重要的,取而代之的应是一种配合医学阐释的设计,即这些物品是医生的医学工具。因此,我们决定设计一个白色的无菌空间,就像瑞典医院一样。在这个白色的、干净的、无菌的房间里,我们将展品与项目研究期间制作的影片一起放在一个小小的隐蔽空间内。在观众进入该房间前,需要经过一个白色的房间,里面有一面巨大的墙壁,墙上只挂着威帕拉(也是房间里唯一的彩色)。

一年后,我开始反思使用白色和无菌的理念是否恰当。在某种程度上,这是一个很好的决定,它让瑞典观众将医学的概念与他们所知道的东西联系起来。然而,用白色表示"无菌"或"正确的环境"是一种西方霸权主义的价值观。工作人员的选择往往会在不知不觉中再现白人和白人特权主导的文化叙事。① 这种无意识选择的发生或许是因为我们在该系统中接受教育，而大多数工作人员没有其他社会或种族的背景。正如布莱克伍德（A. Blackwood）和珀塞尔（D. Purcell）指出的，事实上，（在阶级、种族，通常还有性别上）工作人员、董事会成员、赞助人、政治家属于同一群体，这使得改变文化叙事更加困难，即使我们试图做出改变，我们依然无法回避自身也是白人叙事的一部分。②

我对这些白色墙壁的反思是：我们是否真的在为观众重现他们成长中经历的、被公认为正常且合法的社会现实。白色是健康的，白色是清洁的，白色是普遍的，那些不属于白人话语的人可能会被微妙地边缘化。

许多评论让我意识到，我们可能给出了过多的解释，因为所有不被视为"中性"的事物都需要一个形容词（如替代性药物、口述史、情绪知识），所以我们陷入了"中性"一词的使用陷阱之中。

另一个问题是，由于财务上的困难，我们无法在展览期间招募更多与威帕拉有着情感联系的教育工作者。杰特·桑达尔表明，具备"学术"知识，且具有与展览主题相关的个人经验和情感关联的工作人员，是与观众建立对话的最佳媒介。事实上，展览中只有一位教育工作者与该展览具有个人关联。将来，我们不仅要在主题上，而且要在博物馆的日常实践中采用多元全面

---

① A. Blackwood & D. Purcell, Curating Inequality, p. 240.
② A. Blackwood & D. Purcell, Curating Inequality.

(pluri-versal)① 的方法，包括仔细挑选工作人员。

该展览于 2012 年开幕，至今仍在展出。公众起初很感兴趣，但是经济形势不允许围绕展览开展更多的活动。与社区合作是一个持续不断的过程，而我们很难为长期的合作制订预算。此外，在与威帕拉相关"社区"合作的过程中，我们得到了一个教训，即我们很难在机构层面避免家长式作风。合作通常被视为社区"在为机构工作"。在这种情况下，有些人指出，之后很难继续围绕馆藏开展对话工作。在接下来的项目中，我们由于缺乏时间、人力和人员参与而受到限制。

截至 2005 年，世界文化博物馆只设有一名联络专员，然而，该职位现在已经不复存在，因此，没有人有资源和时间在机构层面上与社区维系关系。

小结

在"标签的力量"项目和"威帕拉"展中，社会空间、象征力量、种族和排斥被证明无意识地渗透在我们的实践中。我们根据个人经历来选择叙事、色彩和设计——这必然带有文化偏见。通过接下来的"事物的状态"（The State of Things）项目，我们开始探索如何建构那些日常的、无可争辩的、"中性"的实践。

正如我在开头就提到的，杰特·桑达尔指出的一个难题是，博物馆并非基于基层民众的机构，因此它有可能重复过去的做法，而不必被迫改变。同时可以看到，尽管我们以去殖民化的

---

① W. D. Mignolo, DELINKING.

方式思考，但是在工作中我们依旧重蹈了自己认为的中性的旧规范。正如沃尔特·米格诺罗所指出的，认知去殖民化的斗争在于下一步：以去殖民化的原则开展工作，分析殖民实践的结果后，必须思考我们在策展中所选择的伦理、政治和美学后果，避免"好的""最好的""普世的"的诱惑，最终走向多元化的实践。①

最后，用爱德华多·加莱亚诺（Eduardo Galeano）的话来说，最终展示的物品应具身"小人物"②，即那些没有文化，只有民间传说，没有宗教，只有迷信的人，而我们的工作正是改变这种视角所隐含的、对非西方文化的历史性忽视。

图 60　展览入口区域

---

①　W. D. Mignolo, DELINKING.
②　E. Galeano, El libro de los abrazos, p. 59.

图 61　威帕拉

图 62　威帕拉的展示

卡涅特马普切博物馆的去殖民化

胡安娜·C. 帕拉列夫

解构博物馆的叙事，以反映一个拒绝消失（无论是在物理上消失，还是因历史上曾达成协议，但至今未被承认的国家法令而消失）的群体的现状，这是启动本次综合性学科项目的主要历史动机。该项目将一个隐藏在公众视线之外的现实重新带回人们的视野。

博物馆

卡涅特马普切博物馆（Museo Mapuche de Cañete）由图书馆、档案馆和博物馆管理局（Dirección de Bibliotecas Archivos y Museos，简称DIBAM）管理，位于南美洲智利圣地亚哥以南约700千米处。博物馆成立于1969年，最初是为了纪念出生在卡涅特的智利前总统。但与此同时，其常设展的内容是关于马普切人的——在殖民时代以前就生活在该地区的居民。该常设展一直持续到2009年，随后博物馆关闭了一年，以拓展和重塑其展览及理念。

2001年，DIBAM认识到其所管理和资助的博物馆需要改进,因此制定了一项更新计划。它为该计划组建了一支跨学科团队,团队成员不仅包括与博物馆相关学科的代表,而且包括来自附近阿劳科省(Arauco)马普切社区的成员。

作为更新计划的一部分,博物馆的收藏条件得到了改善。在2006年以前,博物馆既未采取预防性保护措施,也未对馆藏情况进行过盘点。由于马普切地区新的考古发现,该馆的藏品数量进一步增加。另外,博物馆还确立了一套藏品包装和保存制度,藏品系统也得到了显著优化。该馆藏品包括 2 000 件考古、民族志、历史和当代物品,以及著名的摄影作品。

博物馆的职责是与阿劳科的社区合作,推广和传播马普切文化,从而强化并延续这种文化。

这一目标的制定是博物馆工作人员与关注博物馆的外部利益相关者之间的战略合作的一部分。在这种情况下,邀请该地区马普切组织的代表参与是至关重要的,许多人接受了邀请并发表了意见。他们的出席具有重要意义,因为在此之前,他们从未收到过就这些问题发表意见的邀请。

当一名年轻人问道:"马普切人还活着,为什么我们需要马普切博物馆?"全程参与了我们项目的马普切诗人、作家和编剧利恩拉夫(Lienlaf)说道:

> 即使这个问题看起来微不足道,但无论我们是接受博物馆的经典形象,还是决心把它带往一个新的方向,只要我们反思一下博物馆的含义,这个问题就有意义。让我惊讶的是,这可能会将我们带回到关于马是如何融入马普切人生活的传奇故事中,所以我用一个问题回答了那个小伙子:"我们为什么不利用博物馆来消除'博物馆'的概念所带来的负

担呢？就像我们对马所做的那样。让我们抛开马鞍，直接骑在马背上吧。"

于是，我们有必要重新审视我们的理想模式，以便逐步接近思想上的去殖民化，同时产生一种反思性的、不断更新的和参与性的展览叙事。①

我想将去殖民化定义为一种文化改革的论述，其目的是克服这种植根于殖民历史的情结，它表现为优越感与自卑感的强大复合体，并且仍弥漫在我们的社会中。这要求我们抛弃落后的知识生产方式和社会驯化的论述，开始一场文化改革，人人都可以参与决定博物馆展览的主题、运作方式和基本目标。②

为了实现这一目标，与博物馆保存下来且至今收藏着的全部象征、社会和文化资本的继承者合作是必不可少的。各个马普切家庭③的代表都接受了邀请，以积极的利益相关者身份参与到博物馆的工作中，同我们荣辱与共。DIBAM 也发挥了其作用，它通过吸纳马普切代表回应了博物馆的挑战。马普切社区成员是以一种横向的方式参与项目的。一方面，博物馆依赖基于藏品的全新叙事；另一方面，马普切家庭代表了那些嵌入藏品中的非物质元素——对物品和土地的描述、解释、记忆和历史。马普切长者们认为，将自己的部分知识托付给一家致力于研究和传播的机构是一种道德上的责任，这也将有助于他们的后代认同自己的身份，了解自己的祖先和他们所属的社会。

---

① R. Bautista, Bolivia, p. 2.
② 参见 S. R. Cusicanqui, Interview, 2012。
③ 原文为"lof"，是指生活在特定地区内的马普切家庭的基层单位。"lof"的基础是家庭（renma）。一个"lof"可以由许多家庭组成。在该地区上有多达 30 个家庭。

明智的长者和马普切青年的集体参与，再现了一个社群重新规划自己的领土，并赢回那些已经失去的、不再被诉说的历史记忆——那些被压制、禁言或掩盖的历史。一些关于这一主题的评论说：「现在我们感受到自己参与着……博物馆正在发生的过程，我们可以畅所欲言，贡献自己的想法。这是以前从未出现过的。」「'参与'不能和咨询或表决通过事先已决定的东西混为一谈，而机构在此之前就是这么做的……」

从本质上讲，我们采取"直接骑在马背上"的做法引起了一些不安情绪。一方面，该地区的人们越来越迫切地观察着博物馆里发生的事；另一方面，在一些政府部门，人们无法理解这一合作网络的重要作用。我之所以提到这一点，是因为智利警察曾两次干预了这项工作：一次，警察搜查了我的家，带走了我们所有的工作成果；同样的事情也发生在利恩拉夫身上，他在圣地亚哥与我们的展览设计师会面后被非法拘留。展览的目录文本和一些重要材料被没收。这一切是因为我们的项目是在"追寻马普切运动理论家"的旗号下进行的。这些理论家是了解当代马普切人思想的重要来源，我曾经想要将他们纳入项目中。一群青年和成年人实践着这一思想，他们出于各种原因，拒绝接受一个否定他们并且具有压迫性的国家。

我们既要回应期望，也要应对某些主题不能出现在展览上的状况。我们被要求删除仪式性的或神圣的符号和物品。例如，"墓雕"（chemamvj）和"圣坛"（rewe）① 不能出现在展厅内，

---

① 译者注："chemamvy"是一种木制的马普切雕像，用于标示死者的墓穴。"rewe"指马普切巫师到达"天堂"（Wenu Mapu）的通道，形似具有台阶的立柱，顶部有人头像。

但由于它们的功能在于与土地相连,将土地散发出来的力量转移到祈求者身上。所以它们必须被放置在马普切家庭或巫师所指定的户外区域。想象一下藏品策展人在听到这一消息时的表情!

博物馆的建筑灵感来自一排简单的三层楼高的马普切民居(ruka),占地面积 9 公顷,其中还包含一座种有本地树木的公园、小径、一间马普切房屋、一座广场(gillatuwe,马普切人在特定日期举行仪式的开放空间)以及一块帕林球场(palin,一种马普切庆典运动)。每年,这里都会举行各种不同的仪式和宗教、政治、文化活动。马普切人的各个社区和机构都将原住民群体的项目纳入组织中,开展由马普切长老建议和领导的活动。博物馆和/或马普切社区会提前数月开始协调这些仪式的准备工作,因为它们不仅仅是表演。主办方设置了必要的区域以便进行准备工作,例如清洁区域:设置"圣坛"(聚会的圈子)和"分坛"(kvni,分支),作为客人和组织者的休息场所,以及收集用于准备食物的柴火,客人和参与的家庭将共享这些食物。要确保活动按计划进行,需要做大量的准备工作,而这些活动将不间断地持续整整 24 小时。这也需要由博物馆来统筹工作,因为博物馆要在正常开放时间之外继续为大量老年、成年、青少年和儿童观众提供基本设施,而这正是博物馆的活力和意义之所在。

展览计划亦与博物馆使命相吻合,在此指导下,我们举办了许多临时展览和巡回展览,并广受好评。展品的质量、对展品的展示方式和诠释都为博物馆赢得了正面口碑。由于该地区缺乏主题展览和综合性展览所需的空间,因此对于策展人来说,博物馆展示空间的重要性不容小觑。

作为常设展的延伸,教育项目与博物馆的活动紧密相关,它收集常设展中的部分内容，并以各种形式进行传播，例如关于周围自然环境的声音和音调的项目、关于陶器的项目或关于银器工艺的项目。最近还出现了马普切卡拉 OK，即用马普切语唱歌，从而帮助语言学习。博物馆还提供了其他教育材料。[①]

博物馆商店是博物馆参观之旅的一部分。商店由专业工匠经营，在这里展示他们受马普切历史和当代文化启发，用各种原材料创作出的产品。商店里还提供天然草药。事实证明，这些草药非常受观众欢迎，尤其是在松树和桉树的过度种植，导致乡村地区环境退化，天然植物逐渐消失的背景下。

马普切博物馆是 DIBAM 在智利境内管理的 26 家机构之一，构成了国家、区域和地方博物馆网络的一部分，该网络将其与距离最远的博物馆和展览联系起来。比奥比奥（Bío-Bío）地区[②]共有 22 家博物馆，每家博物馆都有着不同的历史、主题和展览。

博物馆庆祝各种节日，包括每年 6 月的马普切新年（Wiñol Xipantv），更确切地说是冬至，这是拉丁美洲所有原住民都会庆祝的节日。这是在马普切领土上的各个地区，无论是不是马普切机构都会举行的庆祝活动。博物馆还引入了其他节庆，例如 9 月 5 日的国际原住民妇女日，博物馆为该节日在当地的推广提供了最初的动力。现在全国各地都在庆祝这一节日，为我们开展原住民和非原住民妇女以及全体妇女所关注的主题会议提供了机会。

博物馆拥有七名固定员工，他们有着不同的职务。其中三名

---

① 读者可以从以下网址下载该材料：http://www.zonadidacticamuseos.cl，最后浏览日期：2016 年 4 月 13 日。
② 原文译者注：智利的 15 个行政区之一，首府是康塞普西翁（Concepción），也是卡涅特的所在地。

高素质员工负责特定的领域，例如藏品保护，多功能厅中的常设展览和临时展览，以及为博物馆吸引场外观众的巡回展览。同样，教育工作也是由合格的专业人员完成的，他的职责主要是与观众保持联络，特别是学龄儿童、学生和其他各种访问团体，或者有特殊需求的人士。为了满足想要了解马普切文化的人们的需求，我们将教育分为多个项目，针对特定的和经常性需求的主题，会有更深入的介绍，并与公众分享。然而，这并不意味着这项工作只停留在博物馆所展示的内容上。我们经常邀请马普切社区的代表，如果有需要，他们会详细地介绍只有他们才有资格谈论的话题。

打开橱柜，拓宽视野

作为一座考古学与民族志博物馆，我们采用不同的方法和技术开展工作，以适应宣传推广、教育活动和进一步发展各方不同观点的需要。例如，我们与想要绘制或为展览中的一些物品上色的年轻人合作。"路上的插图"活动（Ilustración Viajante）从博物馆的文化遗产藏品中找到了考古学的切入点，作为与年轻人合作的出发点。他们不仅熟悉了绘画技术和材料，而且还获得了相应藏品的考古、历史和民族志信息。工作坊预订火爆，成绩斐然。这些画作在博物馆展出，之后参与者可以把它们带回家作为纪念品。带队老师对工作坊给予了积极的评价，并指出学生们不仅从美学的角度看待这些物品，而且关注到这些物品的意义及其与当代的联系。活动参与者是年龄在 10 至 18 岁之间的年轻孩子们。

对物品的策展是一个随时可以重新审视的环节，也能够利用新的信息和视角不断加以充实，通过对生活方式（赋予物品最初的生命和意义）重要性的理解，使参观者为这些物品注入新的活力。

一位来自卡涅特的艺术家发起了一场与更广泛的文化背景产生关联的展览，迄今为止，该艺术家已与合作的学校开展了三年校际竞赛。每年约有150件不限媒介的作品参赛，且参赛者水平逐年提升。博物馆与评审团的艺术家共同制定了有关内容的评判标准，评审团会根据提交的作品列出一份入围名单。第一年，竞赛的主题是关于马普切妇女生活的各个方面。准备资料被分发给指导教师。大多数参与者都聚焦于该主题的精神层面，因为马普切妇女通常在精神事务中发挥主导作用。次年的主题是"水之于马普切的重要性"（Importancia del Agua en el Pueblo Mapuche）。和之前一样，我们准备了书面资料提供给参赛者，包含马普切人流传至今的有关水的故事。这类故事有很多，在今天智利和阿根廷的一些地区，水依然与马普切人的精神场所和生存联系在一起。竞赛的成果和参与程度令人印象深刻，因为该主题与国家当前的问题息息相关。还有许多作品因在截止日期后才送达而未被选入。其中有些艺术作品融合了常设展中的元素，因此我们观察到为了竞赛而来博物馆参观的观众数量激增。比赛还促使我们丰富教育项目中的信息，进一步丰富展览中以水为主题的部分之细节。该项目让我们清晰地认识到，任何形态的水都是生命中鼓舞人心的元素——正如代表了本地区的降雨，从沿海山脉［马普切人称之为纳乌埃尔布塔（Nahuelbuta）］一直延伸到阿劳科省的海洋。

这种艺术方法以另一种方式展示了博物馆展览的内容，使我们作为博物馆的员工和古老文化的传承者有机会进行研究并拓展我们的知识。这也有利于学生和那些希望帮助学生打开视野的老师，让他们看到作为教育机构的学校无法教导和给予的东西。

我们还利用不同的技术来改善展示效果，让艺术家从视觉艺术的角度出发，负责策划竞赛展览，而博物馆则为竞赛的主题提供基础知识。

甚至在博物馆实习的学生们也组织了一些活动，作为一次锻炼。来自卡涅特一所技术学校的学生组织了一场有关马普切歌曲的演唱活动，这在马普切语中被称为"VL"(ül)。这项倡议在夏季被提出，而孩子们正处于假期，难以联系，所以招募他们参加活动非常困难。为了达到活动的目标参与人数，博物馆发起了一场集中的推广活动。演唱比赛包括许多内容，主要要求参赛者选择一首歌曲演唱，至少半首歌曲要使用马普切语演唱。歌曲可以自由选择或改编。孩子们在家人的陪同下非常热情地参与到了活动中，这使得活动取得了极高的参与度。此类活动吸收了马普切非物质文化遗产中的很大一部分，这在以前的博物馆中从未有过。一些孩子曾在学校里学习过这些歌曲，其中一些孩子还穿着传统马普切服装登场。被演唱的不仅有歌曲：有些人还借此机会用马普切语吟唱诗歌，因为马普切诗歌是用歌唱来表达的。主办方邀请由三名成员组成的评审团对表演评分：一名以马普切语为母语的马普切歌手（vlkantufe）、一名教育学家和博物馆馆长。实习生和博物馆工作人员根据经验推断，有关非物质文化遗产的活动也将受到儿童、父母、监护人和公众的欢迎。策展过程及其教育方面表明，此类活动是一种使用、传播和欣赏语言及其表达形式的机会。此外，歌曲也是儿童学习的最重要方式之一。一位获奖者说：

> 我真的很享受为马普切的兄弟姐妹们演唱一首问候的歌曲。我还收到了很多礼物来帮助我学习更多的知识。我收到了非常喜欢的一个鼓（kulxun）① 和一面旗帜，我还获得了一张 CD，这样我就可以学习更多的歌曲和单词的发音。现在，我想再学习一首新歌，然后再一次参加比赛。[劳拉·冈萨雷斯（Laura González），7 岁]

学习过程与网络

这些活动使得博物馆的边界超越了常设展览的限制。这带来了一种新的情况：所有直接或间接参与者都可以通过特定的兴趣建立联系，而这些兴趣通过博物馆运作的项目成了公共的兴趣。这形成了促进共同主题和兴趣领域中知识增长的网络。这种网络可以在诸如博物馆这样的反思和互动的场所中得到加强。

显然，我们正在努力协同解决儿童和青少年的教育问题。他们中的许多人已经在知识和态度上取得了重大进步。他们现有的态度在很大程度上受到媒体以及他们在课堂上接受的"教育"的影响，因此时常对马普切问题持有负面偏见。我想强调的是，针对这一问题，我们正身处一个持续的过程中，博物馆已经与各教育机构，特别是教育部的工作人员结成了联盟。我们的目标是让博物馆及其多样化的活动创造出一种激发力，将艺术、文化遗

---

① 译者注："kulxun"是马普切巫师常用的一种木制半球形鼓。

产、更深刻的历史理解和非物质遗产结合起来，从而促进教育、新的碰撞和反思。

这一观点之所以如此贴合，是因为国家的建立与持续不断的征用行为有关，导致了政治、经济和/或象征性权力的殖民化形态，这种形态的基础是对土地和财产的征服和盗窃，这首先使国家成为可能，并继续推动它向前发展。因此，一种特定的社会政治和文化建设发展起来，通过工作、宗教和学校教育的纪律规范，对殖民对象的身体和主体性进行剥夺和殖民化，并将此定义为文明的做法。这种殖民化过程导致的自卑感在数代人心中内化。而这正是殖民主义最核心和最令人痛心的特征之一。①

在反思我们的做法、流程，以及与我们一样有兴趣就当地事件发表看法的合作伙伴时，许多问题悬而未决。在与博物馆互动的教育系统中，教学的各个方面都充斥着关于智利和拉丁美洲原住民社会的负面形象。智利人（包括已经融入智利社会并放弃了原本身份的马普切人）的殖民化意味着我们的教育推动者需要做大量的准备工作，以尊重的态度和有力的反馈回应观众先前的观点和认知。虽然我们在一定程度上获得了成功，但是一旦缺乏对跨文化对话意愿的尊重，情况便会变得困难。

总而言之，我们当前和过去的活动都与博物馆的目标和使命紧密关联。但是，并非每个活生生的人的故事都能在博物馆中占有一席之地——博物馆不仅必须努力为历史提供空间，而且需要

---

① H. N. Moreno, Formación colonial del estado y desposesión en Ngulumapu, p. 126.

为当代的问题和未来的期望提供空间。

使殖民机构接受当代叙事是一项艰难的重任，特别是在涉及今天依然存在的民族时。因此，我们试图表现一种当下仍生生不息的民族文化，这个民族曾面临各种各样的死亡宣判，却拒绝消失于世，尤其是拒绝从博物馆这样的地方消失。

在一个远离主要城市的地方经营一座博物馆无疑是一项艰巨的挑战，但我们仍然决定这样做，并且已经记录下了一些相对重要的成就。这些成就总是依赖于活动成功的必要条件，例如天气、正确的推广形式等。

以上讨论的是到目前为止我们仍在运作的项目。然而，随着越来越多的人和机构开始利用这一空间，他们意识到需要与现有的文化遗产建立联系和网络，以便为自己的项目奠定基础，资源显得愈发紧张，而我们的需求也在不断增长。因此，压力逐渐积累，我们无法以其他形式提供进一步的支持。如今博物馆已成为该地区的舞台和陈列室，它已在此处矗立了近五十年，为周边的马普切社区提供了身份认同。

上文描述的竞赛对我来说具有特殊的意义，因为正是在这样的环境中，孩子们推动了一个事实的显现：我们通过所处的环境感知本民族历史与文化——民族文化的奇观恰恰是借助简单的观察、倾听和感受变得有迹可循的。从孩子们身上，我看到年轻一代已经做好了学习和探索的准备，他们不畏惧表达自己的情感，并且将自身投入马普切文化当中。尽管他们并不直接隶属于马普切文化，但是却在努力地融入其中。

图 63　一群马普切青年在支持马普切政治犯家属活动上的表演

图 64　飘扬着马普切旗帜的博物馆外观，该旗帜是马普切妇女在 2007 年 9 月 5 日的国际原住民妇女日上赠送给博物馆的

图 65　博物馆全景图

图 66　讨论和提出关于博物馆新名称的建议

图 67　2008 年，马普切社区的设计师现场展示了博物馆的新展览形式

基多历史中心的博物馆教育、社区协调与城市权利

亚历山大·N. 塞巴洛斯 瓦莱里亚·R. 加拉尔萨

社区协调

社区协调（Mediación Comunitaria）[1] 是管理基多市五个博物馆[2]的横向工作领域，其中包括城市博物馆基金会（Fundación Museos de la Ciudad，简称 FMC）。[3] 由于我们的使命是促进博物

---

[1] 原文译者注："mediación comunitaria"的名称既指与社区的交流，又指基于社区的教育方法。尽管在艺术教育领域，英语中与之最接近的词可能是"社区拓展和联络"（community outreach and liaison），但是在本文中，"mediación comunitaria"将被翻译为"社区协调"。这是为了将其与"拓展"工作的传统形式区分开来。作者在此处使用"社区协调"一词并不是为了发展观众或为社区"带来文化"，而是旨在与社区展开基于双向交流关系的合作。
[2] 社区协调管理互动科学博物馆（Museo Interactivo de Ciencia）、卡门奥拓博物馆（Museo del Carmen Alto）、雅库水资源博物馆（Parque Museo del Agua YAKU）、基多当代艺术中心（Centro de Arte Contemporáneo de Quito）、城市博物馆（Museo de la Ciudad）五家博物馆。更多信息请参阅 http://www.mediacioncomunitaria.gob.ec/和 http://www.fundacionmuseosquito.gob.ec/（西班牙文），最后浏览日期：2016年4月13日。
[3] 感谢社区协调研究员玛丽亚·多洛雷斯·帕雷尼奥（María Dolores Parreño）、哈维尔·罗德里戈（Javier Rodrigo）以及城市博物馆基金会的展览和社区拓展人员，他们与我们的讨论为本文的思考奠定了基础。

馆与其社会环境的联系，因此我们为自己设定的目标是在博物馆内部建立起社会组织和参与过程所必需的基本框架，从而影响博物馆实践和政策中的决策体系，并发展出适当的谈判空间。我们将重点放在博物馆和社区工作中的合作原则。合作意味着只有通过不同形式的知识对话，以及特定地方环境下的共同创作过程，实现共同的目标和结果才具有意义，进而使共同利益的建设和维护成为可能。①

在操作层面上，这意味着每位社区协调员（mediadora comunitaria）都要参与到 FMC 的五家博物馆中，负责解决博物馆附近街区发生的辩论，以开启与不同群体间的对话和协商。他们的任务还包括与博物馆工作人员（例如教育工作者、策展人或负责大楼安全的保安）就机构项目规划和活动的展开进行内部协调。社区协调员是一支由八名成员组成的团队，扮演着"工具包"的角色。目前，团队中有一名城市园林顾问、一名负责 DIY 建设和参与式建筑的人员、一名总体规划负责人、一名平面设计师、一名整理资料的行政助理，以及自去年加入的两名教育研究人员，他们探讨合作过程中的教学方法和问题，然后针对这些过程制定专业的培训计划。② 在组织架构上，社区协调的层级与博物馆协调的层级相当，年度预算是独立管理的。鉴于博物馆教育

---

① 参见 M. Garcés, Un mundo común。所谓"共同利益的建设和维护"，是指围绕我们共享一个世界并相互联系所进行的集体讨论，也指对我们彼此依赖的承认和重新表述。这应当以选择社会正义作为关键原则的方式实现，在这种原则下，尽管我们具有差异和不同的利益，但是依然可以假设这些资源和产品会得到妥善的管理和分配，任何人都无法垄断它或将其私有化。教育、公共文化基础设施和社区文化实践是这种共同利益的一部分。

② 参见 http://www.mediacioncomunitaria.gob.ec/assets/infografia_mediacion_comunitaria.pdf（西班牙语），最后浏览日期：2016 年 4 月 13 日。

工作典型的不稳定性,以及世界各地文化机构外包社区工作的趋势,特别值得强调的是,社区协调员享有受劳动法保护的永久职位。

社区协调的情况和工作方式并不遵循统一的模式。相反,它们根据特定的机构环境灵活应对。这是三年来根据城市和基金会的文化政策不断变化(扩大或收缩)的状况,持续协商、反复试错的结果。然而从制度上讲,该工作领域的形成是迈出了一大步的,它能够成为一种平衡社区的力量,自我定义为"社会责任"或"观众发展"——这两个概念可以平息社会领域内的冲突,并无视所谓的"文化项目民主化"的力量。①

在博物馆的改造与复制之间

我们以一种自我批评的方式认清了过去三年间,社区协调活动在很大程度上未能引起策展人的注意和教育者的兴趣(尽管它是博物馆的一部分)。我们致力于本地问题,意味着我们是从边缘的角度理解自身工作的。我们与展览主题保持距离,并拒绝将策展的理念用在机构与社区的对话中,这导致我们无论是在展示设计还是在展览教育项目中,都失去了将博物馆中心视为公共空间的机会。

将博物馆外部的工作与合作方法、批评和经验主义联系在一起并不总是正确的,同样,对博物馆内部的活动与观众服务的限

---

① 在基多的背景下,"社会责任"通常直接或间接地与发起此类计划的私营公司和组织的利益和意识形态相关。例如,为该地区的集体企业或街头小贩提供的一系列旅游服务培训课程被呈现为有利于共同利益的。就文化机构而言,室外观众的管理主要集中在文化活动的举办上,矛盾的是,正是中产阶级化进程破坏了社会参与和公共空间的日常使用。

制、策展和博物馆话语之间关联的肯定也是如此。不过，这种二分法是从文化机构的特定政策中产生的。文化机构的灵活政策一方面使他们能够在批判性和学术性话语中重新获得合法性，另一方面也令它们承担起在城市发展、创意产业、文化旅游和其他新资本形式中的职能和角色。这种二分法还受到多种因素的影响，例如由来已久的文化机构工作条件的不平等，以及根据文化活动所处的领域（博物馆教育/艺术和策展）不平等地为文化活动分配资源的预算政策。

上述情况为我们提出了一系列问题：从博物馆内部出发与社区合作的范围和影响是什么？如果说到目前为止，我们把与社区一起的工作视为一项常规之外的专项任务来开展，那么我们如何才能避免这种特定情况下的影响，从而发展出更为固定和可持续的工作流程？我们的目标是将社区合作理解为一种主动反思/行动的形式和一个集体学习的空间，这敦促我们重新定义博物馆的关注点和教学法。

我们最初的自我边缘化态度实际上是带有精英主义的：我们是唯一可以在研究和民族志上花费大量时间，而不必向博物馆证明研究实际效用的部门。社区协调员拥有比教育工作者更加多样化、专业化的培训和更好的工作条件。试图将社区协调和展览教育结合起来，并就实现的可能性展开讨论，引发了一场关于合作所需的工作条件、等级制度、工作逻辑和工作节奏的内部辩论。

上文所述的部门组成以及我们在机构内的特权，引出了我们所关心的问题：合作项目什么时候可以使现有的权力关系合法化？什么时候可以产生具体的改变？

文化机构能够以某种方式对社区产生价值，并激发关于解决社会问题的批判性教育的辩论——这种想法不只源于理论上的考虑，也源于表征危机以及博物馆作为现代机构的危机，相对的，文化机构的概念正是在塑造社区公共机构的思考和地方发展的背景下产生的。① 正是这种冲突、社会机构形式以及他们提出的对权力的要求，在以往看似一成不变的博物馆中打开了一条裂缝。这是十分重要的一点，回顾他们的经验，并联系他们对于公共管理的要求，恰恰是对这些斗争及对其当前意义的认识阻止了博物馆中关键工作的简单工具化。

圣罗克市场：城市的权利

我们希望通过一项介于社区合作和博物馆教育之间的经验来解决本文的核心问题：博物馆与基多市圣罗克市场合作关系的建立。该地区曾面临驱逐、城市复兴、旅游和文化遗产等政策，并为争取其在基多市的合法地位斗争了二十多年。②

归功于壮观的殖民建筑，1978 年，联合国教科文组织将基多市列为世界遗产。20 世纪 90 年代，这一身份被旅游业和房地

---

① 这里我们要提及拉丁美洲的博物馆学传统：1972 年智利圣地亚哥委员会（译者注：原文为"the mesa de Santiago de Chile"，此处应指 1972 年 5 月 31 日联合国教科文组织与国际博物馆协会发表的《智利圣地亚哥委员会宣言》）；考古学博物馆的社区管理经验（该经验是对 20 世纪七八十年代厄瓜多尔承认原住民身份要求的回应）；乌拉圭陶土博物馆（http://www.museodelbarro.org/，最后浏览日期：2016 年 4 月 13 日）、智利卡涅特马普切博物馆（http://www.museomapuchecanete.cl/641/w3-channel.html，最后浏览日期：2016 年 4 月 13 日）或阿根廷白人工程师港口博物馆（http://museodelpuerto.blogspot.com，最后浏览日期：2016 年 4 月 13 日）。

② 在基多的背景下，提到城市权利时，就意味着讨论城乡之间的渗透性和城市中原住民的存在。在基多的语境中，公民权、公共空间或环境等术语受到一系列因素的重塑，包括历史上受压迫群体复杂的身份斗争、破坏城市概念的大众贸易网络，以及城市内一系列为其与"城市性"的差异争取认可的概念和社会文化实践。

产投资者所利用，导致城市债务的增加，私人开始投资对历史建筑的修复。民间和公立组织相继成立，以规范公共空间的使用和街景的设计。2000年，在泛美开发银行（Inter-American Development Bank，简称IDB）建议建立文化宣传和文化遗产欣赏机构的背景下，城市博物馆基金会由此诞生。

尽管基多城市明信片上的图像大多为西班牙殖民遗迹，但城市内的原住民却不容忽视。市中心（圣罗克轴线）大约有22%的居民是原住民，其中很大一部分参与市场的活动。① 从历史上看，圣罗克市场发源于一项强制将非正式贸易逐出市中心的街道和广场，并将其转移到其他地区的计划。②

该市场拥有约3 000个工作岗位以及（未经统计的）非正式贸易和街头贩售网络，每周为大约20.4万名客户提供服务。圣罗克市场满足了基多市17%的基本食品需求，它向较小的市场供应食品，并确保该市食品自给。除商人外，市场还囊括手工艺品和传统服务，例如自然疗法和本土药物。据估算，有31%的市场雇员居住在这片历史悠久的市中心。③

值得一提的是，这里还有一所由讲吉奇瓦语（Kichwa）的市场商人自发组织、经营、管理的跨文化双语学校。它的成立旨在保留语言，让市场商人的孩子可以接受乡村原住民的价值观教育，还有一个特别重要的原因，是防止这些孩子在西班牙语的学校中

---

① 圣罗克轴线由圣罗克市场附近的八个区组成。这里同样是FMC参观人数最多的三个博物馆的所在地：雅库水资源博物馆、城市博物馆和卡门奥拓博物馆。
② 参见 E. Kingman, Los trajines callejeros; Coord. San Roque. 更多信息可见 http://www.mediacioncomunitaria.gob.ec/documentos.html，最后浏览日期：2016年4月13日。
③ 参见 Gesculturas, Cuentan los vecinos。

遭到歧视。厄瓜多尔有 2 305 所跨文化的双语公立学校。这些学校是在原住民社会政治运动的斗争中发展起来的，20 世纪 80 年代后期，这些运动要求国家承认原住民自主教育，进而得以巩固，并确立了在关于身份的辩论中，教育所扮演的核心角色。① 尽管在基多有着非常大比重的原住民，但是这类学校只有 17 所，只有 2 所位于市区。圣罗克的这所学校就是其中之一，拥有 210 名学生。

圣罗克市场/社区协调/博物馆教育：经验和可能性

我们概述了社区协调部门的发展以及我们在处理组织结构时的复杂情绪，也解释了为什么有必要在文化经济和知识生产的背景下，就我们的工作范围与展览教育领域进行争议性的对话。我们还勾勒出了工作中与市中心市场商人发生冲突的场景。本节将阐释与社区和教育工作者谈判过程中的沟通要点，这有助于博物馆在日常运作中达成长期可持续的合作。

展览空间：反应与传播策略

在过去的五年中，城市管理部门对于政府在城市发展领域的

---

① 参见 A. Conejo, Educación intercultural bilingüe。自 1924 年以来，厄瓜多尔宪法已规定必须承认在语言和文化上适当的教育形式。然而，直到 20 世纪 40 年代，教育才作为政治和社会意识手段在社会组织中发挥了更大的作用。1988 年，国立跨文化双语教育机构（Dirección Nacional de Educación Intercultural Bilingüe，简称 DINEIB）成立，该机构于 1992 年根据国家教育法获得了技术、行政和预算上的自主权。1998 年，宪法对此予以批准，并承认厄瓜多尔为多民族和多文化国家。

规划并不透明。人们在街头巷尾讨论着关于市场迁移和缩小规模的各种传言，但是相关信息仅在市场商人之间非正式地传播，而没有官方公告。2013年初，不安和担忧的情绪加剧，以至于市场商人拒绝公共行政人员进入市场。这场抵制是由于市场管理调查的结果并未公开，而当调查结果公开时，其中技术性的、专业性的用语又让人难以理解。市场商人不知道这些信息是为谁收集的，以及它们服务于谁的利益。

城市文化遗产研究所（Instituto Metropolitano de Patrimonio）的任务是对市场建筑进行改造。研究所邀请社区协调部门组建并领导一个调查小组，以便与市场商人一起举办各种讨论会。其隐含目的是通过"参与式"的提案，使建筑物的重新设计合法化。① 经过15场与市场商人的会面讨论，小组对上述目标进行了重新定义，并设定了两个条件：这项调查报告的结果将向公众公开；最终报告将由市场组织进行审核，再提交给委托撰写的相关部门。

在理论上，城市规划的诸多过程中都存在着公民参与的概念，然而在实践中，有必要讨论一些问题：谁在邀请谁参与？在什么条件下参与？参与的主题、目标和范围在何种程度上是可行的？由于调查中包含了对参与情况的反思，因此市场组织及其政治领导层（他们的主要目的是突出市场的商业部分及其服务基础

---

① 更多信息请参阅 http://www.mediacioncomunitaria.gob.ec/assets/in forme-consultoria-del-mercado-san-roque.pdf，最后浏览日期：2016年4月13日。该咨询小组由社区协调领导［亚历山大·塞巴洛斯（Alejandro Cevallos）、莱宁·圣克鲁斯（Lennin Santa Cruz）、波琳娜·维加（Paulina Vega）和安德烈斯·鲁达（Andres Rueda）］。参与其中的还有FMC顾问艾纳尔·迪埃兹（Henar Diez）、两位当地艺术家嘉里·维拉（Gary Vera）和坦尼娅·隆贝达（Tania Lombeda）、人类学家温迪·莫兰（Wendy Morán）和卡桑德拉·赫雷拉（Casandra Herrera）以及教学法集体。

设施）已准备好将少数群体的声音纳入讨论，例如来自跨文化双语学校的学生、老师、母亲，或者那些不稳定的、无组织的工人群体，如街头小贩和服务员。除了建筑设计外，调查小组的研究还必须探讨与城市有关的市场管理模式的可行性。研究还调查了市场与其周边环境之间的关系，分析了媒体对市场的污名化及其在城市规划中的作用，从而表明该地区的其他市场正在萎缩。报告还清楚地指出，实际上该地区有着丰富的文化基础设施，但它们并没有对所在地区和社区发挥作用。

研究取得的信息已被集中转化为地图、图表、示意图和时间线，相关群体可以从中找到自己并意识到所关注问题的多样性。市场因为讨论而被推到台前，但是它并非问题的核心，而是复杂的社会和城市生态系统的一部分。上述材料构成了展览的素材。

展览将收集到的信息公之于众，也成了参与者就代表权和可见性进行战略谈判的场所，商讨哪些内容应该被保留为内部讨论而不予公开。该展览是与市政当局打交道的一个战略性步骤，既没有追求外在的客观性，也没有追求合作项目的和谐美学。当然，对当局的决策产生直接影响的愿望并没有实现。

这些局限性最初引发了挫败感，但它们最终促使社区协调员萌生了多样化的策略，现在他们的行动不是出于"职责"，而是出于对市场群体的承诺。因此，小组设计了食品主权海报、有关市场不为人知故事的杂志，与市场组织合作制作视频录像和信息图表。[①] 我们从展览的个案，引申到博物馆团队倡导的对市场状

---

① 见纪录片《圣罗克市场：每个人的家》(Mercado San Roque: una casa para todos，西班牙语)，请参阅 http://www.youtube.com/watch?v=kvjAjftCehE，最后浏览日期：2016 年 4 月 13 日，其他文件和材料请参阅 http://www.media cioncomunitaria.gob.ec（西班牙语），最后浏览日期：2016 年 4 月 13 日。

况的更广泛讨论,但是这种关注以及这项工作如何影响到博物馆的内部运作呢?

迈出与教育者共建项目的脚步

第一步是确定共同的目标(不局限于某家博物馆或是展览教育和社区协调这两个部门),并就合作的必要条件展开讨论:调整工资水平和工作时间,组建决定专业发展和自我教育形式所需的核心小组,建立自主和定期对话的空间。这一过程证明,人们共同关心的问题是教育环境下的跨文化双语工作,以及从农村向城市的迁徙问题。在诸如圣罗克这样的辩论中,博物馆如何开展跨文化教育活动?许多教育工作者已经与该地区的团体有过接触,主要是邀请他们参观展览或者在博物馆中举办特定活动。这说明迄今为止,在执行创建一个不那么零散的教育方案的任务时,有一些经验和关注尚未得到借鉴。

在此基础上,博物馆立即开展了两项活动。一方面,专题专业发展会议被提上日程;另一方面,协调和教育部门与市场周边更广泛的教育团队建立了联系,以实现知识的交流。迄今为止,我们已邀请外部教育家和学者参加了以下主题的研讨会:教育理论和模型、非正式教育规划、批判教育学、多语言环境下的教育、非定向环境下的教育策略,以及包容性和多样性教育等。

这一进程已经持续了11个月,并衍生出了各种项目,其中一些已经在进行中或正在计划中。它促成了一项针对学校假期的教育和休闲开发的计划,该计划由三家博物馆的17名展览和社区协调员组成,将假期项目的传统常规形式转换为一种关注地方问题，并采取立场的行动。此外，计划还包括用市场调查中产生的信息和教育材料举办的巡回展览和教育活动，以便与工作场所的市场商人以及博物馆观众进行讨论。

尽管重大事件继续占用着大量时间和机构资源，但是我们相信，教育工作者和社区协调员共同致力于有关周围社会环境的讨论，双方的合作将把传统的教育和协调策略转变为政治空间，并开启有关机构优先事项决策中权力分配的讨论。通过这种方式，我们希望将社区合作协调作为一种集体过程来实施，学会为公共文化机构的正常运作提出要求并承担责任。

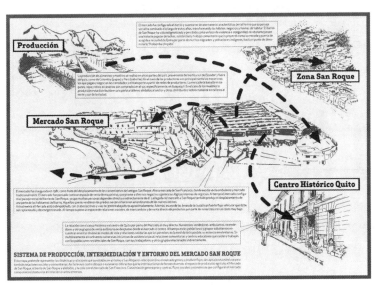

图 68　关于市场中的社会空间和参与者网络的信息图

图 69 与圣罗克市场防御先锋(Frente de defensa del Mercado San Roque)举办的社区协调工作坊

图 70 关于食品主权的信息图:圣罗克市场的土豆销售情况

"真不错,但是我不在乎!"
——教育与策展实践中的批判博物馆教学法

伯纳黛特·林奇

引言

本文探讨的是文化部门在与公众打交道时的出发点——善良和慷慨,以及与之相关的问题。

在索马里作家努鲁丁·法拉赫(Nuruddin Farah)令人惊叹的著作《礼物》(*Gifts*)① 中,有很多关于一位摩加迪沙(Mogadishu)医院护士、单身母亲杜尼娅(Duniya)的描述,她常常怀疑他人的慷慨,并不信任那些"给予者"。

而我认为,"给予""为了(……做事)""代表"的文化仍然贯穿着整个文化领域,影响着策展和教育的实践。因为如前所述,博物馆的核心功能中保留了殖民时期遗留下来的两项基本要素——收集和展示。② 正如博斯特(R. B. Boast)着重提醒我们的,过去几十年来,教育始终是新博物馆学的核心目标之一,但

---

① N. Farah, Gifts.
② S. Ashley, First Nations on View, p. 31.

教育也是殖民时代遗留下来的深刻残余。①

哲学家乔纳森·罗尔斯顿·索尔（Jonathan Ralston Saul，2014年）在一份加拿大报纸上写道："实际上问题在于一旦（人们）拥有'权利'，他们就被剔除出局了（或从未被允许过）。"他说："如果他们拥有权利……完全拥有权利，那么你就不会为他们感到同情。同情只是一种面对（社会不平等）核心问题，而不采取行为的做法。"

这种情绪是公众参与的核心，却降低了接收方的地位，因为它将接收方视为消极的受害者，损伤了他们的尊严、主动的代表权和自决权。结果往往是令那些我们试图说服参与博物馆项目或计划的人成为接收方，并感到愤怒或者漠不关心。正如一位年轻的参与者所说，博物馆在包容和认可方面所做的全部努力带来的结果是："真不错，但是我不在乎。"②

过去四年中，我在英国进行的行为研究中包括了一份写给保罗·哈姆林基金会（Paul Hamlyn Foundation）的报告《这到底是谁的蛋糕?》(Whose Cake Is It Anyway?)，该报告旨在探讨公众参与对英国博物馆的影响。③

博物馆参与者的大部分经历是"被赋权"的（empowerment-lite）。④ 因此，共同创造或共同策划常常被揭露为肤浅的政治姿态。我们见到的通常只是象征性的协商，博物馆通过剥夺权利和

---

① R. B. Boast，Neocolonial Collaboration.
② 我最近关于博物馆各部门公众参与度的拓展性研究充分印证了这种对博物馆"受益人"的负面回应（Lynch, Whose Cake Is It Anyway?）。
③ B. Lynch，Whose Cake Is It Anyway?
④ A. Cornwall & V. S. P. Coelho, Spaces for Change?

控制参与者的关系,使参与者失去了真正的决定权。同时,"服务"的言论继续把参与者视作"乞求者""受益者"或"学习者"的角色,而提供者(博物馆及其工作人员)则扮演着"教师/护工"的角色。这形成了一种"差额"模式,假定人们("学习者")存在有"缺口"(gaps),需要通过博物馆的干预来填充或弥补,而不是持一种变革的理念,将观众作为积极的参与者置于中心位置。

因此就不难理解为何博物馆的社区合作伙伴和参与者经常会表达出沮丧和不满情绪了。他们发现自己始终是博物馆实践的接收方,这种实践对于几乎永远处于弱势的参与者而言,是极具伤害性的。社区参与者很快就意识到了一些他们在一开始或许没有察觉到的艰难教训。弗雷泽(N. Fraser)所呼吁的"邀请空间"[1] 并不能完全保证参与性。同样,康沃尔(A. Cornwall)提醒我们:

> (单纯地)在谈判桌上拥有一席之地是行使发言权的必要条件,但不是充分条件。(机构方面)出席谈判也并不代表他们愿意倾听和做出回应。[2]

这种情况的延续导致了一个问题,即中心/边缘、"我们"和"他们"的概念始终存在并且影响深远,它持续破坏着抱有善意的博物馆及其工作人员为学习和参与所做出的努力。博物馆通过将参与者置于"受益者"的位置行使着无形的权力,从而剥夺了人们的能动性和必要反抗的可能性。由此,博物馆继续被困在马

---

[1] N. Fraser, Rethinking the Public Sphere.
[2] A. Cornwall, Democratising Engagement, p. 13.

克·奥尼尔（Mark O'Neill）提出的"福利模式"之中。①

博物馆教育和策展实践中的"福利模式"

近几十年来，博物馆教育与策展之间的冲突已经引起了广泛的讨论，在博物馆向公众开放参与的过程中，策展扮演着保守的角色。随着近年来"教育转向"在新博物馆学中的确立，策展和教育的界限被有意模糊了。自20世纪90年代以来，英国的博物馆意识到自己属于公共领域的一部分，并越来越致力于积极参与引导公众投入公共服务，例如加入卫生、教育、住房、社会服务方面的委员会或项目董事会，担任代表并进行捐助。鉴于公众期望英国乃至全球有更大程度的公众参与和审议，博物馆中增加了更直接的社区参与合作，社交媒体的迅猛发展就是一个例证。在英国政府的资助机构和地方政府的压力下，博物馆参与进程的范围有所扩大，政府的资助机构期望博物馆对其资本开发项目进行大规模的意见征求，并由观众参与馆藏的重新展示、政策制订和策略实践。近年来，博物馆的社区参与在地方复兴和发展中所发挥的积极作用也成了博物馆获得资助的关键因素。可持续的社区战略提出了"嵌入更多紧密合作伙伴关系"的要求。因此，各个博物馆开始对此类要求做出反应，对于和公众关系的认识迅速地或逐渐地、积极地或极不情愿地从"使用者和选择者"转变为"制造者和塑造者"②。

---

① M. O'Neill, From the Margins to the Core?
② A. Cornwall & J. Gaventa, From Users and Choosers, p.127.

从那时起，英国的博物馆就开始面临着给公众提供参与机会所带来的压力。但是正如我们将要看到的，一定程度的制度阻力始终存在，在许多情况下，紧张和矛盾贯穿了整个合作过程。

英国的许多博物馆在很大程度上受到詹姆斯·克利福德（James Clifford）"作为接触地带的博物馆"理论的影响①，它们有意识地推行后殖民主义博物馆实践，尤其是在有着大量原住民或迁徙社区的地方。十年前，露丝·菲利普斯（Ruth Phillips）就指出："新的伙伴关系和合作模式……正在为原住民介入西方博物馆的传统定位创造前所未有的更多机会。"②

在博物馆伦理的语境下，能够更好地理解博物馆的参与性转向③，优先关注大规模运动，与民间机构开展合作，使博物馆变得更具社会包容性和责任感。④ 在过去的几十年中，博物馆通过建立"合作博物馆学"的广泛行动，试图发展和维系与邻近社区的关系，开放其知识及民族志藏品的参与性解释权。⑤ 然而，许多参与

---

① J. Clifford, Routes. 正是詹姆斯·克利福德在 1997 年将人类学家玛丽·路易斯·普拉特（Mary Louise Pratt）于 1992 年提出的"接触地带"概念应用到了博物馆语境中，以论证博物馆是具有争议性和合作性的关系与互动的场所。该论点非常有影响力，并且在过去十年中引发了广泛讨论。一方面，这种概念性的观点被批评仅仅是国家改良主义议程的重建（Bennett, 1998）。另一方面，其他研究表明博物馆可以作为表达、协商和争论复杂需求网络的场所（Macdonald, 2002；McCarthy, 2007；Witcomb, 2003）。然而，其他观点也批评了接触地带式的博物馆合作的内容和形式（Boast, 2011），以及博物馆背景下过程与产品之间的关系（Lynch and Alberti, 2010）。

② R. B. Phillips, Community Collaboration in Exhibits, pp. 96-97.

③ J. Marstine, The Routledge Companion to Museum Ethics.

④ R. Sandell & E. Nightingale, Museums, Equality and Social Justice; R. Sandell, Social inclusion.

⑤ J. Marstine, The Routledge Companion to Museum Ethics; C. Kreps, Liberating Culture; N. Simon, The Participatory Museum.

性实践被诟病带有根本性的缺陷，博物馆只是制造了一种参与的幻觉，而事实上，所谓一致的决定往往是社区被迫做出的，或是博物馆基于机构议程或战略计划，通过控制知识生产与传播的方式仓促实现的，从而以不可避免的、通常的或预期中的条件操纵群体共识。① 近来的辩论对博物馆参与性实践的有效性提出了质疑，尤其是它未能摆脱机构的权威②。尽管是出于好意，但是参与往往不能按它所设定的民主程序进行，相反，它更多地反映出参与的过程（例如对内容的最终编辑权）是被牢牢地掌握在博物馆手中的。③

因此，按照博斯特的说法，想象中作为接触地带的博物馆始终是"一个不对称的空间，边缘的人在这里获得了一些微小的、短暂的和战略性的优势，但中心却获得了最后的胜利……"④

纵观新的伦理性、民主性、对话性博物馆学中的"参与性转向"，博物馆教育一直处于提供这些参与性实践的第一线。它被视为解放去殖民化实践的最前沿，在这一点上常常与策展实践相冲突，特别是在民族志收藏的诠释领域。但事实证明，博物馆教育并不一定要像人们想象的那样代表着大众解放。在这里，我想

---

① H. Graham, R. Mason & N. Nayling, The Personal Is Still Political; B. Lynch, & S. J. M. M. Alberti, Legacies of Prejudice; B. Lynch, Collaboration, Contestation, and Creative Conflict; J. Marstine, The Routledge Companion to Museum Ethics; R. Sandell, Museums and the Combating of Social Inequality; R. Sandell, Social Inclusion.

② E. Crooke, Museums and Community; B. Lynch, & S. J. M. M. Alberti, Legacies of Prejudice; L. Peers & A. Brown (Eds.), Museums and Source Communities.

③ K. Fouseki, Community Voices, Curatorial Choices, pp. 180–192; B. Lynch, Whose Cake Is It Anyway?

④ R. B. Boast, Neocolonial Collaboration, p. 66.

探讨一下在长期丧失权力的处境下,教育和策展领域的工作人员之间的相似之处,而非两者的差异。

参与与疏离的案例

英国两个相对较新的案例——2012年奥运会的"世界故事"(Stories of the World)项目和"参与的策展人"(Engaging Curators)项目有力地印证了我的观点。

"世界故事"项目是英国博物馆界有史以来最大规模的青年项目。① 该项目聚焦于与年轻人合作诠释和展示全世界多家伙伴博物馆的收藏。尽管强调藏品,但是这项工作不是由民族志策展人,而是由博物馆宣传和教育人员牵头的。遵循"接触地带"理论,参与"世界故事"的博物馆积极尝试将当地的参与性工作与他们对海外移民及其原生文化的策展研究(和合作伙伴关系)联系起来。同时,参与"世界故事"的博物馆试图为年轻人创造选择的空间,让他们能够自由地进行研究和展览策划,并且可以从相关博物馆中获取世界各地的藏品信息。

因此,这些博物馆试图将三个"社区"整合到由博物馆协调的对话中:本地移民社区、海外原生社区以及试图扮演策展人角色的年轻人。这样,就形成了一种三足鼎立的格局,而且是一种非常不稳定的三角关系。② 很快,人们清晰地意识到,博物馆自

---

① 参见 www.artscouncil.org.uk/what-we-do/our-priorities-2011-15/london-2012/stories-world/,最后浏览日期:2015年6月29日。
② "三足鼎立"指:1)原住民和移民社区;2)"机构"工作人员(教育工作者和策展人);3)年轻人。参见 Can You Credit the Original Idea or Concept?

己也不清楚此类特定实践的伦理和功效,因此博物馆也很难指导或支持年轻人去承担这种复杂而敏感的交流所带来的后果。①

正如一名匿名(参与实施项目英国部分)工作人员所报告的:"(存在)权力问题,使参与者感到缺乏能力和力量去挑战现有的博物馆霸权,参与的年轻人有时会陷入漫无目的的状态。"在项目结束时(即"共同制作"的"世界故事"展览结束后——这场展览是资助者的要求),一些参与该项目英国部分的年轻人表示,他们在决策过程中始终能感受到博物馆的施压。②

在整个过程中,都有证据印证加文塔(J. Gaventa)所谓的"虚假同感"(false consensus)③。教学责任感促使博物馆一步步引导着年轻人朝着吉鲁(H. Giroux)所说的"正确思维"前进,从而遵循着机构的权威意志。④

策展人的疏离

在"世界故事"项目结束后不久,博物馆民族志学者协会(Museum Ethnographers Group,简称 MEG)从"参与的策展人"(Engaging Curators)项目中收获的集体经验表明,策展和

---

① 参见伯纳黛特·林奇对英国东北部"世界故事"项目的评价,文章题为《发现之旅》(Journey of Discovery),纽卡斯尔泰恩·威尔博物馆和一组同年轻人合作的地区博物馆参与其中。见 www.twmuseum.org.uk/geisha/assets/files/Journeys%20of%20Discoery%20evluation.pdf,最后浏览日期:2015 年 6 月 29 日。
② 有关直接参与实施英国东北部地区的"世界故事"项目的学者的透彻反思,请参阅 N. Morse, M. Macpherson, and S. Robinson, Developing Dialogue in Coproduced Exhibitions。
③ J. Gaventa, Power and Powerlessness, p. 3.
④ H. Giroux, Paulo Freire and the Politics of Postcolonialism, p. 4.

教育人员在参与式的去殖民化实践中常常感到同样的困惑。

MEG是英国博物馆民族志策展人的专业协会,他们对"世界故事"项目做出了负面反馈,重申了策展专业知识的"重要性"。MEG对全国各地博物馆中被赋予"学习"和"社区拓展"的人员的权威提出了质疑,认为他们无法领导一个备受瞩目的、以民族志收藏为重点的国家项目。MEG启动了另一个国家项目,来讨论并重申策展人在不断发展的博物馆参与性实践中的作用,以此作为反击,并将项目命名为"参与的策展人"。[1]

然而,该项目的成果与在"世界故事"项目中进行"学习"和"社区拓展"同人的发现不谋而合,他们都挖掘到了"去殖民化"中的不确定因素。[2]

"参与的策展人"项目试图促进个人和机构反思合作实践的概念与本质,特别是策展人对社区工作的参与。2013年,项目在伦敦的霍尼曼博物馆(Horniman Museum)和纽卡斯尔的汉考克大北方博物馆(Great North Museum:Hancock)举办了两场具有挑战性的工作坊。其目的是思考并记录如何将民族志藏品用于社区参与,以及策展人在其中发挥的作用。工作坊邀请了国际演讲者讨论当前全球博物馆的社区参与问题,同时倡导非专业人士、专家和MEG进行面对面的交流。

---

[1] 关于"参与的策展人"项目的初衷,请参阅 www.museumethnographersgroup.org.uk/en/projects/329-engaging-curators.html,最后浏览日期:2015年6月25日。关于该项目的参与实践的国际案例研究,请参阅 www.museumethnographersgroup.org.uk/en/resources/400-engaging-curators-case-studies.html,最后浏览日期:2015年6月29日。

[2] 当然,"拓展"这个标题本身就揭示了一种中心-边缘模式。它在许多博物馆中已经被"公众参与"取代。

这两次全国性工作坊清楚地显示出，博物馆虽在口头上承诺合作，但仍将自身放在中心的位置，在工作中赋予工作人员"信息提供者"和"学习者"的身份，并以"适当性"或"合理性"的姿态与原住民或移民/本地社区就藏品进行所谓的"共享"解释权。机构显然仍在继续按照"中心/边缘"模式运作，正如一位工作坊参与者所言，他发现自己"陷入了困境"[①]。

　　在 MEG 的整个项目中，最令人触动的是博物馆策展人如何不断定义参与的规则。正如博斯特所说："无论博物馆多么主张采用多元化方法……知识的控制权在很大程度上仍由博物馆掌握。"[②] 尽管如此，从殖民凝视角度来看，博物馆在很大程度上仍然是"全方位、因此占据主导地位的"[③]。借用博尔萨（J. Borsa）的话说，也许作为博物馆工作者的我们应该摆脱文化、理论和意识形态的束缚——这些束缚将我们封闭在"那些已然继承和占据"的安全范围之中，"以非常明确和具体的方式框定了我们的生活"[④]。

　　一些参与了两场"参与的策展人"工作坊的博物馆专业人士（如上所述，工作坊在英国两端的两家拥有丰富民族志收藏的著名博物馆中举办）表示，问题的症结在于"我们"和"他们"的区分概念仍然存在于许多机构中，并不断破坏着这些博物馆善意的合作和参与性的努力。一位参与者提出了以下问题："'我们'是谁？个人？还是机构？如果将博物馆视为社区的一部分或社区

---

① "参与的策展人"匿名参加者，2013 年。
② R. B. Boast, Neocolonial Collaboration, p. 60.
③ A. R. JanMohamed, Worldliness-without-World, Homelessness-as-Home, p. 10.
④ J. Borsa, Towards a Politics of Location, p. 36.

的延伸，而不一定与'它'建立联系的话会是怎样的情景？"

无论是"世界故事"还是"参与的策展人"项目，都表明尝试与博物馆外部人士合作并不总是能够有效地挑战机构的惯性思维。实际上，博物馆的这种善意努力常常表明博物馆致力于社会变革，但作为一个机构却很难改变自身的状况。①

为什么博物馆不能实践去殖民化？

为什么建立对博物馆不断演变使命的清晰认识会如此困难？为什么在"世界故事"和"参与的策展人"项目结束时，还有这么多问题悬而未决？对于这项工作，博物馆不确定性的核心是什么？罗伯特·扬（Robert Young）这样评论贯穿博物馆方方面面工作的教育实践：

> 其本身与欧洲殖民主义的悠久历史相牵连，并且……继续决定着知识的制度性条件以及当代制度性实践的规则。②

显而易见的是，无论是博物馆教育还是策展活动，都依然与西方博物馆的殖民主义政治紧密相关。正如持续的认可、代表和传播过程中所揭示的，它们都仍根深蒂固地存在于社会包容的实

---

① 在这里，应该指出的是存在一些显著的例外。一些博物馆，特别是"参与的策展人"中的案例博物馆，正在有意识地试图改变其机构文化，并且令人钦佩的是，他们公开承认其中的困难。参见 www.museumethnographersgroup.org.uk/zh/resources/400-engaging-curators-case-studies.html，最后浏览日期：2015 年 7 月 2 日。一个特别有趣的例子是瑞典哥德堡国立世界文化博物馆的"事物的状态"展，参见 www.varldskulturmuseerna.se（可见该项目的影片）。有关该项目的更多信息，请访问 www. humanas. unal. edu. co/colantropos/baukara/la-creacion-del-museo-de-lacultura-del-mundo-gotemburgo-suecia-tentativas-de-cambio-de-paradigma-ypracticas-museales，最后浏览日期：2015 年 7 月 2 日。

② R. J. C. Young, White Mythologies, p. viii.

践之中,并继续将博物馆置于中心位置,渗透于欧洲启蒙运动之中。当代博物馆的教育实践和体系仍然充斥着殖民主义和新殖民主义的意识形态。① 博物馆并没有突破"社会包容"实践的安全范围。正如一位博物馆教育家所说:"我们被困住了!"

批判教育学在作为接触地带的博物馆中何去何从

在过去的几十年中,英国的博物馆教育从"批判教育学"中汲取了诸多灵感,而"批判教育学"则受到20世纪70年代渐进教育理论,尤其是保罗·弗雷勒(Paulo Freire)理论的启发。② 问题在于,就像詹姆斯·克利福德的"接触地带"一样③,当被运用于博物馆时,保罗·弗雷勒的批判教育学④中的去殖民化、民主和"激进主义"信息的完整性被误解和误用了。如果我们考虑博物馆相对于国家的传统角色,这就不足为奇了。正如扬提醒我们的那样,弗雷勒的理论经常在以下情况被挪用和引述:

> 不考虑帝国主义及其文化表现。这一缺漏本身便表明了帝国主义在今天仍在继续进行意识形态的伪装。⑤

有一点似乎常常被人遗忘,博物馆的批判教育学实践不仅是

---

① A. R. Hickling-Hudson, J. Matthews, A. F. Woods (Eds.), Disrupting Preconceptions; see also J. Willinsky, Learning to Divide the World.
② P. Freire, Pedagogy of the Oppressed. 后来,这一理论被亨利·吉洛克斯(Henry Giroux, 1988, 2001, 2009, 2011a, b; Giroux and Witkowski, 2011c, 2012)等教育理论家以及以艾琳·胡珀-格林希尔(Eilean Hooper-Greenhill, 1992)为代表的博物馆教育理论家引用。
③ J. Clifford, Routes.
④ P. Freire & A. Faundez, Learning to Question; P. Freire & D. Macedo, Literacy. Reading the Word and the World.
⑤ R. J. C. Young, White Mythologies, p. 158.

一种教育理论和教育学原理，而且还是一种"以实践为导向的社会运动"①。基于马克思主义理论，批判教育学借鉴了激进民主主义、无政府主义、女权主义以及争取社会正义的运动。

批判教育学如今面临着一个奇怪的局面。虽然处于一个看似舒适的位置，并受到许多自由主义者、后殖民主义者、多元文化主义者、后现代主义者和女权主义者的热烈欢迎……但它正在被当前的秩序所驯化、安抚甚至阉割……②

尽管批判教育学具有非常重要的意义，并在许多方面都扮演着重要的角色，但不幸的是，正如古尔泽夫（I. Gur-Ze'ev）所说，"它更多地被视作正规教育的一部分，而不是作为有价值的反教育的一部分"③。

重新审视作为永恒斗争的批判教育学

我不相信慈善。我相信团结。慈善是垂直的，因此会让人觉得屈辱。而团结是横向的。它尊重他人，并向他人学习。我有很多东西需要向他人学习。

——爱德华多·加莱亚诺（Eduardo Galeano）④

去殖民化离不开一种致力于团结其他国家来实现全球社会正义的政治思想。它通过从当地的知识体系和资源发展而来的可持

---

① I. Shor, Empowering Education, p. 129.
② I. Gur-Ze'ev (Ed.), Critical Theory and Critical Pedagogy Today, p. 6.
③ Ibid., p. 8.
④ E. Galeano, Interview with David Barsmian, p. 146.

"真不错，但是我不在乎！"

续的社会变革，实现相互赋权而非剥削。① 它关乎团结、行动主义和斗争。我们可能需要重新审视教育工作者和策展人的角色，以便运用重获新生的批判教育学形式。根据墨菲（C. Mouffe）的观点，将博物馆作为一个充满活力的辩论场所，使不同观点可以在其中有效地碰撞②，这基于创造性斗争的概念，能够树立起博物馆作为积极代理人的新身份。因此，在博物馆中对批判教育学采取"回归政治"的方法，其首要任务不是消除冲突，或是墨菲所说的"激情与党派偏见"，而是通过民主动员，从而令博物馆专业人士和社区合作伙伴共同努力，围绕民主目标建立集体形式的认同。③ 因而在博物馆中，需要一种更加解放而非缓和的去殖民化进程。在这个动荡的世界，我们作为博物馆的策展人和教育人员，有责任与博物馆内外的其他人合作，并将批判教育学作为一种实践导向的社会运动组织起来。④ 加拿大著名的博物馆学者罗伯特·简尼斯（Robert Janes）的著作《混乱世界下的博物馆：再造、无关或衰败》（*Museums in a Troubled World: Renewal, Irrelevance or Collapse*）⑤ 提醒我们，如果在这样的动荡时期，博物馆不能清楚地认识到其公共使命，那么博物馆很快就会遭到冷落，并被有意合作的对象抛弃。因此，我们迫切需要全面审视

---

① 罗伯特·扬的后殖民主义观念是一种既有激进主义色彩又有理论元素的雄心勃勃的政治理念（Young，Postcolonialism）。
② C. Mouffe, On the Political, p. 5.
③ 墨菲注意到，卡尔·施密特（Carl Schmitt）抨击了"自由中立主义者"和"乌托邦式"的观念，即政治中的所有斗争力量都可以被清除，并认为冲突本身就存在于其中（Mouffe, The Challenge of Carl Schmitt）。
④ B. Lynch, Generally Dissatisfied.
⑤ R. R. Janes, Museums in a Troubled World.

博物馆中去殖民化和社会正义实践的真实意义，以及培养相应的实践批判教育学所需的必要关键技能，以将其付诸行动。

这种新趋势在一类博物馆中体现得淋漓尽致：这类博物馆采用更具反思性的做法①，承担更公开的社会责任，或者说是更"社会正义"的方法，包括强调博物馆改变自身文化以承担这一责任。只有通过不断的反思实践，才能确保博物馆参与的嵌入性和有效性。② 博物馆的反思实践是要加深个人和集体的自我意识，即我们从社会上获得的知识和价值观是如何塑造我们与他人的关系以及这些关系背后的权力交易的。这不是固执己见，而是在面对博物馆工作人员与社区合作伙伴之间的激烈争论时，建立信任的桥梁，打破"我们与他们"的关系概念，博物馆变得不再是一个独立的个体，而更像是社区的延伸。为实现这种合作性的反思，我们必须针对社会正义、参与和冲突等领域开发出新的分析工具，并且从更广泛的学术、专业和社会机构中汲取参与式交流（对话和辩论）的新形式。我们需要更多地关注在参与关系中所使用的语言及话语。③ 正如图希怀·史密斯（Tuhiwai Smith）④ 提醒的那样，这类新技能必须包括学会看和听（也许还包括说），并找到谈话的出发点。斯皮瓦克指出，这意味着"认真倾听，而不是带有一种仁慈的帝国主义"⑤。博物馆作为公

---

① B. Lynch, Custom-made.
② 反思性实践是一种"反思行为的能力，能够促进持续学习的过程"，根据该术语的提出者肖恩（Schön）的说法，它是"专业实践的决定性特征之一"（Schön, The Reflective Practitioner），但并非最终目的——它始终是为了进一步的计划和行动提供依据。反思性实践被广泛采用，例如在卫生和教育专业人员中。
③ M. A. Hajer, Discourse Coalitions and the Institutionalisation of Practice, p. 45.
④ L. Tuhiwai Smith, On Tricky Ground.
⑤ G. Chakravorty Spivak, Questions of Multiculturalism, p. 60.

民社会的核心参与机构,社区参与者不再被视为"受益者",而是"批判的朋友"。博物馆因而成为辩论的空间,这与阿玛蒂亚·森(Amartya Sen)"帮助人们找到自己的声音并开发其'能力'"的呼吁相符。① 康沃尔和科埃略(V. S. P. Coelho)指出,有必要从以下这种方式理解复杂的相互关系:"以激发人们的参与感为目的。"② 合作远远不只是例行公事,而是通过博物馆参与体验到实质性民主参与的形式,开始成为人们行使公民政治权力的一种方式,并且可能包含地方文化和社会激进主义的运动过程。

为了从根本上应对博物馆文化的转变,目前由保罗·哈姆林基金会资助的"我们的博物馆"(Our Museum)项目③在这方面进行了大规模的尝试——一项为期四年的文化变革计划,涉及英国的九家博物馆(其中包括大型国家博物馆),其目的是将这种对参与和反思性实践的新关注嵌入博物馆内部和博物馆之间。④ 因此,"我们的博物馆"项目不"仅仅"关乎参与,而且旨在通过大幅提高博物馆对公众参与和社会责任的自我意识,解决博物馆的可持续性问题。这种对博物馆的政治、价值观和实践的重新关注,为批判教育学铺平了道路,哲学家约翰·塞尔(John Searle)在另一语境中将其描绘为意图"创造政治激进分子",因此,我们可以将博物馆教育理解为一种社会力量,一种具有争议性和

---

① A. Sen, Annual DEMOS Lecture, p. 151.
② A. Cornwall & V. S. P. Coelho, Spaces for change?
③ Our Museum, http://ourmuseum.ning.com/, http://ourmuseum.org.uk, accessed 1st July, 2015.
④ B. Lynch, Our Museum. A Five Year Perspective. "我们的博物馆"的四项评估标准(引自《这到底是谁的蛋糕?》,作者报告,如前所述)得到了详细的描述,从以下网站可以下载 pdf 版本:http://ourmuseum.ning.com/page/evaluation-1,最后浏览日期:2015 年 7 月 1 日。

对抗性的道德和政治基础。① 正如"我们的博物馆"正在做的那样，这一过程需要我们共同努力，根据批判教育学家艾拉·肖尔（Ira Shor）的定义：

> 探究表面意义、第一印象、主流谬见、官方声明、陈词滥调、公认的智慧和单纯的意见之下的思考、阅读、写作和说话的习惯，它们可以用来理解任何行动、事件、对象、过程、组织、经验、文本、主题、政策、大众传媒或话语的深层含义、根本原因、社会背景、意识形态和个人后果。②

这种有组织的自省和变革的过程，使博物馆教育工作者和策展人与社区伙伴的合作成为可能，开发能引发人们对谁控制着知识、价值和技能的生产关注的展览和教育项目。③ 这种协作的批判分析也许可以阐明在特定的社会关系（包括博物馆本身的社会关系）中，知识、身份和权威是如何构建的。这意味着我们有责任有意识地开展合作，博物馆策展人和教育人员都是如此，以消除人为划定的专业界限，创造出一种空间，在这里，其主导的社会关系、意识形态与实践使我们忽略了不时出现的反对声音，并最终被有效地挑战和推翻。这意味着我们所有人——博物馆工作人员及其合作者，都需要在共同应对未来时重新审视这样的赋权。我们迫切需要发展一种诚实的、反思性的和合作的做法，以便利用全球公共机构更有效地履行我们的社会责任，并以伙伴的身份合作实现这一目标。

---

① J. Searle, The Storm Over the University.
② I. Shor, Empowering Education, p. 129.
③ H. Giroux, On Critical Pedagogy.

图71 "我们的博物馆"项目,社区和博物馆作为积极的合作伙伴,与利益相关者共同反思

图72 来自"我们的博物馆"项目报告,五年的观察成就了一个"批判的朋友"

观众还是社区？
——合作博物馆学与民族志博物馆中教育与拓展项目的角色

诺拉·兰德卡默

2015年，在一场关于民族志策展未来前景的会议上，一位演讲者详细讲述了一座民族志博物馆与当地及国际社区合作办展的全过程，我询问他，这种合作方式对展览的教育和拓展项目产生了什么影响？这种合作方式对博物馆教育意味着什么？她的回答是，博物馆针对每个目标群体实施了不同的计划，但展览制作过程中，教育似乎与横向合作并没有什么明显的联系。

在英语国家中，通过对大英帝国遗存的批判性研究，罗宾·博斯特（Robin Boast）描述道："很少有民族志甚至是考古学收藏的博物馆，会考虑举办合作形式的展览。"[①] 尽管很难说在德国、瑞士和奥地利亦有相当程度的后殖民反思，许多展览仍然在未承认任何问题的情况下代表着非欧洲"文化"，但是就民族志博物馆而言，合作博物馆学范式已经在德语国家引起了很大关注。

不过，在博物馆民族学的领域之外，协商与合作也十分重

---

① R. Boast, Neocolonial Collaboration, p. 56.

要。批判性博物馆教育的倡导者也表达了对机构同质化的批评。教育和拓展工作领域也正朝着与博物馆各类受众横向合作以及合作生产知识的方向转变。① 教育和拓展项目建立了长期的网络，而且如本书收录的文章所提到的那样，用合作取代了单向的知识传输，它们既挑战了博物馆内外的界限，也挑战了传统活动与策展和教育职责之间的界限。

尽管如此，有关合作教育和拓展项目的实践与讨论迄今仍然未对民族志博物馆产生较大的影响。同样，在德国、奥地利和瑞士，关于民族志博物馆的转型和/或去殖民化的可能性讨论中，也几乎没有吸纳教育学方面的贡献②，与此同时，批评殖民主义的教育和教学正在博物馆外发生。③

---

① Arbeitsgemeinschaft deutscher Kunstvereine (ADKV), Collaboration; Schnittpunkt et al.: educational turn; N. Landkammer, Vermittlung als kollaborative Wissensproduktion; M. Guarino-Huet, O. Desvoignes & microsillons, Autonomy within the Institution.
② 目前这方面的一个例外见 S. Endter & C. Rothmund, Irgendwas zu Afrika: Herausforderungen der Vermittlung am Weltkulturen Museum。该书由法兰克福世界文化博物馆教育和拓展小组编写。
③ 案例包括"记忆中的白斑"（Weiße Flecken der Erinnerung）项目，来自埃德尔斯特德区学校与汉堡创意学校文化机构（参见 http://www.afrika-hamburg.de/eidelstedt.html，最后浏览日期：2015 年 8 月 19 日）；柏林后殖民主义机构（Berlin Post-kolonial）的项目，如"自由之路"（Freedom Roads，参见 http://www.freedomroads.de/frrd/willkom.htm，最后浏览日期：2015 年 8 月 19 日）或"在远方？教室里的殖民种族主义/实地全球史学习"（Far, far away? Kolonialrassismus im Unterricht/Globales Geschichtslernen vor Ort），柏林后殖民主义机构、非歧视教育机构、EPIZ 发展教育信息中心（Berlin Postkolonial/Institut für diskriminierungsfreie Bildung/Entwicklungspolitisches Informationszentrum EPIZ Berlin，参见 http://www.berlinpostkolonial.de/cms/index.php?option=com_content&view=article&id=1，最后浏览日期：2015 年 8 月 9 日）；剧院项目"被遗忘的传记"（Vergessene Biografien），由茱蒂丝·兰纳尔（Judith Raner）创作（参见 www.vergessene-biografien.de，最后浏览日期：2015 年 8 月 19 日）；或"殖民主义、权力、现在"（Kolonialismus: Macht: Gegenwart"，法兰克福安妮·弗兰克教育中心（Bildungsstätte Anne Frank, Frankfurt，参见 http://www.bs-anne-frank.de/workshops/kolonialismus-macht-gegenwart/，最后浏览日期：2015 年 8 月 19 日）。

在这种情况下，我们似乎有必要对教育与合作博物馆学之间的交集进行更明确的解释。为此，我将参考民族志博物馆中关于合作范式的关键论述，这些论述最初是在北美、澳大利亚和新西兰围绕原住民权利和需求展开的辩论中形成的，也为德语国家的民族博物馆的讨论提供了参考。① 我想重审这些论述以及英国关于该主题的一些观点，讨论"教育"在合作博物馆学中发挥的作用。通过交叉阅读及对现代批判和辩论的调查②，我想指出的是我们有必要反思并一同批判合作项目的各种传统，因为合作博物馆学不仅要增加博物馆的合法性，而且必须领导去殖民化③和民主化进程，并为有权使用博物馆空间和藏品的不同群体带来更多的公正性。④

那么，在关于合作项目的研究中如何描述教育和学习的作用呢？

---

① R. B. Phillips, Community Collaboration in Exhibitions; L. Chandler, Journey without Maps; I. Karp, C. Mullen Kraemer & S. D. Lavine, Museums and Communities; L. Kelly & P. Gordon, Developing a Community of Practice; L. Peers & A. Brown, Introduction; J. Clifford, Routes.
② 该文本基于伯纳黛特·林奇的作品《普遍不满》(Generally Dissatisfied)、《这到底是谁的蛋糕？》(Whose Cake Is It Anyway?) 以及与阿尔贝蒂合著的《偏见的遗产》(Legacies of Prejudice)。她也在本书所收录的文章中提出了一些中心论点（第 255 页及其后）。
③ 去殖民化是反殖民解放运动以来发展出的一个术语，至今会在诸如受后殖民主义理论和去殖民主义影响的方法上引发争议。它们都要求去殖民化，但是不同于其他解放理论，它们基于这样一种观念，即目前南北半球的政治、经济和认识论情况在很大程度上是由殖民主义塑造的，因此需要采取行动来反对这种殖民主义的连续性。
④ 要求博物馆权利可以有许多种形式，包括主张藏品的所有权、展览主题的专业知识、作为共同资助公共机构的纳税人的地位、自我代表权、拒绝种族主义或异国元素展示的权利或接受教育的权利。

针对本族物质文化进入博物馆收藏的群体之教育和拓展

作为合作实践的一部分,"教育"最初的含义是使博物馆长期合作的社区能够接触到藏品。在"源社区合作"的背景下,皮尔斯(L. Peers)和布朗(A. Brown)将教育材料和活动看作合作可能带来的结果之一:

> 例如,社区成员利用博物馆和档案资源设计的教育材料已经成了一种方式,人们可以通过它了解可获得的多样性材料,以及与这些资源相关的历史和当今的联系。①

合作即教育

不列颠哥伦比亚大学人类学博物馆(Museum of Anthropology at the University of British Columbia,简称 MOA)前任馆长露丝·菲利普斯(Ruth Phillips)是合作博物馆学领域的先驱,她将民族志博物馆的变革及其他特征描述为从产品导向到过程导向的转变:重点不再仅仅是展览本身,而是将展览内容扩展为一个项目(包括广泛的活动),进行研究、教育和创新。② 菲利普斯强调了合作工作的教育学层面:她将其描述为批判教育学理论所

---

① L. Peers & A. Brown, Introduction, p. 6. 该领域的另一项有趣的工作是教育部门与原住民博物馆合作,对项目进行了细化(J. R. Baird, Landed Wisdoms)。
② R. B. Phillips, Community Collaboration in Exhibitions, p. 160 f.

定义的双向学习过程，是"保罗·弗雷勒倡导的激进教育学的双边版本"①。成功的合作过程为机构和合作者提供了新的视野和理解。因此，菲利普斯的观点提倡一种在与藏品来源社区合作策展的同时，以批判教育学为指导进行教育工作的方法。②

然而，即使这种方法对合作博物馆学的发展产生了巨大的影响，就像许多其他论述在提到民族志博物馆的"社区协商"或正在进行的合作工作时所说的那样，博物馆教育工作者并未被视为利益相关者。在皮尔斯和布朗经常被引用的《博物馆与源社区》的导论中，他们也强调了合作是一个"学习和忘却"③的过程。然而研究表明，博物馆教育工作者会参加合作性项目，但只是作为与博物馆商店的销售人员等同一类的工作人员。在这里，可以看到教育人员的"缺席"：一方面，博物馆被认为天生带有"教育"性，并强调学习；另一方面，教育作为一种职能，教育工作者作为一个特定的利益相关群体，并没有出现在论述之中。

"大众"与教育

对于大众而言，教育具有另一层含义：在关于民族志博物馆新概念的几篇文章中，"教育"似乎被理解为指导性教学，并且被认为是信息和价值观的传递。史密森尼学会（Smithsonian

---

① R. B. Phillips, Community Collaboration in Exhibitions, p. 162.
② 参见 L. Kelly & P. Gordon, Developing a Community of Practice, p. 153。关于博物馆作为"教育"机构的内容，请参阅 K. Message, Multiplying Sites of Sovereignty through Community and Constituent Services at the National Museum of the American Indian?; R. Mason, Culture Theory and Museum Studies。
③ L. Peers & A. Brown, Introduction, p. 8.

Institute）下设的国家自然历史博物馆（National Museum of Natural History）中的人类学部门，其公共项目负责人罗伯特·沙利文（Robert Sullivan）将博物馆定义为"道德教育者"①，沙利文明确指出，作为曾经的性别歧视和种族主义机构，博物馆有责任改变观众的认知、信念和感受。② 艾米·朗特里（Amy Lonetree）也在她对华盛顿美国国家印第安人博物馆（National Museum of the American Indian）社区合作展览的讨论中阐明了这一教育使命。她的批评针对的是对国家而言具有教育功能的展览的易读性：

> 对于一个想要教育全体民众的博物馆来说，由于这个国家有意无视其对待原住民的态度，以及导致了美洲种族灭绝的政策和实践，抽象绝非正确的选择。③

这一概念为博物馆重新树立起了新博物馆学先前质疑的知识权威——但这一次是边缘化的、未被诉说的知识。

托尼·贝内特（Tony Bennett）对博物馆的教育使命提出了根本性的批判，而这一批判在此重现了。他将教育功能视作作为文明工具的博物馆传统的一部分："博物馆是否仍在尽可能地向社会传播其文化包容和多样性的信息？"④ 他认为，作为"接触地带"的博物馆是政府职能的延伸，但这是出于所谓的多元文化主义意识形态。尽管霸权主义教育项目与反叙事教学思想之间存在明显的差异，但问题是社区所设想的学习过程与看似同质的公

---

① R. Sullivan, Evaluating the Ethics and Consciences of Museums, p. 257.
② Ibid.
③ A. Lonetree, Missed Opportunities, p. 640 f.
④ T. Bennett, Culture, p. 213.

众教育之间存在分歧。

舒尔茨（L. Schultz）认为，博物馆学的争论仅限于博物馆与合作者之间，因而缺乏对公众参与的关注：

> 重要的是，通过承诺参与合作，博物馆表明了他们一直致力于社会行动主义的意愿，以此反映他们的信念，即其意义超越了那些直接参与过程的公众。然而，这种信念意味着来访的公众需要参与到这一过程中，而在关于合作的讨论时公众常常被忽视。①

舒尔茨也批判了这种对"公众"毫不在意的观点，这在美国、加拿大、澳大利亚明确使用"源社区"概念的博物馆中尤为突出，在最为激进的情况下导致了权力平衡的变化。

"源社区"的概念中有一点遭到了广泛的批评，因为社区被描述为藏品的"来源"，暗示了博物馆与群体之间存在工具性关系。然而，当合作方法被应用于曾经的帝国中心和欧洲移民社区时，无论是合作项目中相互学习的双重谈判，还是对公众的指导性教育都变得困难重重。在"中心"，合作博物馆学既可以被理解为与藏品来源国的利益相关者之间的合作，也可以被看作与欧洲移民之间的合作。根据韦恩·莫德斯特（Wayne Modest）和海伦·米尔斯（Helen Mears）的说法，源社区的概念与专注于

---

① L. Schultz, Collaborative Museology and the Visitor, p. 2. 关于在博物馆学方面的文章中出现教育学的问题，一系列有关合作展览接受度和参观者反应的文章值得引起注意。参见 C. Krmpotich & D. Anderson, Collaborative Exhibitions and Visitor Reactions; L. Schultz, Collaborative Museology and the Visitor; K. Message, Multiplying Sites of Sovereignty through Community and Constituent Services at the National Museum of the American Indian?

起源的身份有关,并且面临着强化藏品中人种分类意涵的风险。对于莫德斯特和米尔斯来说,"源"模型复制了以下内容:

> 基于被视为固定文化标记的简单方法,这种标记标志着历史上不变的、明显"不同"的同质群体,以及各类群体,策展人可以在博物馆收藏的物质文化及其文献中找到历史上的"描述"。①

因此,源社区的概念既没有考虑对身份的当代理解(这种理解受到多种形式归属关系的复杂影响),也不能描述移民社会中的人们拥有的多样权益,包括在民族志博物馆中的发言权:利益和参与权的合法性仅由藏品的"来源"定义吗?

我现在将重点转移到英国的相关辩论上,以进一步阐明与不同社区的合作问题②,并说明在教育和拓展部门实施的项目中,教育学与合作博物馆学之间的一些其他关系。

合作教育项目

维夫·戈尔丁(Viv Golding)根据她在伦敦霍尼曼博物馆(Horniman Museum)的实践,将在民族志博物馆中的学习方法归结成了一套理论。20世纪90年代霍尼曼博物馆与加勒比妇女作家联盟(Caribbean Women Writers Alliance,简称CWWA)的合作提供了一个早期的案例。③ 该项目名为"改写博物馆"(Re-

---

① W. Modest & H. Mears, Museums, African Collections and Social Justice, p. 300.
② Ibid.; W. Modest, Co-Curating with Teenagers at the Horniman Museum.
③ 加勒比妇女作家协会是一个国际组织。在霍尼曼博物馆的项目中,参与者主要由身为CWWA成员的英国教师和演讲者组成。

writing the Museum），与知名的年轻作家合作，它举办的工作坊不仅着眼于藏品，还关注机构和博物馆现有陈列及其中呈现出的种族主义和异国文化。因此，该小组以批判性的态度参与了"人类种族"专家组的写作。戈尔丁将教育描述为"博物馆前沿"的工作，这使得改写成为可能："博物馆前沿标志着一个界限，也是一个转型的空间。"① 戈尔丁谈到的是"前沿"，而不是"接触地带"，因为对她而言，该术语强调了积极实现转型的必要性。使用"前沿"一词清楚地表明存在风险、危险和忧虑。因此，她再次强调了在博物馆辩论中常常被忽略的普拉特的"接触地带"理论。② 根据戈尔丁的说法，长期的合作会产生诸多不同的结果，包括学校项目（作家作为教育工作者与学生一起创作诗篇）、出版物（Anim-Addo，2004），以及组织霍尼曼纪念解放日的年度庆典（纪念《英国废除奴隶制度法案》）。

在对项目的描述中，尽管戈尔丁大量引用了教育学和教育领域的文献，但她确实为合作博物馆学范式架起了一座桥梁，正如菲利普斯在加拿大的实践所阐释的那样。她采取了不同于"源社区"的概念所规定的路径：这种合作吸纳了作家组织，这既是因为她们的创作，也是因为她们身为**黑人**妇女的地位以及她们的政治计划。③

---

① V. Golding，Learning at the Museum Frontiers，p. 49.
② R. Boast，Neocolonial Collaboration.
③ 在这里使用黑体"黑人"的原因（译者注：原文用大写"Black"表示）如下："黑人（用于与'白'的对立）在这里不是指生物学指标，而是指一个群体的自我观念。作为对构建了'白人'与'黑人'二元对立的种族主义权力结构诋毁非洲传统文化的回应，该群体的意识正来自这种背景，他们重新将'黑'解释为积极的，并通过单词的大写反映这一点。"（Autor_innenkollektiv rassismuskritischer Leitfaden 2015，p. 5）

该项目源于博物馆的传统,即寻求那些被博物馆主流叙事排除在外的群体。特别是在英国新工党政府的推动下,教育和社区工作不仅在展览中促进了更广泛的教育与拓展行动的确立,而且有利于博物馆的长期合作与社区参与计划,以及围绕其理论和批判性发展出的深刻讨论。① 莫德斯特描述了英国的这一发展:

> 最初,其中许多举措是由博物馆的外围要素提供的:由教育部门和新组建的拓展团队提供,但现在,他们已越来越接近博物馆的核心业务,并通过馆藏实现其目标。②

安东尼·谢尔顿(Anthony Shelton)在他谈论自己担任霍尼曼博物馆策展人时的文章中提到了业务范围之间的渗透性。他写道,这些过程中的偶然因素,"如今很可能由博物馆或展览主管,又或者作为策展人的教育工作者来协调"。③

展览和教育工作的合作项目
——呼吁共同的反思

在合作实践中,尤其是在英国,有两种不同的概念和实践殊途同归。第一个是与过去的"研究对象"建立合作的想法,它源

---

① R. Sandell & E. Nightingale, Museums, Equality and Social Justice; B. Lynch, Whose Cake Is It Anyway?; A. Dewdney, D. Dibosa & V. Walsh, Post Critical Museology; E. Hooper-Greenhill, Museums and the Interpretation of Visual Vulture.
② W. Modest & H. Mears, Museums, African Collections and Social Justice, p. 296.
③ A. Shelton, Curating African Worlds, p. 5.

自原住民的需求和策展工作的内部批评,"源社区"的概念贯穿其中;第二个是要求与被文化部门排除在外的团体进行合作,旨在促进对文化机构的民主利用,这是教育和社区参与部门工作的关键。

区分这两种论述很重要,因为它们各自的背景决定了如何选择和邀请合作者,以及他们在项目中被分配了哪些角色。尽管谢尔顿在15年前就已经指出了社区工作中不同角色的渗透性,但今天的讨论仍然再现了这两种论述及其中的差距。

韦恩·莫德斯特撰文提到了策展人与年轻人合作的要求,并针对民族志博物馆中最近讨论最多的合作项目之一(即伦敦奥运会期间举办的"世界故事"项目)在文中提出反问:

> 我特别感兴趣的是,通过与同年龄段(而非同来源国)的一群人一起工作可以获得什么。这样的团体是一个"源"吗?还是一个"社区"呢?[1]

这个问题隐含着关于合作项目的论述,它是由收藏历史上人们的相互关联塑造的,而不同于有关观众群体参与的教育话语。在反思同一个重大项目时(本书中伯纳黛特·林奇[2]也讨论过),莫尔斯(N. Morse)、麦克弗森(M. Macpherson)和罗宾逊(S. Robinson)提出了相反的质疑,即"世界故事"的项目布局仍然归属于青年参与的逻辑,而没有充分考虑"源社区合作"的政治问题。这导致博物馆的教育和拓展团队、青年联合策展人以及与这些物件的起源有着历史渊源的人们,在合作制作展

---

[1] W. Modest, Co-Curating with Teenagers at the Horniman Museum, p. 100.
[2] 参见 W. Modest, Co-Curating with Teenagers at the Horniman Museum, p. 255 ff.

览时出现紧张关系：

> 这里最主要的紧张关系围绕青年的赋权和创造力以及使用世界文化收藏时的语言，而没有直接承认与源社区合作的政治意图或参考这一领域的博物馆实践。①

我认为，两种合作方法（在策展话语中重构与源社区的关系，以及在教育话语中与不同受众的合作）的融合，在它们彼此取长补短的情况下将会产生很大成效，因为这两种传统都涉及复杂的问题。

对藏品以及机构的共同决定权的关注是合作博物馆学的特点，推动了人们质疑教育参与下的家长式认识。"社会包容"和"参与"的传统是合作教育学至今仍必须对抗的顽疾。莫德斯特在"世界故事"中描述了教育工作者的担忧，即年轻参与者在面对过于艰巨的任务时可能会感到沮丧。② 他批评了博物馆中普遍存在的关于年轻人兴趣和行为的假设。家长式的危险作风——教育工作者认为年轻人应该事先知道如何以及为什么要赋予参与者权力——是合作中的最大隐患，这来自吸纳团体加入的博物馆拓展的惯例。对于合作教育的论述，有必要用"合作者是博物馆中缺少的知识专家"的概念，加上合作博物馆学提出的共同决定权，来取代"受邀团体"的概念。

合作教育项目中的另一个问题是它们在机构边缘的传统定位。戈尔丁在谈到上述与CWWA的合作时说："与CWWA的合

---

① N. Morse, M. Macpherson & S. Robinson, Developing Dialogue in Co-produced Exhibitions, p. 95.
② W. Modest, Co-Curating with Teenagers at the Horniman Museum, p. 106.

作发生在博物馆主流论述的边缘,这并没有使博物馆的核心发生改变。"① 项目参与者对博物馆的"改写"并没有动摇展览的核心定义、博物馆的自主权及其结构。正如理查德·桑德尔(Richard Sandell)所要求的那样,即使存在着与不同观众"从边缘到中心"的接触的努力②,"社区参与"的教育传统也依然在以"中心和边缘"的结构运作,在这种结构中,博物馆将社区作为"外部元素"融入到项目之中。正如林奇所指出的,在中心/边缘的结构中,博物馆仍然处于权力地位,而不同的社区被迫扮演着"受益者"的角色,在不同的项目中被动地接受各自的"蛋糕",而不是提问:"这到底是谁的蛋糕?"③ 去殖民化应侧重于组织的发展,并将社区参与理解为机构的全方位实践。④ 将来自教育的参与性目标与直接影响馆藏及定义馆藏的权力的合作实践放在一起思考,意味着对藏品责任的长期转变(有时发生在博物馆的本地拨款中),通常有助于"社区参与"的发展。

相反,以牺牲结果为代价来关注过程,以及在教育中确定群体感兴趣的专业知识,可以用来审视那些代表合作策展项目的藏品。在收藏物品方面博物馆的利益风险(多样化且不仅仅关注物品的)高于社区,正内含于"源社区"的概念:如上所述,来源的概念不仅与对起源身份的理解有关,它的定义也来自收藏中的物品。这表明合作是博物馆处理藏品的基本需求,并且往往会使合作者成为"信息提供者",在保留殖民性质的环境中获取信息。

---

① V. Golding, Learning at the Museum Frontiers, p. 60.
② R. Sandell & E. Nightingale, Museums, Equality and Social Justice.
③ B. Lynch, Whose Cake Is It Anyway?, p. 16 f.
④ Ibid., p. 22 f.

因此，福赛基（K. Fouseki）引用了协商过程中一位参与者的话："博物馆里的人们只对他们看到的物品着迷，'哦，看这个物品'，你知道的，而不是在意那些在博物馆中说话的人。"①

为了反思社区的概念，有必要一同审视这两种合作传统——这是我的主要观点。无论是将社区作为利益相关群体，对收藏对象的排他性理解（如来源社区的概念），还是从实际或想象中被排斥在（打造了许多教育项目的）文化机构之外的角度处理群体问题，都不符合权利、潜在利益、专业知识和在改造民族志博物馆方面要求拥有话语权的复杂现状，特别是在移民社会中。② 由于合作项目提供了和谐参与的证据，而民族志博物馆希望成为批判性的研究、展览和学习的空间，那么如果博物馆转型的目的并不单纯只是"转型"，它就必须涉足可能的社区复杂性——与种族主义、利益、地域、职业和社会地位有关。它必须使许多有时是重叠的、相互冲突的、自我定义的社区，参与到学习和忘却的过程中，这既包含参与合作项目，也包括参与教育者与学校班级和其他观众群体开展的日常工作。西班牙教育家、理论家哈维尔·罗德里戈·蒙特罗（Javier Rodrigo Montero）这样描述此类工作："博物馆将不再是文化的中心焦点，甚至不是催化剂，而是在多元化的、不同的甚至对立的社会媒介网络中的一个调解者。"③

---

① K. Fouseki, Community Voices, Curatorial Choices, p. 186 f. 这个例子指的是2007年伦敦为纪念1807年禁止奴隶贸易举办的展览所进行的社区咨询。它没有涉及人种学博物馆的项目，但由于它侧重于批判性地看待殖民时代，并且与英格兰的非洲和加勒比移民组织合作，因此可以被用来说明眼前的问题。
② N. Sternfeld, Erinnerung als Entledigung.
③ J. R. Montero, Experiencias de mediación crítica y trabajo en red en museos, p. 78.

因此，我们或许就有可能将博物馆转变成一个政治空间和一个后博物馆了。正如艾琳·胡珀-格林希尔（Eilean Hooper-Greenhill）所设想的那样："在这里，不同的群体和亚群体、文化和亚文化可以互相推动，并渗透到文化霸权实践中所宣称的不成问题且同质的边界中。"①

---

① E. Hooper-Greenhill, Museums and the Interpretation of Visual Culture, p. 140.

参考文献[①]

Abdulfattah, Iman R.: "Das Museum of Islamic Art in Kairo-revisited", in: Susan Kamel/Christine Gerbich (Eds.), Experimentierfeld Museum. Internationale Perspektiven auf Museum, Islam und Inklusion, Bielefeld: transcript 2014, pp. 253-263.

Ahmed, Sara: On Being Included. Racism and Diversity in Institutional Life, Durham/London: Duke University Press 2012.

Allen, Brian: "The Society of Arts and the First Exhibition of Contemporary Art in 1760", in: RSA Journal Vol. 139 (5416), 1991, pp. 265-269.

Anderson, Benedict: Die Erfindung der Nation, Frankfurt a.M.: Campus Verlag 2005.

Anim-Addo, Joan (Ed.): Another Doorway Visible Inside the Museum, London: Mango Publishing 2004.

Appadurai, Arjun (Ed.): The Social Life of Things. Commodities in Cultural Perspective, Cambridge/New York: Cambridge University Press 1986.

[①] 译者注：参考文献依照原书格式。

Arbeitsgemeinschaft deutscher Kunstvereine (ADKV) (Ed.):
Collaboration. Vermittlung-Kunst-Verein: ein Modellprojekt zur
zeitgemäßen Kunstvermittlung an Kunstvereinen in Nordrhein-
Westfalen, Köln: Salon-Verlag 2010.

Argast, Regula: Staatsbürgerschaft und Nation. Ausschließung
und Integration in der Schweiz 1848 – 1933, Göttingen:
Vandenhoeck & Ruprecht 2007.

Ashley, Susan: "First Nations on View. Canadian Museums and
Hybrid Representations of Culture", in: Hybrid Entities,
Annual Graduate Conference Hosted by the York/Ryerson
Programme in Communication and Culture, 18 – 20. 03. 2005,
York University, Canada: Rogers Communication Centre,
pp. 31-40.

Autor_innenkollektiv rassismuskritischer Leitfaden: Rassismuskritischer
Leitfaden zur Reflexion bestehender und Erstellung neuer
didaktischer Lehr-und Lernmaterialien für die schulische und
außerschulische Bildungsarbeit zu Schwarzsein, Afrika und
afrikanischer Diaspora, Hamburg/Berlin: Projekt Lern-und
Erinnerungsort Afrikanisches Viertel (LEO) beim Amt für
Weiterbildung und Kultur des Bezirksamtes Mitte von Berlin/
Elina Marmer 2015, see http://www.elina-marmer.com/wp-
content/uploads/2015/03/IMAFREDU-Rassismuskritischer-
Leiftaden_Web_barrie refrei-NEU.pdf, last accessed on
13. 04. 2016.

Baird, Jill Rachel: Landed Wisdoms. Collaborating on Museum
Education Programmes with the Haida Gwaii Museum at
Kaay Llnagaay, Vancouver: University of British Columbia
2011, see https://circle.ubc.ca/handle/2429/34296, last accessed

on 13.04.2016.

Bal, Mieke: Double Exposures. The Subjekt of Cultural Analysis, New York/London: Routledge 1996.

Bäß, Oraide/Canzler, Antje: "Der Prozess der partizipativen Gestaltung", in: Historisches Museum Frankfurt (Ed.), G-Town. Wohnzimmer Ginnheim, exhibition report, Frankfurt a.M.: Henrich 2013, pp. 16-17.

Baur, Joachim: "Was ist ein Museum? Vier Umkreisungen des Gegenstands", in: Joachim Baur (Ed.), Museumsanalyse. Methoden und Konturen eines neuen Forschungsfeldes, Bielefeld: transcript 2010, pp. 15-48.

Baur, Joachim: Die Musealisierung der Migration. Einwanderungsmuseen und die Inszenierung der multikulturellen Nation, Bielefeld: transcript 2009.

Bautista, Rafael: "Bolivia. Utopía y descolonización", 2012, see http://www.rebelion.org/noticia.php?id = 154512, last accessed on 13.04.2016.

Bayer, Natalie: "Post the Museum! Anmerkungen zur Migrationsdebatte und Museumspraxis", in: Sophie Elpers/Anna Palm (Eds.), Die Musealisierung der Gegenwart. Von Grenzen und Chancen des Sammelns in kulturhistorischen Museen, Bielefeld: transcript 2014, pp. 63-83.

Beier-de Haan, Rosmarie: Erinnerte Geschichte-Inszenierte Geschichte. Ausstellungen und Museen in der Zweiten Moderne, Frankfurt a.M.: Suhrkamp 2005.

Benjamin, Walter: Selected Works Vol. 4, Harvard: Harvard University Press 2006.

Bennett, Tony: Culture. A Reformer's Science, London: Sage

1998.

Bennett, Tony: The Birth of the Museum. History, Theory, Politics, London/New York: Routledge 1995.

Beöthy, Balázs: "Performativity", in: Curatorial Dictionary, see http://tranzit.org/curatorialdictionary/index.php/dictionary/performativity/, last accessed on 13.04.2016.

Berger, Martin A.: Sight Unseen. Whiteness and American Visual Culture, Berkley: University of California Press 2005.

Bertelsen, Lance: The Nonsense Club: Literature and Popular Culture, 1749-1764, Oxford: Books 1986.

Bishop, Claire: Radical Museology, London: Koenig Books 2013.

Bishop, Claire: Artificial Hells. Participatory Art and the Politics of Spectatorship, London/New York: Verso 2012a.

Bishop, Claire: "Participation and Spectacle. Where Are We Now?", in: Nato Thompson (Ed.), Living as Form. Socially Engaged Art from 1991 – 2011, New York/Cambridge/Massachusetts/London: Creative Time Books, The MIT PRESS 2012b.

Bishop, Claire: "Antagonism and Relational Aesthetics", in: October Vol. 110, 2004, pp. 51-79.

Blackwood, Andria/Purcell, David: "Curating Inequality. The Link between Cultural Reproduction and Race in the Visual Arts", in: Sociological Inquiry Vol. 84 (2), 2014, pp. 238-263.

Bleuler, Eugen: "Die Ambivalenz", in: Festgabe zur Einweihung der Neubauten der Universität Zürich 18. April 1914 (Festgabe der medizinischen Fakultät), Zürich: Schulthess & Co. 1914, pp. 95-106.

Bluche, Lorraine/Gerbich, Christine/Kamel, Susan/Lanwerd, Susanne/Miera, Frauke (Eds.): NeuZugänge. Museen, Sammlungen und Migration. Eine Laborausstellung, Bielefeld: transcript 2012.

Boast, Robin B.: "Neocolonial Collaboration. Museum as Contact Zone Revisited", in: Museum Anthropology Vol. 34 (1), 2011, pp. 56-70, see http://online library.wiley.com/doi/10.1111/j.1548-1379.2010.01107.x/full, last accessed on 13.04.2016.

Borsa, Joan: "Towards a Politics of Location. Rethinking Marginality", in: Canadian Women Studies Vol. 11, 1990, pp. 36-39.

Bourdieu, Pierre/Darbel, Alain: Die Liebe zur Kunst. Europäische Kunstmuseen und ihre Besucher, Konstanz: UVK 2006.

Bourdieu, Pierre: "The Forms of Capital", in: John Richardson (Ed.) Handbook of Theory and Research for the Sociology of Education, New York: Greenwood Press 1986, pp. 241-258.

Bourriaud, Nicolas: Relational Aesthetics, Dijon: Les presses du réel 2002 [1998].

Brassel-Moser, Ruedi/Degen, Jennifer/Devito Di Lisa, Monica/Di Lisa, Domenico/Ramseier, Christine/Senn, Tobias (Eds.): Einen Platz finden. Migrationsgeschichten zwischen Roccavivara und Pratteln, Arlesheim: Edition Text und Media 2010.

Broodthaers, Marcel im Interview mit Johannes Cladders 1972, in: Wilfried Dickhoff (Ed.), Marcel Broodthaers. Interviews & Dialoge 1946-1976, Köln: Kiepenheuer & Witsch 1994.

Brown, Alan/Tepper, Steven: Placing the Arts at the Heart of the Creative Campus. A White Paper Taking Stock of the Creative Campus Grants Programme, 2013, see www.artsfwd.org/changing-curator, last accessed on 13.04.2016.

Bürger, Peter: Theorie der Avantgarde, Frankfurt a.M.: Suhrkamp 1974.

CAMP: 10 Theses on the Archive, Beirut 2010, see https://pad.ma/texts/padma: 10_Theses_on_the_Archive/10 (last accessed on 13.04.2016) and interview excerpts with sex worker rights group x:talk quoted in this essay.

CAMP/Khalaf, Amal/Graham Janna: Pleasure. A Block Study, Dubai: Brownbook 2014.

Chandler, Lisa: "Journey without Maps. Unsettling Curatorship in Cross-cultural Contexts", in: Museum and Society Vol. 7(2), 2009, pp.74 – 91, see http://www2.le.ac.uk/departments/museumstudies/museumsociety/documents/volumes/chandler.pdf, last accessed on 13.04.2016.

"'Care Work' And the Commons", The Commoner, Vol. 15, 2012, see http://www.commoner.org.uk/, last accessed on 13.04.2016.

Castro Varela, Maria do Mar: "Verlernen und die Strategie des unsichtbaren Ausbesserns. Bildung und Postkoloniale Kritik", in: Bildpunkt, Zeitschrift der IG Bildende Kunst Vol. 3, 2007, pp. 4-7.

Charmatz, Boris: Manifesto for a Dancing Museum, see http://www.borischarmatz.org/en/lire/manifesto-dancing-museum.

Clavir, Miriam: Preserving What Is Valued. Museums, Conservation, and First Nations, Vancouver: University of British Columbia Press 2002.

Clavir, Miriam: "The Social and Historic Construction of Professional Values in Conservation", in: Studies in Conservation Vol. 43 (1), 1998, pp. 1-8.

Clifford, James: Routes. Travel and Translation in the Late Twentieth Century, Cambridge/London: Harvard University Press 1997.

Conejo, Alberto: "Educación intercultural bilingüe en el Ecuador. La propuesta educativa y su proceso", in: Alteridad Vol. 5, 2008, pp. 64-82.

Cornwall, Andrea: Democratising Engagement. What the UK Can Learn from International Experience, London: Demos 2008, see http://www.ids.ac.uk/index.cfm?objectid=3DCD50B2-5056-8171-7B83371EB7AB6384, last accessed on 13.04.2016.

Cornwall, Andrea/Coelho, Vera Schattan: Spaces for Change? The Politics of Citizen Participation in New Democratic Arenas, London: Zed Books 2007.

Cornwall, Andrea/Gaventa, John: From Users and Choosers to Makers and Shapers. Repositioning Participation in Social Policy, Brighton: Institute of Development Studies Working Paper, 2001.

Coutinho, Barbara (Ed.): Seeds. Capital Asset, Lisbon: CML/MUDE 2011.

Crooke, Elizabeth: Museums and Community. Ideas, Issues and Challenges, Abingdom: Routledge 2007.

Cusicanqui, Silvia Rivera: Interview, Emma Gascó und Martín Cúneo, 2011, see http://bartolinas.blogspot.com/2011/05/entrevista-la-sociologa-silvia-rivera.html, last accessed on

13. 04. 2016.

Dal Molin, Gioia: "Projektraum und Ausstellungsraum als Dialogräume. Verbindungen und Austausch", in: Bernadett Settele/Carmen Mörsch (Eds.), Kunstvermittlung in Transformation, Zürich: Scheidegger & Spiess 2012, pp. 79-86.

Darwish, Mahmoud: In the Presence of Absence, Brookly/New York: Archipelago Books 2011.

Davidson, Susan/Rylands, Phylip (Eds.): Peggy Guggenheim & Frederick Kiesler. The Story of Art of this Century, New York: Guggenheim Museum Publications 2004.

Deleuze, Gilles: "Trois questions sur 'Six fois deux'", Cahiers du Cinéma Vol. 271, 1976, pp. 6-12.

Delport, Peggy: "Museum or Place of Working with Memory?", in: Ciraj Rassool/Sandra Prosalendis (Eds.), Recalling Community in Cape Town, Cape Town: District Six Museum 2001.

Der Taschen Heinichen. Lateinisch Deutsch (10th ed.), Stuttgart: Ernst Klett 1967.

Deutscher Museumsbund (Ed.): Museen, Migration und kulturelle Vielfalt. Handreichungen für die Museumsarbeit, 2015.

Dewdney, Andrew/Dibosa, David/Walsh, Victoria: Post Critical Museology. Theory and Practice in the Art Museum, London: Routledge 2013.

District Six Museum: The Heritage Ambassador Programme, Cape Town: District Six Museum 2012.

District Six Museum: Reflections on the Conference. Hands on District Six-Landscapes of Postcolonial Memorialisation,

Cape Town: District Six Museum 2007.

Duncan, Carol: Civilizing Rituals. Inside Public Art Museums, London/New York: Routledge 1995.

Düspohl, Martin: "Geschichte aushandeln! Partizipative Museumsarbeit im Friedrichshain-Kreuzberg Museum Berlin", in: Susan Kamel/Christine. Gerbich (Eds.), Experimentierfeld Museum. Internationale Perspektiven auf Museum, Islam und Inklusion, Bielefeld: transcript 2014, pp. 303-318.

Eco, Umberto: Obra aberta (8th ed.), São Paulo: Editora Perspetiva 1991[1962].

Eekeren, Annemarie van (Ed.): In de aanbieding. Dilemma's, aanbevelingen en resultaten project Buurtwinkels, Amsterdam 2012.

Enderlein, Volkmar: "Islamische Kunst in Berlin", in: Museumsjournal, ed. by Museumspädagogischer Dienst Berlin, Berlin 1993, pp. 4-8.

Endter, Stephanie/Rothmund, Carolin (Eds.): Irgendwas zu Afrika. Herausforderungen der Vermittlung am Weltkulturen Museum, Frankfurt a.M.: Kerber 2015.

Eryilmaz, Aytaç: "Migrationsgeschichte und die nationalstaatliche Perspektive in Archiven und Museen", in: Regina Wonisch/Thomas Hübel (Eds.), Museum und Migration. Konzepte, Kontexte, Kontroversen, Bielefeld: transcript 2012, pp. 33-48.

Eryilmaz, Aytaç/Jamin, Mathilde (Eds.): Fremde Heimat. Eine Geschichte der Einwanderung aus der Türkei (Yaban, Sılan olur. Türkiye'den Almanya'ya Göçün Tarihi), Essen:

Klartext 1998.

Eyoh, Ndumbe Hansel: Beyond the Theatre, Bonn: German Foundation for International Development 1991.

Fachstelle für Rassismusbekämpfung (Ed.): Rassistische Diskriminierung in der Schweiz. Bericht 2014, see http://www.edi.admin.ch/frb/00645/index.html? lang = de, last accessed on 13.04.2016.

Fanon, Frantz: The Wretched of the Earth, New York: Grove Press 1963.

Farah, Nuruddin: Gifts, London: Serif. Reprints: Arcade, 1999/Kwela Books 2001[1993].

Fierz, Gaby/Schneider, Michael (Eds.): Feste im Licht. Religiöse Vielfalt in einer Stadt, Basel: Christoph Merian Verlag 2004.

Fliedl, Gottfried: "Die Pyramide des Louvre. Welt als Museum", in: Moritz Csáky/Peter Stachel (Eds.), Die Verortung von Gedächtnis, Wien: Passagen 2001, pp. 303-333.

Fliedl, Gottfried (Ed.): Die Erfindung des Museums. Anfänge der bürgerlichen Museumsidee in der Französischen Revolution, Wien: Turia+Kant 1996.

Foucault, Michel: "Lecture One. 7 January 1976", in: id., ed. by Bertani, Mauro/Fontana, Alessandro/Ewald, François/Macey, David, Society Must Be Defended, New York: Allen Lane 2003, pp. 1-22.

Foucault, Michel: "The Historical a Priori and the Archive", in: id. (Ed.), The Archaeology of Knowledge and the Discourse on Language, New York: Pantheon 1972, pp. 126-131.

Fouseki, Kalliopi: "Community Voices, Curatorial Choices.

Community Consultation for the 1807 Exhibitions", in: Museum and Society Vol. 8(3), 2010, pp. 180-192, see http://www.le.ac.uk/ms/museumsociety.html, last accessed on 13.04.2016.

François, Etienne/Schulze, Hagen: "Einleitung", in: Etienne Francois/Hagen Schulze (Eds.), Deutsche Erinnerungsorte Vol. 1., 3rd ed., München: C.H. Beck 2002, pp. 9-24.

Franssen, Diana: "Die Straße. Formen des Zusammenlebens", speech (19.04.2006) in the Van Abbemuseum, in: Report at "Museum in ¿Motion? Conference Proceedings: Boekpresentatie", see http://libraryblog.vanabbe.nl/category/livingarchive/museum-in-¿motion-conference-proceedings, last accessed on 13.04.2016.

Franz, Camilla: Die Shedhalle ist keine Insel. Kunstvermittlung in einem kritischen Kunstraum, unpublished master thesis, Zürcher Hochschule der Künste 2014.

Fraser, Nancy: "Rethinking the Public Sphere. A Contribution to the Critique of Actually Existing Democracy", in: Craig Calhoun (Ed.), Habermas and the Public Sphere, Cambridge: MIT Press 1992, pp. 109-142.

Freire, Paulo: Pedagogy of the Oppressed, New York: Seabury 1970.

Freire, Paulo/Faundez, Antonio: Learning to Question. A Pedagogy of Liberation, New York: Continuum 1989.

Freire, Paulo/Macedo, Donaldo: Literacy. Reading the Word and the World, South Hadley: Bergin 1987.

Gaba, Meshac: Tate Shots. Museum of Contemporary African Art, see http://www.tate.org.uk/whats-on/tate-modern/

exhibition/meschac-gaba-museum-contemporary-african-art, last accessed on 13. 04. 2016.

Galeano, Eduardo H.: El libro de los abrazos. Mexico D. F./ Buenos Aires/Madrid: Siglo XXI 2006.

Galeano, Eduardo H.: "Interview", in: David Barsamian (Ed.), Louder than Bombs. Interviews from the Progressive Magazine, Boulder: South End Press 2004, pp. 135-146.

Garcés, Marina: Un Mundo Común, Madrid: Edicions Bellaterra 2013.

Gaventa, John: Power and Powerlessness. Quiescence and Rebellion in an Appalachian Valley, Illinois: University of Illinois Press 1980.

Gerbich, Christine: "Partizipieren und evaluieren", in: Susan Kamel/Christine Gerbich (Eds.), Experimentierfeld Museum. Internationale Perspektiven auf Museum, Islam und Inklusion, Bielefeld: transcript 2014.

Gerchow, Jan: "Historisches Museum Frankfurt, Germany", in: Luca Basso Peressut/Francesca Lanz/Gennaro Postiglione (Eds.), European Museums in the 21st Century. Setting the Framework Vol. 2, Mailand: Mela Books 2013, pp. 185 - 193.

Gerchow, Jan: "Stadt-und regionalhistorische Museen", in: Bernhard Graf/Volker Rodekamp (Eds.), Museen zwischen Qualität und Relevanz. Denkschrift zur Lage der Museen, Berlin: G+H Verlag 2012, pp. 341-348.

Gerchow, Jan/Gesser, Susanne/Jannelli, Angela: "Nicht von gestern. Das historische museum frankfurt wird zum Stadtmuseum für das 21. Jahrhundert", in: Susanne Gesser/Martin

Handschin/Angela Jannelli/Sibylle Lichtensteiger (Eds.), Das partizipative Museum. Zwischen Teilhabe und User Generated Content. Neue Anforderungen an kulturhistorische Ausstellungen, Bielefeld: transcript 2012, pp. 22-31.

Gesculturas: Cuentan los vecinos del ex penal, Quito: Gesculturas 2014.

Gielen, Pascal: "Institutional Imagination. Instituting Contemporary Art Minus the 'Contemporary'", in: id. (Ed.), Institutional Attitudes. Instituting Art in a Flat World, Amsterdam: Valiz 2013a, pp. 11-34.

Gielen, Pascal: "Introduction. When Flatness Rules", in: id. (Ed.), Institutional Attitudes. Instituting Art in a Flat World, Amsterdam: Valiz 2013b, pp. 1-7.

Giroux, Henry A.: Education and the Crisis of Public Values. Challenging the Assault on Teachers, Students & Public Education, Counterpoints Vol. 400, New York: Peter Lang 2012.

Giroux, Henry A.: On Critical Pedagogy, Critical Pedagogy Today Series, London: Bloomsbury 2011a.

Giroux, Henry A.: "Democracy Unsettled: From Critical Pedagogy to the War on Youth", Truthout Online Journal Interview 2011b, see http://www.truth-out.org/opinion/item/2753: henry-giroux-on-democracy-unsettled-from-critical-pedagogy-to-the-war-on-youth, last accessed on 13.04.2016.

Giroux, Henry A./Witkowski, Lech: Education and the Public Sphere. Ideas of Radical Pedagogy, Cracow: Impuls 2011c.

Giroux, Henry A.: Paulo Freire and the Politics of Postcolonialism, 2009, see http://www.henryagiroux.com/online_articles/Paulo_

friere.htm, last accessed on 13. 04. 2016.

Giroux, Henry A.: Theory and Resistance in Education, Westport: Bergin and Garvey 2001.

Giroux, Henry A.: Teachers as Intellectuals. Toward a Critical Pedagogy of Learning, Westport: Bergin &. Garvey Publishers 1988.

GLC: State of the Arts or the Art of the State. Strategies for the Cultural Industries, London: Greater London Council 1985.

Golding, Vivien: Learning at the Museum Frontiers. Identity, Race and Power, Farnham: Ashgate 2009.

Gordon, Matthew: The Breaking of a Thousand Swords. A History of the Turkish Military of Samarra (A.H. 200-275/ 815-889 C. E.), Albany: State University of New York Press 2001.

Graham, Helen/Mason, Rhiannon/Nayling, Nigel: "The Personal Is Still Political. Museums, Participation and Copyright", in: Museums and Society Vol. 11(2), 2013, pp. 105-121.

Graham, Janna/Obrist, Hans Ulrich/Peyton-Jones, Julia/Centre for Possible Studies/Serpentine Gallery (Eds.): On the Edgware Road, London: Koenig Books 2012, see https://centreforpossiblestudies.wordpress.com/, last accessed on 13. 04. 2016.

Graham, Janna: "Para-Sites. Para-siten wie wir", in: Schnittpunkt/ Jaschke, Beatrice/Sternfeld, Nora/Institute of Art Education der Zürcher Hochschule der Künste (Eds.): Educational Turn. Handlungsräume der Kunstund Kulturvermittlung, Wien/ Berlin: Turia+Kant 2012.

Graham, Janna: "Between a Pedagogical Turn and a Hard Place.

Thinking with Conditions", in: Paul O'Neill/Mick Wilson, Curating and the Educational Turn, London: Open Editions 2010, pp. 124-139.

Gramsci, Antonio: Erziehung und Bildung, ed. by Andreas Merkens, Hamburg: Argument 2004.

Grenier, Catherine: La Fin des Musées, Paris: Editions du Regard 2013.

Guarino-Huet, Marianne/Desvoignes, Olivier/microsillons: "Autonomy within the Institution. Towards a Critical Art Education", in: Art Education Research Vol. 2, 2010, see http://iae-journal.zhdk.ch/no-2/texte/, last accessed on 13.04.2016.

Guattari, Felix: "The Transference", in: Gary Genosko (Ed.), The Guattari Reader. Oxford: Blackwell 1996.

Gürses, Hakan/Kogoj, Cornelia/Mattl, Sylvia (Eds.): Gastarbajteri. 40 Jahre Arbeitsmigration, Wien: Mandelbaum 2004.

Gur-Ze'ev, Ilan (Ed.): Critical Theory and Critical Pedagogy Today. Toward the New Critical Language in Education, Haifa: University of Haifa Press 2005.

Habermas, Jürgen: The Structural Transformation of the Public Sphere: An Inquiry into a Category of Bourgeois Society, Cambridge: Polity 2011[1962].

Hächler, Beat: "Gegenwartsräume. Ansätze einer sozialen Szenografie im Museum", in: Susanne Gesser/Martin Handschin/Angela Jannelli/Sibylle Lichtensteiger (Eds.), Das partizipative Museum. Zwischen Teilhabe und User Generated Content. Neue Anforderungen an kulturhistorische Ausstellungen, Bielefeld: transcript 2012, pp. 136-145.

Hajer, Maarten A.: "Discourse Coalitions and the Institutionalisation of Practice. The Case of Acid Rain in Great Britain", in: Frank Fischer/John Forester, The Argumentative Turn in Policy. Analysis and Planning, London: Frank Cass & Co 1993, pp. 43-67.

Hall, Stuart: "The West and the Rest. Discourse and Power", in: id./Bram Gieben (Eds.), Formations of Modernity, Cambridge: Polity Press 1992, pp. 275-320.

Hall, Stuart: "The Rediscovery of Ideology. Return of the Repressed in Media Studies", in: Michael Gurevitch/Tony Bennett/James Curran/Janet Wollacott (Eds.), Culture, Society and the Media, London: Methuen 1982, pp. 56-90.

Harney, Stefano/Moten, Fred: The Undercommons. Fugitive Planning & Black Study, Wivenhoe/New York/Port: Watson 2013.

Harrison, Charles: Conceptual Art and Painting. Further Essays on Art & Language, Cambridge: MIT Press 2003.

Hartung, Olaf: Kleine deutsche Museumsgeschichte. Von der Aufklärung bis zum frühen 20. Jahrhundert, Köln/Weimar/Wien: Böhlau Verlag 2010.

Harvey, David: The Condition of Postmodernity. An Enquiry into the Origins of Cultural Change, Cambridge/Oxford: Blackwell 1986.

Hebeisen, Erika/Meyer, Pascale (Eds.): Geschichte Schweiz. Katalog der Dauerausstellung im Landesmuseum Zürich, Zürich: Schweizerisches Landesmuseum 2009.

Heimann-Jelinek, Felicitas: "Eine Sammlung in Wien", in: id. (Ed.), Möcht' ich ein Österreicher sein. Judaica aus der Sammlung Eisenberger, Wien: Jüdisches Museum Wien

2000, pp. 5-11.

Heimann-Jelinek, Felicitas (Ed.): Was übrig blieb. Das Museum jüdischer Altertümer in Frankfurt, 1992-1938, Frankfurt a. M.: Jüdisches Museum 1988.

Heimann-Jelinek, Felicitas/Krohn, Wiebke: Das Erste Jüdische Museum, Wien: Jüdisches Museum der Stadt Wien 2005.

Helmecke, Gisela: "Weitgereiste Objekte im Museum für Islamische Kunst", in: L. Bluche/C. Gerbich/S. Kamel/S. Lanwerd/F. Miera (Eds.): NeuZugänge. Museen, Sammlungen und Migration. Eine Laboraustellung, Bielefeld: transcript 2013, pp. 59-68.

Hickling-Hudson, Anne R./Matthews, Julie/Woods, Annette F. (Eds.): Disrupting Preconceptions. Postcolonialism and Education, Brisbane: Post-Pressed 2004.

Hijnen, Wilke: "The New Professional Underdog or Expert? New Museology in the 21th century", in: Cadernos des Sociomuseologia III Vol. 37, 2010, pp. 13-24.

Hintermann, Christiane: "Migrationsgeschichte ausgestellt. Migration ins kollektive österreichische Gedächtnis schreiben", in: Regina Wonisch/Thomas Hübel (Eds.), Museum und Migration. Konzepte, Kontexte, Kontroversen, Bielefeld: transcript 2012, pp. 115-137.

Historisches Museum Basel (Ed.): In der Fremde. Mobilität und Migration seit der Frühen Neuzeit, Basel: Historisches Museum Basel 2010.

Historisches Museum der Stadt Wien (Ed.): WIR. Zur Geschichte und Gegenwart der Zuwanderung nach Wien, Wien: Eigenverlag 1996.

Historisches Museum Frankfurt (Ed.): Park in Progress. Stadtlabor unterwegs in den Wallanlagen, Ausstellungsdokumentation, Frankfurt a.M.: Henrich 2014.

Historisches Museum Frankfurt (Ed.): G-Town. Wohnzimmer Ginnheim, Ausstellungsdokumentation, Frankfurt a. M.: Henrich 2013.

Historisches Museum Frankfurt (Ed.): Mein Stadionbad. Eine Ausstellung mit Schwimmbad, Ausstellungsdokumentation, Frankfurt a.M.: Henrich 2012.

Historisches Museum Frankfurt (Ed.): Ostend//Ostanfang. Ein Stadtteil im Wandel, Ausstellungsdokumentation, 2011, see http://www.historischesmuseum.frankfurt.de/files/ostend_ostanfang_dokumentation_web_1.pdf, last accessed on 13.04.2016.

Historisches Museum Frankfurt (Ed.): Die Zukunft beginnt in der Vergangenheit. Museumsgeschichte und Geschichtsmuseum, Gießen: Anabas 1982.

Hodel, Markus: "Vorwort", in: Verein Migrationsmuseum Schweiz/Bruno Abegg/Barbara Lüthi (Eds.), Small Number - Big Impact. Schweizer Einwanderung in die USA, Zürich: Verlag NZZ Libro 2006.

Hogarth, William: The Analysis of Beauty, Oxford: Clarendon Press 1955 [1753].

Höllwart, Renate/Sternfeld, Nora: "Es kommt darauf an. Einige Überlegungen zu einer politischen und antirassistischen Pädagogik", in: Context XXI Vol. 4-5, 2004, p.46-48, see http://www.contextxxi.at/context/content/view/56/52/, last accessed on 13.04.2016.

Hooks, Bell: Talking Back. Thinking Feminist, Thinking Black, New York: South End Press 1989.

Hooper-Greenhill, Eilean: Museums and the Interpretation of Visual Culture, London: Routledge 2003.

Hooper-Greenhill, Eilean: Museums and the Shaping of Knowledge, London: Routledge 1992.

Hoppe, Jens: Jüdische Geschichte und Kultur in Museen. Zur nichtjüdischen Museologie des Jüdischen in Deutschland, Münster: Waxmann 2002.

Hummel, Claudia: "Es ist ein schönes Haus. Man sollte es besetzen. Aktualisierung des Museums", in: Schnittpunkt/Jaschke, Beatrice/Sternfeld, Nora/Institute of Art Education der Zürcher Hochschule der Künste (Eds.): Educational Turn. Handlungsräume der Kunst-und Kulturvermittlung, Wien/Berlin: Turia+Kant 2012, pp. 79-116.

Hupka-Brunner, Sandra/Scharenberg, Katja/Meyer, Thomas/Müller, Barbara: "Leistung oder soziale Herkunft? Bestimmungsfaktoren für erwarteten und tatsächlichen beruflichen Erfolg im jungen Erwachsenenalter", in: Kurt Häfeli/Markus P. Neuenschwander/Stephan Schumann (Eds.), Berufliche Passagen im Lebenslauf, Berufsbildungs- und Transitionsforschung in der Schweiz, Wiesbaden: Springer VS 2015, pp. 243-275.

Illich, Ivan: Deschooling Society, London: Calder and Boyers 1971.

Institute for Art Education der Zürcher Hochschule der Künste (Ed.): Zeit für Vermittlung. Online-Publikation zur Kulturvermittlung, Zürich 2013.

International Council of Museums (ICOM): Ethische Richtlinien für Museen von ICOM, Paris: ICOM 2010.

Janes Robert R.: Museums in a Troubled World. Renewal, Irrelevance or Collapse?, London: Routledge 2010.

JanMohamed, Abdul R.: "Worldliness-Without-World, Homelessness-as-Home. Toward a Definition of Border Intellectual", in: Michael Sprinker (Ed.), Edward Said. A Critical Reader, Oxford: Basil Blackwell 1992, pp. 96-120.

Jaschke, Beatrice/Sternfeld, Nora: "Zwischen/Räume der Partizipation", in: Verband österreichischer Kunsthistoriker und Kunsthistorikerinnen (Ed.), Räume der Kunstgeschichte, Wien 2015, pp. 168-182, see http://www.kunst historiker. at/?nav = publikationen&navid = &gruppe = tagungsbaende& info=17, last accessed on 13. 04. 2016.

Julius, Chrischené: Participative Strategies at a Community Museum, unpublished paper, presented at the COMCOL International Conference 31. 10.- 03. 11. 2011, Berlin.

Junod, Benoît/Khalil, Georges/Weber, Stefan/Wolf, Gerhard (Eds.): Islamic Art and the Museum. Approaches to Art and Archaeology of the Muslim World in the Twenty-first Century, London: Saqi 2012.

Jurt, Pascal: "An der 'goldenen Nabelschnur' der Eliten. Eine aktuelle Studie untersucht strukturelle Veränderungen des Kunstbetriebs-und die Interessen und Sichtweisen seiner Akteure", in: Artline Magazine Vol. 6, 2013, see http:// magazin. artline. org/319-an-der-goldenen-nabelschnur-der-eliten, last accessed on 13. 04. 2016.

Kamel, Susan/Gerbich, Christine (Eds.): Experimentierfeld

Museum. Internationale Perspektiven auf Museum, Islam und Inklusion, Bielefeld: transcript 2014.

Kamel, Susan: "Reisen und Experimentieren", in: S. Kamel/C. Gerbich (Eds): Experimentierfeld Museum. Internationale Perspektiven auf Museum, Islam und Inklusion, Bielefeld: transcript 2014, pp. 383-435.

Kamel, Susan: "Gedanken zur Langstrumpfizierung musealer Arbeit. Oder: was sich aus der Laborausstellung 'NeuZugänge' lernen läßt", in: L. Bluche/C. Gerbich/S. Kamel/S. Lanwerd/F. Miera (Eds.): NeuZugänge. Museen, Sammlungen und Migration. Eine Laboraustellung, Bielefeld: transcript 2013, pp. 69-98.

Kamel, Susan: "Coming back from Egypt. Working on Exhibitions and Audience Development in Museums Today", in: Lidia Guzy/Rainer Hatoum/Susan Kamel (Eds.), From Imperial Museum to Communication Centre? On the New Role of Museums as Mediators between Science and Non-western Societies, Würzburg: Königshausen & Neumann 2010, pp. 35-56.

Karp, Ivan/Mullen Kraemer, Christine/Lavine, Steven D. (Eds.): Museums and Communities. The Politics of Public Culture, Washington: Smithsonian Institution Press 1992.

Kazeem, Belinda/Martinz-Turek, Charlotte/Sternfeld, Nora (Eds.): Das Unbehagen im Museum. Postkoloniale Museologien. Ausstellungstheorie und Praxis, Wien: Turia+Kant 2009.

Kelly, Lynda/Gordon, Phil: "Developing a Community of Practice. Museums and Reconciliation in Australia", in:

Richard Sandell (Ed.), Museums, Society, Inequality, Abingdon: Routledge 2006, pp. 153-174.

Kelvin, Norman (Ed.): The Collected Letters of William Morris, Vol. 2, Part A: 1881-1884, Princeton: Princeton University Press 1987.

Kernbauer, Eva: Der Platz des Publikums. Modelle für die Kunstöffentlichkeit im 18. Jahrhundert, Köln/Weimar/Wien: Böhlau 2011.

Khan, Sharmeen/Hugill, David/McCreary, Tyler: "Building Unlikely Alliances. An Interview with Andrea Smith", Upping the Anti Vol. 10, 2010, see http://uppingtheanti. org/journal/article/10-building-unlikely-alliances-an-interview-with-andrea-smith/, last accessed on 13.04.2016.

Kiesler, Fredrick: "Note on Designing the Gallery and Press Release Pertaining to the Architectural Aspects of the Gallery", in: Susan Davidson/Philip Rylands (Eds.), Peggy Guggenheim & Frederick Kiesler. The Story of Art of this Century, New York: Guggenheim Museum Publications 2004 [1942], pp. 174-177.

Kingman, Eduardo: Los trajines callejeros. Memoria y vida cotidiana, Quito, siglos XIX-XX, Quito: FLACSO 2014.

Kingman, Eduardo: Coord. San Roque: Indígenas urbanos, seguridad y patrimonio, Quito: FLACSO 2012.

Kirchhoff, Heike/Schmidt, Martin: Das magische Dreieck. Die Museumsausstellung als Zusammenspiel von Kuratoren, Museumspädagogen und Gestaltern, Bielefeld: transcript 2007.

Kistemaker, Renée (Ed.): Barometer van het stadsgevoel,

werkdocument Netwerk Nederlandse Stadsmusea, Amsterdam 2011.

Klags, Rita/van Eekeren, Annemarie/Robinson, Helen/Bigorra, Theresa Marcia: "Involving New Audiences in Museums. Examples from Berlin, Amsterdam, Liverpool and Barcelona", in: Renee Kistemaker/Elisabeth Tietmeyer (Eds.), Entrepreneurial Cultures in Europe. Stories and Museum Projects from Seven Cities, Berlin 2010.

Klonk, Charlotte: Spaces of Experience. Art Gallery Interiors from 1800 to 2000, New Haven: Yale University Press 2009.

Koven, Seth: "The Whitechapel Picture Exhibitions and the Politics of Seeing", in: Daniel Sherman/Irit Rogoff (Eds.), Museum Culture, Minneapolis: University of Minnesota 1994, pp. 22-48.

Kreps, Christina: Liberating Culture. Cross-Cultural Perspectives on Museums, Curation and Heritage Preservation, New York/London: Routledge 2009.

Krmpotich, Cara/Anderson, David: "Collaborative Exhibitions and Visitor Reactions. The Case of Nitsitapiisinni: Our Way of Life", in: Curator Vol. 48 (4), 2005, p. 377-405, see http://dx.doi.org/10.1111/j.2151-6952.2005.tb00184.x, last accessed on 13.04.2016.

Kudorfer, Susanne: "Projektraum Kunstvermittlung", in: Bernadett Settele/Carmen Mörsch (Eds.), Kunstvermittlung in Transformation, Zürich: Scheidegger & Spiess 2012, pp. 51-79.

Lagerkvist, Cajsa: "Empowerment and Anger. Learning How to Share Ownership of the Museum", in: Museum and Society

Vol. 4 (2), 2006, pp. 52-68.

Lam, Margaret Choi Kwan: Scenography as New Ideology in Contemporary Curating and the Notion of Staging in Exhibitions, München: GRIN Verlag 2013.

Landesmuseum Zürich Bildung & Vermittlung (Ed.): Geschichte Schweiz, Migrationsgeschichte. "Niemand war schon immer da", Unterlagen für Schulen/Sekundarstufe II, Zürich 2011.

Landkammer, Nora: "Vermittlung als kollaborative Wissensproduktion und Modelle der Aktionsforschung", in: Bernadett Settele/Carmen Mörsch (Eds.), Kunstvermittlung in Transformation, Zürich: Scheidegger & Spiess 2012, pp. 199-211.

Liverpool City Council (LCC): An Arts and Cultural Industries Strategy for Liverpool. A Framework Planning Department, 1987.

Leimgruber, Walter: "Immaterielles Kulturerbe-Migration-Museum. Ein spannungsgeladenes Dreieck", in: Bundesamt für Kultur/Verband der Museen der Schweiz/Museum für Kommunikation (Eds.), Lebendige Traditionen ausstellen, Baden: Verlag hier+jetzt 2015, pp. 69-85.

Leimgruber, Walter: "Nomadisieren. Der mobile Mensch", in: Erika Hebeisen/Pascale Meyer (Eds.), Geschichte Schweiz. Katalog der Dauerausstellung im Landesmuseum Zürich, Zürich: Schweizerisches Landesmuseum 2009, pp. 44-47.

Lepik, Andres (Ed.): AFRITECTURE. Bauen mit der Gemeinschaft, Ostfildern: Hatje Cantz 2013.

Lepik, Andres (Ed.): Moderators of Change. Architektur, die hilft, Jahresring 58, Jahrbuch für moderne Kunst, Ostfildern:

Hatje Cantz 2011.

Lichtenstein, Claude: Hochschule für Gestaltung und Kunst Zürich. Museum für Gestaltung Zürich, Schweizerischer Kunstführer SGK, Bern: Gesellschaft für Schweizerische Kunstgeschichte 2005.

Lidchi, Henrietta: "The Poetics and the Politics of Exhibiting Other Cultures", in: Stuart Hall (Ed.), Representation. Cultural Representations and Signifying Practices, London: Sage Publications 1997.

Lienlaf, Leonel: "Una ventana hacia las historias de un Pueblo", Revista Museos Vol. 29 (11), 2010.

Lindauer, Margaret A.: "Critical Museum Pedagogy and Exhibition Development", in: Simon J. Knell/Suzanne MacLeod/Sheila Watson (Eds.), Museum Revolutions. How Museums Change and Are Changed, London: Routledge 2007, pp. 303-313.

Lonetree, Amy: "Missed Opportunities. Reflections on the NMAI", in: American Indian Quarterly Vol. 30 (3/4), 2006, pp. 632 - 645, see http://www.jstor.org/stable/4139033, last accessed on 13.04.2016.

Lorde, Audre: "Age, Race, Class, and Sex: Women Redefining Difference", in: id., Sister Outsider. Essays and Speeches, Darlinghurst: The Crossing Press 1984, pp. 114-124.

Löw, Martina: "Eigenlogische Strukturen. Differenzen zwischen Städten als konzeptionelle Herausforderung", in: Helmuth Berking/Martina Löw (Eds.), Die Eigenlogik der Städte. Neue Wege für die Stadtforschung, Frankfurt a. M./New York: Campus Verlag 2008, pp. 33-53.

Loza, Beatriz Carmen/Quispe, Walter Alvarez: Report on the Niño Korin Collection at the Museum of World Culture. Describing, Naming and Classifying Medical Objects from the Tiwanaku Period. Informe to Kulturrådet, Gothenburg: Museum of World Culture 2009.

Lutz, Helma/Supik, Linda/Herrera Vivar, Maria Teresa (Eds.): Framing Intersectionality. Debates on a Multifaceted Concept in Gender Studies, Abingdon: Ashgate 2011, see http://site.ebrary.com/lib/alltitles/docDetail.action?docID=10449672, last accessed on 13.04.2016.

Lynch, Bernadette: "Generally Dissatisfied. Hidden Pedagogy in the Postcolonial Museum", in: THEMA. La revue des Musées de la civilisation Vol. 1(1), 2014a, pp. 79-92, see http://thema.mcq.org/index.php/Thema/article/view/27/pdf, last accessed on 13.04.2016.

Lynch, Bernadette: Our Museum. A Five Year Perspective from a Critical Friend, 2014b, see http://ourmuseum.org.uk/wp-content/uploads/A-fiveyear-perspective-from-a-critical-friend.pdf, last accessed on 13.04.2016.

Lynch, Bernadette: "Whose Cake Is It Anyway? Museums, Civil Society and the Changing Reality of Public Engagement", in: Laurence Gourievidis (Ed.), Museums and Migration. History, Memory and Politics, London: Routledge 2014c, p. 67-80, see https://www.academia.edu/6055201/Whose_cake_is_it_anyway_museums_civil_society_and_the_changing_reality_of_public_engagement._Dr_Bernadette_Lynch, last accessed on 13.04.2016.

Lynch, Bernadette (Ed.): Working through Conflict in

Museums. Museums, Objects and Participatory Democracy, Museum Management and Curatorship Vol. 28(1), Special Issue, 2013, see http://www.tandfonline.com/toc/rmmc20/28/1, last accessed on 13.04.2016.

Lynch, Bernadette: "Custom-made Reflective Practice. Can Museums Realise Their Capabilities in Helping Others Realise Theirs?", in: Museum Management and Curatorship Vol. 26 (5), 2011a, see http://www.tandfonline.com/toc/rmmc20/26/5, last accessed on 13.04.2016, pp. 441-458.

Lynch, Bernadette: "Collaboration, Contestation, and Creative Conflict. On the Efficacy of Museum/Community Partnerships", in: Janet Marstine (Ed.), Redefining Museum Ethics, London: Routledge 2011b, pp. 146-163.

Lynch, Bernadette: "Custom-made. A New Culture for Museums and Galleries in Civil Society in Utopic Curating", in: Arken Bulletin Vol. 5, 2011c.

Lynch, Bernadette/Alberti, Samuel J. M. M.: "Legacies of Prejudice. Racism, Co-production and Radical Trust in the Museum", in: Museum Management and Curatorship Vol. 25 (1), 2010, pp. 13-35.

Macdonald, Sharon J.: "Museen erforschen. Für eine Museumswissenschaft in der Erweiterung", in: Joachim Baur (Ed.), Museumsanalyse. Methoden und Konturen eines neuen Forschungsfeldes, Bielefeld: transcript 2010, pp. 49-69.

Macdonald, Sharon J.: Behind the Scenes at the Science Museum, London: Berg 2002.

Macdonald, Sharon J.: "Nationale, postnationale und

transkulturelle Identitä-ten und das Museum", in: Rosmarie Beier-de-Haan (Ed.), Geschichtskultur in der Zweiten Moderne, Frankfurt a. M.: Campus Verlag 2000, pp. 123-148.

Maltz, Diana: British Aestheticism and the Urban Working Classes, 1870 – 1900. Beauty for the People, New York: Palgrave Macmillan 2006.

Malzacher, Florian/Steirischer Herbst (Eds.): Truth Is Concrete. A Handbook for Artistic Strategies in Real Politics, Berlin: Sternberg Press 2014.

Mamani Condori, Carlos: "History and Prehistory in Bolivia. What about the Indians?", in: Robert Layton (Ed.), Conflict in the Archaeology of Living Traditions, London: Unwin Hyman 1989, pp. 46-59.

Marchand, Suzanne L.: German Orientalism in the Age of Empire. Religion, Race, and Scholarship, Washington DC/ Cambridge: German Historical Institute, Cambridge University Press 2010.

Marchart, Oliver: Hegemonie im Kunstfeld. Die documenta-Ausstellungen dX, D11, d12 und die Politik der Biennalisierung, Köln: König 2008.

Marchart, Oliver: "Die kuratorische Funktion. Oder, was heißt eine Aus/Stellung organisieren?" in: Barnaby Drabble/ Dorothee Richter/Marianne Eigenheer (Eds.), Curating Critique, Frankfurt a.M.: Revolver 2007, pp. 172-179.

Marchart, Oliver: "Warum Cultural Studies vieles sind, aber nicht alles. Zum Kultur-und Medienbegriff der Cultural Studies", in: Medienheft Vol. 19, 2003, pp. 7 - 14, see http://www.medienheft.ch/index.php? id=14&no_cache=1&tx_ttnews%5Btt_news%5D=373&cHash=5ae4106632e6f4e0f986aefb ca2690b9, last accessed on 06. 10. 2016.

Marstine, Janet (Ed.): The Routledge Companion to Museum Ethics. Redefining Ethics for the Twenty-first Century, Oxon: Routledge 2011.

Marx, Karl/Engels, Friedrich: Manifest der kommunistischen Partei. Karl Marx/Friedrich Engels-Werke Vol. 4, Berlin: Karl Dietz Verlag 1972[1959], pp. 459–493.

Mason, Rhiannon: "Culture Theory and Museum Studies", in: Sharon Macdonald (Ed.), A Companion to Museum Studies, Oxford: Blackwell 2006, pp. 17–31.

Mastai, Judith: "There Is No Such Thing as a Visitor", in: Griselda Pollock/Joyce Zemans (Eds.), Museums after Modernism. Strategies of Engagement, Oxford: Blackwell 2007, pp. 173–177.

Matthews-Jones, Lucinda: "Lessons in Seeing. Art Religion and Class in the East End of London, 1881–1898", in: Journal of Victorian Culture Vol. 16 (3), 2011, pp. 385–403.

McCarthy, Cormac: Exhibiting Māori. A History of Colonial Cultures of Display, New York: Berg 2007.

McGonagle, Decan: "The Temple and the Forum Together. Reconfiguring Community Arts", in: FUSE Vol. 28 (2), 2005.

McIntosh, Peggy: "Unpacking the Knapsack of White Privilege", in: Independent School Vol. 49 (2), 1990, pp. 31–36.

Mecheril, Paul: "Subjekt-Bildung in der Migrationsgesellschaft.

Eine Einführung in das Thema, die zugleich grundlegende Anliegen des Center for Migration, Education und Cultural Studies anspricht", in: Paul Mecheril (Ed.), Subjektbildung. Interdisziplinäre Analysen der Migrationsgesellschaft, Bielefeld: transcript 2014, pp. 11-28.

Mecheril, Paul: Einführung in die Migrationspädagogik, Weinheim: Beltz 2004.

Meijer van Mensch, Léontine: "Von Zielgruppen zu Communities. Ein Plädoyer für das Museum als Agora einer vielschichtigen Constituent Community", in: Susanne Gesser/Martin Handschin/Angela Jannelli/Sibylle Lichtenstei-ger (Eds.), Das partizipative Museum. Zwischen Teilhabe und User Generated Content. Neue Anforderungen an kulturhistorische Ausstellungen, Bielefeld: transcript 2012, pp. 86-94.

Meijer van Mensch, Léontine: "Stadtmuseen und 'Social Inclusion'. Die Positionierung des Stadtmuseums aus der 'New Museology'", in: Claudia Gemmeke (Ed.), Die Stadt und ihr Gedächtnis. Zur Zukunft der Stadtmuseen. Bielefeld: transcript 2011, pp. 81-92.

Meiners, Uwe/Reinders-Düselder, Christoph (Eds.): Fremde in Deutschland-Deutsche in der Fremde. Epochale Schlaglichter von der Frühen Neuzeit bis in die Gegenwart, Cloppenburg: Eigenverlag 1999.

Message, Kylie: "Multiplying Sites of Sovereignty through Community and Constituent Services at the National Museum of the American Indian?", in: Museum and Society Vol. 7(1), 2009, pp. 50-67, see http://www2.le.ac.uk/departments/museumstudies/museumsociety/documents/volumes/message.pdf, last accessed on 13.04.2016.

Meyer, Pascale: Four Narrative Perspectives on Swiss History at the Swiss National Museum, in: Dominique Poulot/Felicity Bodenstein/José María Lanzarote Guiral (Eds.), Great Narratives of the Past. Traditions and Revisions in National Museums. Conference Proceedings from EuNaMus, European National Museums: Identity Politics, the Uses of the Past and the European Citizen, Linköping 2012, p. 519 – 530, see www.ep.liu.se/ecp/article.asp?issue=078&volume=&article=032, last acessed on 26.04.2016.

Mignolo, Walter D.: "DELINKING", in: Cultural Studies Vol. 21 (2-3), 2007, pp. 449-514.

Modest, Wayne: "Co-Curating with Teenagers at the Horniman Museum", in: Viv Golding/Wayne Modest (Eds.), Museums and Communities. Curators, Collections and Collaboration, London: Bloomsbury Publishing 2013, pp. 98-112.

Modest, Wayne/Mears, Helen: "Museums, African Collections and Social Justice", in: Eithne Nightingale/Richard Sandell (Eds.), Museums, Equality and Social Justice. Museum Meanings. Abingdon/Oxon: Routledge 2012.

Montero, Javier Rodrigo: "Experiencias de mediación crítica y trabajo en red en museos. De las políticas de acceso a las políticas en red", in: Revista Museos Vol. 31, 2012, pp. 74 – 85, see http://www.museoschile.cl/628/articles-46556_archivo_01.pdf, last accessed on 13.04.2016.

Moraña, Mabel/Dussel, Enrique D./Jáuregui Carlos A.: Coloniality at Large. Latin America and the Postcolonial Debate, Durham: Duke University Press 2008.

Moreno, Hector Nahuelpan: "Formación colonial del estado y desposesión en Ngulumapu", in: Hector Nahuelplan Moreno et al. (Eds.), Ta iñ fijke xipa rakiduameluwün. Historia, colonialismo y resistencia desde el país Mapuche. Comunidad de historia mapuche, Temuco: Ediciones Comunidad de Historia Mapuche 2012, pp. 123-160.

Mörsch, Carmen: Die Bildung der Anderen durch Kunst. Eine historische Rekonstruktion der Kunstvermittlung in England, about to be published in 2017.

Mörsch, Carmen: "Die Bildung der Anderen mit Kunst. Ein Beitrag zu einer postkolonialen Geschichte der Kulturellen Bildung", in: Nana Eger/Antje Klinge (Eds.), Künstlerinnen und Künstler im Dazwischen. Forschungsansätze zur Vermittlung in der Kulturellen Bildung, Bochum/Freiburg: Projektverlag 2015, pp. 17-29.

Mörsch, Carmen: "Über Zugang Hinaus. Kunstvermittlung in der Migrationsgesellschaft", in: Susan Kamel/Christine Gerbich (Eds.), Experimentierfeld Museum. Internationale Perspektiven auf Museum, Islam und Inklusion, Bielefeld: transcript 2014, pp. 103-116.

Mörsch, Carmen: "Alliances for Unlearning. On the Possibility of Future Collaborations between Gallery Education and Institutions of Critique", in: Afterall Vol. 26(1), 2011, pp. 5-13.

Mörsch, Carmen: "Am Kreuzungspunkt von vier Diskursen. Die documenta 12 Vermittlung zwischen Affirmation, Reproduktion, Dekonstruktion und Transformation", in: Carmen Mörsch (Ed.), Kunstvermittlung 2. Zwischen kritischer Praxis und

Dienstleistung auf der documenta 12. Ergebnisse eines Forschungsprojekts, Zürich: diaphanes 2009, pp. 9-33.

Mörsch, Carmen: "From Oppositions to Interstices. Some Notes on the Effects of Martin Rewcastle, the First Education Officer of the Whitechapel Gallery, 1977-1983", in: Karen Raney (Ed.), Engage Vol. 15, London 2004, pp. 33-37.

Morse, Nuala/Macpherson, Morag/Robinson, Sophie: "Developing Dialogue in Co-produced Exhibitions. Between Rhetoric, Intentions and Realities", in: Museum Management and Curatorship Vol. 28(1), 2013, pp. 91-106, see http://dx.doi.org/10.1080/09647775.2012.754632, last accessed on 13.04.2016.

Moser, Gabrielle: "Book Review: Curating and the Educational Turn; Raising Frankenstein", in: Journal of Curatorial Studies Vol. 1(1), 2012.

Mouffe, Chantal: Agonistics: Thinking the World Politically, London: Verso 2013.

Mouffe, Chantal: On the Political, Oxford: Routledge 2005.

Mouffe, Chantal (Ed.): The Challenge of Carl Schmitt, London: Verso 1999.

Mulcahy, Kevin V.: "Combating Coloniality. The Cultural Policy of Post-colonialism", in: International Journal of Cultural Policy, 2015, pp. 1-17.

Munder, Heike/Wuggenig, Ulf (Eds.): Das Kunstfeld. Eine Studie über Akteure und Institutionen der zeitgenössischen Kunst am Beispiel von Zürich, Wien, Hamburg und Paris, Zürich: jrp/ringier 2012.

Muñoz, Adriana: "Bolivians in Gothenburg. The Archaeological and Ethnographic Collections at the Museum of World Culture", in: Christian Isendahl (Ed.), The Past Ahead. Language, Culture, and Identity in the Neotropics, Uppsala: Acta Universitatis Upsaliensis 2012a, pp. 93-110.

Muñoz, Adriana: From Curiosa to World Culture. A History of the South American Collections at the Museum of World Culture, GOTARC, Serie B Vol. 58, Gothenburg: Department of Historical Studies, University of Gothenburg 2012b.

Muñoz, Adriana: The Power of Labelling. Inform to Kulturrådet (Swedish Arts Council), Gothenburg: Museum of World Culture 2009.

Muñoz, Adriana: "When the 'Other' Become the Neighbour", in: Paul Voogt (Ed.), Can We Make a Difference? Museums, Society and Development in North and South, Amsterdam: KIT Publishers 2008, pp. 54-62.

Museum für Gestaltung Zürich: Ausstellen Sammeln Forschen Publizieren Vermitteln, Zürich 2008.

Muttenthaler, Roswitha/Wonisch, Regina: Gesten des Zeigens. Zur Repräsentation von Gender und Race in Ausstellungen, Bielefeld: transcript 2006.

Nigg, Heinz (Ed.): Da und fort. Leben in zwei Welten. Interviews, Berichte und Dokumente zur Immigration und Binnenwanderung in der Schweiz, Zürich: Limmat Verlag 1999.

O'Doherty, Brian: Inside the White Cube. The Ideology of the Gallery Space, Berkeley/Los Angeles/Londres: University of California Press 1986[1976].

O'Neill, Mark: From the Margins to the Core?, unpublished conference presentation at the Victoria & Albert museum's conference, London 24. 03. 2010, Conference summary by the V&A's Christopher Breward, see http://www.vam.ac.uk/__data/assets/pdf_file/0006/179529/vanda_christopher_breward_conference_reflections.pdf, last accessed on 13. 04. 2016.

O'Neill, Paul/Wilson, Mick: Curating and the Educational Turn. Amsterdam/London: de Appel and Open Editions 2010.

Odding, Arnoud: Het disruptieve museum, The Hague 2011.

Offe, Sabine: Ausstellungen, Einstellungen, Entstellungen. Jüdische Museen in Deutschland und Österreich, Berlin/Wien: Philo Verlagsgesellschaft 2000.

Ogbechie, Sylvester Okwunodu: "Who Owns Africa's Cultural Patrimony?", in: Critical Interventions Vol. 4 (2), pp. 2-3, 2010, see http://dx.doi.org/10.1080/19301944.2010.10781383, last accessed on 13. 04. 2016.

Osses, Dietmar: "Perspektiven der Migrationsgeschichte in deutschen Ausstellungen und Museen", in: Regina Wonisch/Thomas Hübel (Eds.), Museum und Migration. Konzepte, Kontexte, Kontroversen, Bielefeld: transcript 2012, pp. 69-87.

Oury, Fernand/Vasquez, Aïda: Vers une pédagogie institutionnelle, reprint edition, Paris: Maspéro 1967.

Pain, Jacques: "Institutional Pedagogy", in: Encyclopédie Universelle, Paris 2005, see www.jacques-pain.fr/jacques-pain/Definition_IP_anglais.html, last accessed 15. 10. 2016.

Palladini, Giulia/Sternfeld, Nora: Taking Time Together. A Posthumous Reflection on a Collaborative Project and Polyorgasmic Disobedience, Helsinki 2014, see https://cummastudies.files.wordpress.com/2013/08/cumma-papers-61.pdf, last accessed on 13.04.2016.

Peers, Laura/Brown, Alison: "Museums and Source Communities", in: Sheila Watson (Ed.), Museums and Their Communities, London/New York: Routledge 2007, pp. 519-537.

Peers, Laura/Brown, Alison: "Introduction", in: Laura Peers/Alison Brown (Eds.), Museums and Source Communities, London: Routledge 2003, pp. 1-16.

Phillips, Ruth B.: "Community Collaboration in Exhibitions. Toward a Dialogic Paradigm. Introduction", in: Laura Peers/Alison Brown (Eds.), Museums and Source Communities, London: Routledge 2003, pp. 155-170.

Pieper, Katrin: "Resonanzräume. Das Museum im Forschungsfeld Erinnerungskultur", in: Joachim Baur (Ed.), Museumsanalyse. Methoden und Konturen eines neuen Forschungsfeldes, Bielefeld: transcript 2010, pp. 187-212.

Pratt, Mary Louise: Imperial Eyes. Travel Writing and Transculturation, London: Routledge 1992.

Pratt, Mary Louise: "Arts of the Contact Zone", in: Reece Franklin/Phyllis Franklin (Eds.), Profession 91, New York: MLA 1991, pp. 33-40.

Ralston Saul, John: "John Ralston Saul Calls for all Canadians to Be Idle No More", in: The Globe and Mail, 31.10.2014, see http://www.theglobeand mail.com/news/national/johnralstan-saul-calls-for-all-canadians-to-beidle-no-more/article21 415062/, last accessed on 13. 04. 2016.

Reitstätter, Luise: Die Ausstellung verhandeln. Von Interaktionen im musealen Raum, Bielefeld: transcript 2015.

Rinçon, Laurella: My Voice in a Glass Box. Objectifying Processes in Collecting Practices at the National Museum of World Culture in Sweden, ICME Papers 2005a, pp. 1-7, see http://network. icom. museum/fileadmin/user _ upload/ minisites/icme/pdf/Conference _ papers/2004-2005/ICME _ 2005_rincon. pdf, last accessed on 06. 10. 2016.

Rinçon, Laurella: "Visiteurs d'origine immigrée et réinterprétation des collections au Världkulturmuseet de Göteborg", in: Culture & Musées Vol. 6(1), 2005b, pp. 111-127.

Rivera Cusicanqui, Silvia: Interview, Centro Experimental Oido Salvaje, 2012, see http://vimeo. com/45483129, last accessed on 13. 04. 2016.

Rogoff, Irit (Ed.): "Education Actualized", in: e-flux Journal Vol. 14 (3), 2010, see http://www.e-flux.com/issues/14-march-2010/, last accessed on 13. 04. 2016.

Rogoff, Irit: "Turning", in: e-flux Journal Vol. 1 (2008), E1-E10, see http://www.e-flux.com/journal/turning/, last accessed on 13. 04. 2016.

Rupnow, Dirk: Täter-Gedächtnis-Opfer. Das 'Jüdische Zentralmuseum' in Prag 1942-1945, Wien: Picus 2000.

Sandahl, Jette: "Fluid Boundaries and False Dichotomies. Scholarship, Partnership and Representation in Museums", in: INTERCOM Conference Leadership in Museums. Are Our Core Values Shifting, Dublin, 16.- 19. 10. 2002.

Sandell, Richard: "Social Inclusion, the Museum and the Dynamics of Sectoral Change", in: Museum and Society Vol. 1(1), 2003, pp. 45-62.

Sandell, Richard: "Museums and the Combating of Social Inequality. Roles, Responsibilities, Resistance", in: Richard Sandell (Ed.), Museums, Society, Inequality, London: Routledge 2002, see https://www.routledge.com/products/9780415260602, last accessed on 13.04.2016.

Sandell, Richard: "Museums as Agents of Social Inclusion", in: Museum Management and Curatorship Vol. 17(4), 1998, pp. 401-418.

Sandell, Richard/Dodd, Jocelyn: Re-presenting Disability. Activism and Agency in the Museum, London: Routledge 2010.

Sandell, Richard/Nightingale, Eithne: "Museen, Gleichberechtigung und soziale Gerechtigkeit", in: Susan Kamel/Christine Gerbich (Eds.), Experimentierfeld Museum. Internationale Perspektiven auf Museum, Islam und Inklusion, Bielefeld: transcript 2014, pp. 95-102.

Sandell, Richard/Nightingale, Eithne (Eds.): Museums, Equality and Social Justice, Abingdon/Oxon: Routledge 2012, pp. 3-23, see https://www.routledge.com/products/9780415504690, last accessed on 13.04.2016.

Sanger, Mandy/Abrahams, Stanley: "Places of Memory. Places of Reconciliation", unpublished paper, presented at the Museum's Seminar, April 2005, Monte Sole, Bologna, Italy.

Sarasin, Philipp: "Die Geschichte der Schweiz neu erzählen. Zur

Konzeption der Ausstellung 'Geschichte Schweiz'", in: Sonderbeilage zur Eröffnung der neuen Dauerausstellungen der NZZ from 25/26.07.2009, see http://static.nzz.ch/files/8/3/2/landesmuseum_1.3318832.pdf, last accessed on 13.04.2016.

Sassen, Saskia: Metropolen des Weltmarktes, Frankfurt a.M./New York: Campus Verlag 1996.

Schäfer, Julia: PUZZLE-Wie eine Sammlung zur Aufführung kommt. Wie ein Gebäude eine Sammlung kuratiert, Berlin: JOVIS 2013.

Schäfer, Julia: "Curating in Models", in: Barbara Steiner (Ed.), Negotiating Spaces, Berlin: JOVIS 2010.

Schäfer, Julia: "Vor heimischer Kulisse", in: Barbara Steiner (Ed.), Carte Blanche, Berlin: JOVIS 2009.

Schäfer, Julia: Zimmer, Gespräche, Berlin: JOVIS 2007.

Schmidl, Karin: Mit Spass und Freude das Museum entdecken. Museumspädagogische Arbeit im Museum für Islamische Kunst, in: Jens Kröger (Ed.), Islamische Kunst in Berliner Sammlungen, Berlin: Parthas 2004, pp.137-143.

Schnittpunkt/Jaschke, Beatrice/Sternfeld, Nora/Institute of Art Education der Zürcher Hochschule der Künste (Eds.): educational turn. Handlungsräume der Kunst-und Kulturvermittlung, Wien/Berlin: Turia+Kant 2012.

Schön, Donald: The Reflective Practitioner. How Professionals Think In Action, New York: Basic Books 1983.

Schröpfer, Annika: Integrierte Vermittlungsräume in Ausstellungen, unpublished master thesis, Zürcher Hochschule der Künste, 2013.

Schultz, Lainie: "Collaborative Museology and the Visitor", in: Museum Anthropology Vol. 34(1), 2011, pp. 1-12, see http://dx.doi.org/10.1111/j.1548 - 1379.2010.01103.x, last accessed on 13.04.2016.

Searle, John: "The Storm Over the University", in: The New York Review of Books Vol. 37(19), 1990.

Sen, Amartya: "Power and Capability", Annual DEMOS Lecture, 2010.

Serres, Michel: The Parasite, Minneapolis: University of Minnesota Press 2007.

Settele, Bernadett: "Design kritisch vermitteln. Kein Fazit", in: Bernadett Settele/Carmen Mörsch (Eds.), Kunstvermittlung in Transformation, Zürich: Scheidegger & Spiess 2012, pp. 242-245.

Shaw, Wendy: "The Islam in Islamic Art History. Secularism and Public Discourse", in: Journal of Art Historiography Vol. 6, 2012.

Shelton, Anthony: "Curating African Worlds", in: Journal of Museum Ethnography Vol. 12, 2000, pp. 5-20.

Shor, Ira: Empowering Education. Critical Teaching for Social Change, Chicago: University of Chicago Press 1992.

Sieber, Thomas: "Machtfragen. Zur Beziehung zwischen Museum, Identität, Repräsentation und Partizipation", in: Museums.ch Vol. 6, 2011, pp. 8-12.

Sieber, Thomas: "Das Schweizerische Landesmuseum zwischen Nation, Geschichte und Kultur. Ein Rückblick", in: Zeitschrift für Schweizerische Archäologie und Kunstgeschichte Vol. 63(1), 2006, pp. 15-24.

Simon, Nina: The Participatory Museum, Santa-Cruz: Museum 2.0 2010, see http://www.participatorymuseum.org, last accessed on 13.04.2016.

Sloterdijk, Peter: "Museum. Schule des Befremdens", in: Frankfurter Allgemeine Zeitung from 17.03.1989.

Smith, Terry: Thinking Contemporary Curating, New York: Independent Curators International 2012.

Smith, Tina: "Huis Kombuis and the Senses of Memory", in: Bonita Bennett/Chrischené Julius/Crain Soudien (Eds.), City Site Museum. Reviewing Memory Practice at the District Six Museum, Cape Town: District Six Museum 2008, pp. 152-157.

Soudien, Crain: "Memory and Critical Education. Approaches in the District Six Museum", in: Bonita Bennett/Chrischené Julius/Crain Soudien (Eds.), City Site Museum. Reviewing Memory Practice at the District Six Museum, Cape Town: District Six Museum 2008, pp. 110-119.

Spickernagel, Ellen/Walbe, Brigitte (Eds.): Das Museum. Lernort contra Musentempel, Giessen: Anabas-Verlag 1979.

Spielhaus, Riem: Wer ist hier Muslim? Die Entwicklung eines islamischen Bewusstseins in Deutschland zwischen Selbstidentifikation und Fremdzuschreibung, Berlin: Ergon Verlag 2011.

Spies, Paul: "Verbinding aangaan", in: Erfgoed Nederland: Musea in transitie. Rollen van betekeni, Amsterdam: Erfgoed Nederland 2010, pp. 42-43.

Spivak, Gayatri Chakravorty: Outside in the Teaching Machine, New York/London: Psychology Press 1993.

Spivak, Gayatri Chakravorty: "Questions of Multiculturalism", in: Sarah Harasaya (Ed.), The Postcolonial Critic. Interviews, Strategies, Dialogues, New York: Routledge 1990, pp. 59-60.

Spivak, Gayatri Chakravorty/Landry, Donna (Eds.): The Spivak Reader. Selected Works of Gayatri Chakravorty Spivak, New York: Routledge 1996, see http://www.loc.gov/catdir/enhancements/fy0651/95022222-d.html, last accessed on 13.04.2016.

Statistisches Bundesamt Deutschland: Bevölkerung und Erwerbstätigkeit. Bevölkerung mit Migrationshintergrund-Ergebnisse des Mikrozensus 2005, published on 04.05.2007.

Stecker, Heidi/Steiner, Barbara: Sammeln. Bestandskatalog der Galerie für Zeitgenössische Kunst, Leipzig: Galerie für Zeitgenössische Kunst 2008-2012.

Steen, Jürgen: "Das Historische Museum Frankfurt am Main. Plan, Gründung und die ersten fünfundzwanzig Jahre", in: Almut Junker (Ed.), Trophäe oder Leichenstein? Kulturgeschichtliche Aspekte des Geschichtsbewusstseins in Frankfurt im 19. Jahrhundert. Eine Ausstellung des Historischen Museums Frankfurt, Frankfurt a.M. 1978, pp. 23-48.

Sternfeld, Nora: Involvierungen. Das post-repräsentative Museum zwischen Verstrickung und Solidarität, online publication, n.d., see http://www.biele felder-kunstverein.de/ausstellungen/2013/museum-off-museum-blog/nora-sternfeld.html#.UpN 8LI2jh08, last accessed on 13.04.2016.

Sternfeld, Nora: Kontaktzonen der Geschichtsvermittlung.

Transnationales Lernen über den Holocaust in der postnazistischen Migrationsgesellschaft, Wien: Zaglossus 2013.

Sternfeld, Nora: "Postrepräsentatives Kuratieren", in: ARGE schnittpunkt (Ed.), Handbuch Ausstellungstheorie und-praxis, Wien: UTB Böhlau 2013, pp. 180-181.

Sternfeld, Nora: "Aufstand der unterworfenen Wissensarten. Museale Gegenerzählungen", in: Charlotte Martinz-Turek/Monika Sommer (Eds.), Storyline. Narrationen im Museum. Wien: Turia & Kant 2009, pp. 30-56.

Sternfeld, Nora: "Erinnerung als Entledigung. Transformismus im Musèe du quai Branly in Paris", in: Belinda Kazeem/Charlotte Martinz-Turek/Nora Sternfeld (Eds.), Das Unbehagen im Museum. Postkoloniale Museologien, Ausstellungstheorie und Praxis, Wien: Turia + Kant 2009, pp. 61-75.

Sternfeld, Nora/Ziaja, Luisa: "What Comes after the Show? On Post-Representational curating", in: Borčić, Barbara/Saša Nabergoj (Eds.), Dilemmas of Curatorial Practices, Ljubljana: World of Art Anthology 2012, pp. 62-64.

Steyerl, Hito: Is the Museum a Battlefield, Istanbul Biennale 2013, see http://vimeo.com/76011774, last accessed on 13.04.2016.

Struve, Karen: Zur Aktualität von Homi Bhaba. Einleitung in sein Werk. Wiesbaden: Springer VS 2013.

Sturm, Eva: Im Engpass der Worte. Sprechen über moderne und zeitgenössische Kunst, Berlin: Reimer 1996.

Sullivan, Robert: "Evaluating the Ethics and Consciences of Museums", in: Gail Anderson (Ed.), Reinventing the

Museum. Historical and Contemporary Perspectives on the Paradigm Shift, Walnut Creek: AltaMira Press 2004, pp. 257-263.

Sumner, John-Paul: "Kelvingrove Art Gallery and Museum. Eine 'inklusive' Erfahrung in Glasgow", in: Susan Kamel/Christine Gerbich (Eds.), Experimentierfeld Museum. Internationale Perspektiven auf Museum, Islam und Inklusion, Bielefeld: transcript 2014, pp. 133-158.

Sutherland, Claire: "Leaving and Longing. Migration Museums as Nation-Building Sites", in: Museum and Society Vol. 12(1), 2014, pp. 118-131.

Tallant, Sally: Dis-assembly, London: Serpentine Gallery and Koenig Books 2006.

Tanner, Jakob: "Die Krise der Gedächtnisorte und die Havarie der Erinnerungspolitik. Zur Diskussion um das kollektive Gedächtnis und die Rolle der Schweiz während des Zweiten Weltkrieges", in: Traverse, Zeitschrift für Geschichte Vol. 6(1). 1999, pp. 16-37.

Tanner, Jakob: " Nationale Identität und kollektives Gedächtnis", in: Helena Kanyar/Patrick Kury (Eds.), Die Schweiz und die Fremden 1798-1848-1998. Begleitheft zur Ausstellung, Basel 1998, pp. 22-36.

Taylor, Brandon: Art for the Nation. Exhibitions and the London Public 1747 - 2001, New Brunswick: Manchester University Press 1999.

te Heesen, Anke: Theorien des Museums zur Einführung, Hamburg: Junius 2013.

Thompson, Nato (Ed.): Living as Form. Socially Engaged Art

from 1991 – 2011, New York/Cambridge/Massachusetts/London: Creative Time Books, The MIT PRESS 2012.

Thörn, Håkan: "Har du förståelse för att andra inte har förståelse för dig?", in: Arena Vol. 2, 2005, pp. 46-48.

Tormey, Simon: "Occupy Wall Street. From Representation to Post-Representation", in: Journal of Critical Globalisation Studies Vol. 5, 2012, pp. 132-137.

Trodd, Colin: "Culture, Class, City. The National Gallery. London and the Spaces of Education 1822-57", in: Marcia Pointon (Ed.), Art Apart. Art Institutions and Ideology across England and North America, Manchester: Manchester University Press 1994, pp. 33-49.

Tuhiwai Smith, Linda: "On Tricky Ground. Researching the Native in the Age of Uncertainty", in: Norman K. Denzin/Yvonna S. Lincoln (Ed.), The Handbook of Qualitative research, London: Sage 2005, pp. 113-143.

Ullrich, Wolfgang: "Stoppt die Banalisierung", in: DIE ZEIT Vol. 13, 2015.

UN Habitat: The Challenge of Slums. Global Report on Human Settlements, 2003.

Urbach, Henry: "Exhibition as Atmosphere", in: Cynthia Davidson (Ed.), Log 20. Curating Architecture, New York: Anyone Corporation 2010, pp. 11-17.

URBED: Developing the Cultural Industries Quarter in Sheffield, Sheffield City Council 1988.

Vasquez, Aïda/Oury, Fernand: "The Educational Techniques of Freinet", in: Prospects in Education Vol. 1, 1969, pp. 43-51.

Wassén, S. Henry: "A Medicine-man's Implements and Plants in a Tiahuanacoid Tomb", in: Highland Bolivia, Etnologiska studier Vol. 32, Göteborg: Etnografiska museet i Göteborg 1972.

Weber, Stefan: "Zwischen Spätantike und Moderne. Zur Neukonzeption des Museums für Islamische Kunst im Pergamonmuseum in Berlin", in: Susan Kamel/Christine Gerbich (Eds.), Experimentierfeld Museum. Internationale Perspektiven auf Museum, Islam und Inklusion, Bielefeld: transcript 2014, pp. 355-382.

Whitehead, Christopher/Eckersley, Susannah/Lloyd, Katherine/Mason, Rhiannon (Eds.): Museums, Migration and Identity in Europe. Peoples, Places and Identities, Farnham: Ashgate 2015.

Williams, Paul: Memorial Museums. The Global Rush to Commemorate Atrocities, Oxford/New York: Berg 2007.

Willinsky, John: Learning to Divide the World. Education at Empire's End, Minneapolis: University of Minnesota Press 1998.

Witcomb, Andrea: Re-imagining the Museum. Beyond the Mausoleum, London: Routledge 2003.

Wonisch, Regina/Hübel, Thomas (Eds.): Museum und Migration. Konzepte, Kontexte, Kontroversen, Bielefeld: transcript 2012.

Wonisch, Regina: "Museum und Migration. Einleitung", in: Regina Wonisch/Thomas Hübel (Eds.), Museum und Migration. Konzepte, Kontexte, Kontroversen, Bielefeld: transcript 2012, pp. 9-32.

Young, Robert J. C.: Postcolonialism. A Very Short Introduction, Oxford: Oxford University Press 2003.

Young, Robert J.C.: White Mythologies. Writing History and the West, New York: Routledge 1990.

Zhuang, Justin J.: "How Chinese Urbanism Is Transforming African Cities", in: ArchDaily from 20.07.2014, see http://www.archdaily.com/?p=529000, last accessed on 13.04.2016.

Zibechi, Rraúl: Territories in Resistance. A Cartography of Latin American Social Movements, Oakland: AK Press 2012.

作者和编者

博妮塔·班尼特（Bonita Bennett），南非开普敦第六区博物馆（District Six Museum）馆长。

自 2005 年以来担任该馆的藏品和研究主管，2008 年被任命为馆长。她的专业训练使她成为一名有着反种族隔离主义运动背景的教育工作者。1982 年获开普敦大学文学学士学位，1984 年获教育学硕士学位，2005 年获得应用社会语言学哲学硕士学位，研究方向聚焦在被迫离开西开普各地的人们所遭受的创伤经历。

亚历山大·N. 塞巴洛斯（Alejandro N. Cevallos），厄瓜多尔基多市博物馆基金会（Foundation Museum of the City of Quito）的研究和社区拓展专员。

在厄瓜多尔中央大学（Universidad Central del Ecuador）学习艺术，在拉丁美洲社会科学学院（Facultad Latinoamericana de Ciencias Sociales）学习影视人类学。他曾在中学任教美术，是艺术和研究团体"街区"（El Bloque）的成员（2007—2010 年），也是城市研究所（Instituto de la Ciudad）的一名研究员（2011 年）。在就任现职之前，他曾在基多当代艺术中心（Centro de Arte Contemporáneo de Quito）成立了社区协调部门。他是研究网络"另类路线学院"（Another Roapmap

School）的成员，并与 Gescultura-Chawpi 平台合作。

芭芭拉·库蒂尼奥（Barbara Coutinho），自 2006 年任葡萄牙里斯本弗朗西斯科·卡佩洛收藏设计与时尚博物馆（Museu do Design e da Moda，Colecção Francisco Capelo）首任馆长与设计师，她还在里斯本大学（University of Lisbon）高级技术学院担任客座助理教授，讲授建筑理论与历史。

她拥有当代艺术史硕士学位和艺术史教育研究生学位。目前，她正就 21 世纪博物馆的展览空间进行博士研究。研究、教学、策展和写作是她的主要工作。在 1998—2006 年间，她曾担任贝伦文化中心（Centro Cultural de Belem）展览中心教育部门负责人。

瓦莱里亚·R. 加拉尔萨（Valeria R. Galarza），厄瓜多尔基多市博物馆基金会教育工作人员。

她研究教育与社会学，目前正在攻读教育学博士学位。目前，她将在与学龄儿童和学校年轻人打交道中获得的一线经验，应用于基多市博物馆基金会教育部门的工作中。她对于博物馆协调员的高级培训、跨文化和双语教育、教育政策等主题有着浓厚的兴趣。

简·肖格（Jan Gerchow），德国法兰克福历史博物馆（Historical Museum Frankfurt）馆长。

在弗莱堡大学取得中世纪历史的博士学位之前，他学习过历史、德国文学和哲学。他曾在弗莱堡大学历史系任研究助理，在哥廷根马普历史研究所（Max-Planck-Institut）担任讲师。在担任现职之前，他曾是埃森鲁兰博物馆（Ruhrland museum Essen）策展人（1993—2004 年）。自 2006 年以来，他一直负责博物馆重建的概念规划。自 2014 年以来，他担任欧洲年度博物馆奖项（European Museum of the Year Award，简称 EMYA）的评审委员会成员。

詹娜·格雷厄姆（Janna Graham），英国诺丁汉当代艺术中心（Nottingham Contemporary）公共项目与研究部负责人。

最初受过地理学训练的詹娜·格雷厄姆在艺术领域内外开展了许多教学、艺术和研究项目。她曾在蛇形画廊（Serpentine Gallery）担任项目策展人，并与他人合作在伦敦埃奇韦尔路（Edgware Road）社区创建了"可能性研究中心"，这是一个艺术驻留项目、研究空间和大众教育计划。格雷厄姆还是 12 人国际声音和政治团体"极端红"（Ultra-red）的成员。

苏珊·卡梅尔（Susan Kamel），德国柏林应用科学大学 HTW 设计与文化系教授，研究方向为收藏与展示的理论与实践。同时她也是阿拉伯联合酋长国阿布扎比海湾地区歌德学院（Goethe Institute Gulf Region）的德国项目经理。

她研究理论与实践、策展与博物馆教育之间的联结。目前她正在从事柏林国家博物馆（Staatliche Museen zu Berlin）与阿布扎比歌德学院的沙迦博物馆（Sharjah Museums）合作项目的工作。她曾负责过两个在德国博物馆和阿拉伯世界博物馆中学习伊斯兰艺术和文化的研究项目。

诺拉·兰德卡默（Nora Landkammer），美术馆教育学者，瑞士苏黎世艺术大学艺术教育学院（the Institute for Art Education at Zurich University of the Arts）副院长。

她目前正在参与"痕迹——用艺术传递争议性的文化遗产"（TRACES - Transmitting Contentious Cultural Heritage with the Arts)项目,并积极参与国际合作研究"另一条艺术教育的路径"(Another Roadmap for Arts Education)。完成维也纳的师范学业后,她曾担任过当代艺术展览的经理人。目前,她是苏黎世艺术大学艺术教育硕士学位的策展研究讲师,正在撰写从教育学视角看待民族志博物馆的博士论文。

安德烈斯·勒皮克(Andres Lepik),德国慕尼黑工业大学(Technical University of Munich)建筑史和策展实践教授,建筑博物馆馆长。

他曾在奥格斯堡大学(Universities of Augsburg)和慕尼黑学习艺术史和德语。1994年担任柏林国家博物馆策展人,并于2007年成为纽约现代艺术博物馆(Museum of Modern Art)策展人。他曾是2011年哈佛大学设计研究生院(Harvard University Graduate School of Design)的勒布研究员(Loeb fellow),自2012年起,担任慕尼黑工业大学建筑史与策展实践教授和建筑博物馆馆长。

汉诺·洛伊(Hanno Loewy),奥地利霍恩埃姆斯犹太博物馆(Jewish Museum of Hohenems)馆长。

他是一名文学和电影研究员、策展人和媒体人。1990—2000年,他担任法兰克福弗里茨·鲍尔研究所(Fritz Bauer Institute)的首任所长。他的博士研究是关于媒介与启蒙、贝拉·巴拉兹(Béla Balázs)作品中的电影理论和叙事。曾任康斯坦斯大学(University of Constance)讲师,自2004年以来担任霍恩埃姆斯犹太博物馆馆长,自2012年以来担任欧洲犹太博物馆协会(the Association of European Jewish Museums)主席。他在媒体史、犹太历史和当代生活领域发表了大量著作。

伯纳黛特·林奇（Bernadette Lync），英国伦敦/曼彻斯特的博物馆学者、研究员和顾问。

她是国际知名的学者及博物馆专业人士，在英国和加拿大的博物馆中有着 25 年的管理经验。她曾任英国曼彻斯特大学（University of Manchester）曼彻斯特博物馆（Manchester Museum）副馆长，在博物馆参与式民主和去殖民化实践的各个领域进行研究、提供咨询，并广泛发表文章。她也是伦敦大学学院（University College London）的荣誉研究员。

阿德里安娜·穆尼奥斯（Adriana Muñoz），瑞典哥德堡国立世界文化博物馆（National Museums of World Culture）策展人。

她在哥德堡大学（University of Gothenburg）获得了考古学博士学位。她一直在 ICOM 工作，处理从拉丁美洲非法进口/出口文物的问题。她的博士论文研究了政治范式与诠释馆藏方式之间的关系。她从 1998 年开始参与研究项目，最近几年的研究针对去殖民化的实践。

弗朗斯卡·穆尔巴赫（Franziska Mühlbacher），瑞士苏黎世设计博物馆（Museum für Gestaltung Zürich）教育策展人。

她曾在维也纳应用艺术大学（University of Applied Arts in Vienna）学习艺术教育，并获得了维也纳文化艺术研究所（Institut für Kulturkonzepte）颁发的艺术与艺术经理人资质。她是苏黎世设计博物馆的教育策展人，并在苏黎世艺术大学的艺术与艺术教育硕士课程中任教策展研究。她曾在维也纳应用艺术博物馆（MAK Vienna）和奥地利国家图书馆（Austrian National Library）等机构担任独立文化艺术经理人，并参与过许多艺术、艺术史、视觉设计、建筑和当代艺术方面的教育项目。

卡门·莫尔施（Carmen Mörsch），瑞士苏黎世艺术大学艺术教育学院教授兼院长。

她接受过艺术、文化理论和艺术教育的训练。自 1994 年以来，她在博物馆、美术馆和艺术教育领域工作和学习。2004—2008 年，她在奥尔登堡大学（University of Oldenburg）物质文化及其教学专业担任助理教授。自 2008 年 4 月以来，她一直担任苏黎世艺术大学艺术教育学院（IAE）的负责人。她的研究方向是作为一种霸权主义批评实践的艺术教育的历史和现状。

胡安娜·C. 帕拉列夫（Juana C. Paillalef），智利卡涅特马普切博物馆（Museo Mapuche de Cañete）馆长。

她来自马库赫地区（Maquehue territory，智利南部的阿劳卡尼亚地区），同时也是一位母亲和祖母。曾就读于特穆科（Temuco）的弗隆泰拉大学（Universidad de la Frontera），并获得了考卡巴巴玻利维亚圣西蒙大学（Universidad de San Simón in Cochabamba-Bolivia）的奖学金，在那里完成了双语跨文化教育硕士学位。作为卡涅特马普切博物馆馆长，她通过博物馆的现代化和去殖民化为重新诠释这片土地的历史做出了贡献。

安盖利·萨赫斯（Angeli Sachs），苏黎世艺术大学艺术教育硕士课程和策展研究专业主任、教授，瑞士苏黎世设计博物馆的策展人。

她曾在奥格斯堡大学（Universities of Augsburg）和法兰克福大学（Universitat Frankfurt am Main）学习艺术史、德语和社会学。她担任瑞士苏黎世设计博物馆的展览部主管，为慕尼黑普莱斯特（Prestel）出版社的《建筑设计》(Architecture and Design) 杂志担任主编，曾任苏黎世联邦理工学院建筑历史与理论研究所（History and Theory of Architecture Institute）助理、法兰克福德国建筑博物馆（Museum of German Architecture）研究员、法兰克福艺术协会新闻官。她还参与了众多关于20世纪与当代建筑、设计、艺术和文化方面的展览和出版项目。

朱莉娅·舍弗尔（Julia Schäfer），德国莱比锡当代艺术馆（Leipzig Gallery of Contemporary Art）策展人。

自2003年以来一直担任莱比锡当代艺术馆的策展人和教育专员，在2001—2003年间，她是莱比锡当代艺术馆的一名志愿者。她于2000年在纽约新当代艺术博物馆（New Museum of Contemporary Art）担任助理，1999—2001年作为自由职业者为沃尔夫斯堡美术馆（Wolfsburg Art Museum）工作。她的专业背景是艺术、艺术教育和德语。她的工作重点是作为策展实践的美术馆教育。她在哈雷/萨勒（Halle/Saale）的吉比兴斯坦城堡（Burg Giebichenstein）、莱比锡的视觉艺术学院（Academy of Visual Arts）、维也纳美术学院（Academy of Fine Arts）和德国沃尔芬比特尔联邦文化教育学院（Federal Academy of Cultural Education，Wolfenbüttel）授课。

托马斯·西贝尔（Thomas Sieber），瑞士苏黎世艺术大学教授。

他曾在汉堡和巴塞尔学习历史和德语，并获得这些专业的高等教育文凭。他在艺术与艺术教育本科/硕士专业、策展研究专业课程中教授博物馆、展览和教育的历史与理论。自2005年以来，他就职于苏黎世艺术大学，并在该校担任过各种领导职务。在此之前，他曾在苏黎世国家博物馆（National Museum in Zurich）担任策展人，在巴塞尔视觉传播学院（HGK Basel）担任研究生教育与发展负责人，在巴塞尔历史博物馆（Historical Museum in Basel）担任教育部门主管。

保罗·施皮斯（Paul Spies），德国柏林城市博物馆基金会负责人，柏林洪堡国家论坛总策展人。

他毕业于阿姆斯特丹大学（University of Amsterdam）艺术史和考古学专业。1987 年，他成立了咨询公司 D'arts，负责博物馆的概念、展览、出版物和营销活动等。2009 年，他被任命为阿姆斯特丹博物馆（Amsterdam Museum）和威力霍图森博物馆（Museum Willet-Holthuysen）馆长。他领导了这些博物馆的展示与组织的革新工作。

诺拉·斯特菲尔德（Nora Sternfeld），芬兰赫尔辛基阿尔托大学（Aalto University）教授、策展与协调艺术专业负责人，奥地利维也纳应用艺术大学（University of Applied Arts Vienna）展览理论与实践硕士课程教育、策展与管理联合负责人。

她是维也纳"变革者 K"（trafo. K）公司的创始人兼董事会成员，该公司致力于教育、艺术和批判知识生产的交叉领域的研究和教育项目的工作。她也是维也纳"展览理论与实践综合"（schnittpunkt. Ausstellungstheorie & praxis）网络的团队成员。

索尼娅·泰尔（Sonja Thiel），德国弗莱堡大学"缪斯在线：高级学习和网络中心"（museOn | advanced learning & network）的科学统筹，弗莱堡城市博物馆（City Museums of Freiburg）策展人与"弗莱堡收藏"（Freiburg sammelt）项目负责人。

她曾在莱比锡和柏林学习历史和哲学，目前正在攻读参与式收藏的博士学位。在攻读博士之前，她于 2011—2014 年间在法兰克福历史博物馆（Historic Museum Frankfurt）担任巡回展览"移动城市实验室"（Stadtlabor unterwegs）的策展人。

琳达·弗拉森路德（Linda Vlassenrood），阿尔米尔国际新城研究所（International New Town Institute）中国和印度项目主管，荷兰鹿特丹埃因霍温新研究所（Het Nieuwe Instituut）项目经理。

她是一名建筑史学家，2000年起在荷兰建筑学会（Netherlands Architecture Institute，简称NAI）担任策展人，2008—2011年担任首席策展人。作为首席策展人，她塑造了一个更加面向公众，更具社会参与性的项目。她的部门成功地为专业人士以及广泛的观众提供了丰富的展览、演讲、活动和教育项目。目前，她是独立策展人、作家，并担任建筑、城市规划和设计方面的顾问。

塞勒斯·马库斯·韦尔（Syrus Marcus Ware），加拿大多伦多安大略美术馆（Art Gallery of Ontario）AGO青年项目（AGO Youth Program）统筹。

他是一位视觉艺术家、活动家和教育家，担任安大略美术馆青年项目统筹已有十年之久。在职期间，他领导了多个获奖项目和合作项目，包括"客厅项目"（The Living Room Project）和"青年团结项目"（The Youth Solidarity Project）。目前正在攻读约克大学（York University）博士学位。

图书在版编目(CIP)数据

当代策展与博物馆教育/(德)卡门·莫尔施,(德)安盖利·萨赫斯,(瑞士)托马斯·西贝尔编;余智雯译.—上海:复旦大学出版社,2022.10
(世界博物馆最新发展译丛/宋娴主编.第二辑)
书名原文:Contemporary Curating and Museum Education
ISBN 978-7-309-16374-2

Ⅰ.①当… Ⅱ.①卡… ②安… ③托… ④余… Ⅲ.①博物馆-展览会-策划-研究②博物馆-社会教育-研究 Ⅳ.①G265②G266

中国版本图书馆 CIP 数据核字(2022)第 153193 号

Translated from Carmen Mörsch, Angeli Sachs and Thomas Sieber, *Contemporary Curating and Museum Education*, 2017
Copyright © transcript Verlag, 2017
This translation is published by arrangement with transcript Verlag, Germany.

上海市版权局著作权合同登记号:图字 09-2019-080

当代策展与博物馆教育
[德]卡门·莫尔施 [德]安盖利·萨赫斯 [瑞士]托马斯·西贝尔 编
余智雯 译
责任编辑/赵楚月

复旦大学出版社有限公司出版发行
上海市国权路 579 号 邮编:200433
网址:fupnet@fudanpress.com http://www.fudanpress.com
门市零售:86-21-65102580 团体订购:86-21-65104505
出版部电话:86-21-65642845
上海盛通时代印刷有限公司

开本 890×1240 1/32 印张 12.75 字数 286 千
2022 年 10 月第 1 版
2022 年 10 月第 1 版第 1 次印刷

ISBN 978-7-309-16374-2/G·2401
定价:68.00 元

如有印装质量问题,请向复旦大学出版社有限公司出版部调换。
版权所有 侵权必究